高等学校工程训练系列教材

机械制造技术训练教程

○ 主编 赵永强 卢 超

U0181277

中国教育出版传媒集团

高等教育出版社·北京

内容提要

本书是根据教育部高等学校工程训练教学指导委员会精神,专业认证和卓越工程师培养计划实施的基本要求,以及国内外高等工程教育发展状况,结合编者多年教学与实践经验编写而成的。全书分为14章,包括绪论,车削,刨削、铣削、磨削,钳工,热处理和表面处理,材料成形技术,现代制造技术概述,CAD与数控仿真,数控车削,数控铣削,数控雕刻,线切割,3D打印,激光加工。本书以机械制造技术基本概念为基础,结合机械制造操作实例,以产品的设计、制造为主线,深入浅出地指导学生认识产品设计、制造和装配过程,并结合教学和生产的特点,实现传统机械制造技术实习内容与现代新技术和新工艺的高度融合。

本书可作为工科各层次院校和教学要求相近的劳动教育基地、职工大学、开放大学等的实训教材,也可作为工程技术人员的参考资料。

图书在版编目(CIP)数据

机械制造技术训练教程/赵永强,卢超主编.--北京:高等教育出版社,2023.6

ISBN 978-7-04-058996-2

Ⅰ.①机… Ⅱ.①赵… ②卢… Ⅲ.①机械制造工艺-高等学校-教材 Ⅳ.①TH16

中国版本图书馆 CIP 数据核字(2022)第 130888 号

Jixie Zhizao Jishu Xunlian Jiaocheng

| 策划编辑 杜惠萍 | 责任编辑 杜惠萍 | 封面设计 张申申 | 版式设计 杨 树 |
| 责任绘图 杨伟露 | 责任校对 吕红颖 | 责任印制 存 怡 | |

出版发行	高等教育出版社	网 址	http://www.hep.edu.cn
社 址	北京市西城区德外大街 4 号		http://www.hep.com.cn
邮政编码	100120	网上订购	http://www.hepmall.com.cn
印 刷	三河市潮河印业有限公司		http://www.hepmall.com
开 本	787mm×1092mm 1/16		http://www.hepmall.cn
印 张	21.5		
字 数	470 千字	版 次	2023 年 6 月第 1 版
购书热线	010-58581118	印 次	2023 年 6 月第 1 次印刷
咨询电话	400-810-0598	定 价	42.30 元

本书如有缺页、倒页、脱页等质量问题,请到所购图书销售部门联系调换

前　言

　　本书根据教育部高等学校工程训练教学指导委员会精神,专业认证和卓越工程师培养计划实施的基本要求,以及国内外高等工程教育发展状况,结合编者多年教学与实践经验编写而成。

　　机械工程训练是面向高等学校工科大学生开展工业认知和工程能力训练的高等教育必备教学环节之一,为学生认识工业生产工艺、设备,生产过程组织管理等奠定工程基础。

　　本书以机械制造技术基本概念为基础,结合机械制造操作实例,深入浅出地指导学生认识产品设计、制造和装配过程。在训练内容上,结合教学和生产的特点,实现传统机械制造技术实习内容与现代新技术和新工艺的高度融合。本书以产品的设计、制造为主线,采用传统制造技术和现代制造技术顺序运行的模式,使学生了解工业技术的发展历程和特点,凸显现代制造技术的相关内容。传统制造技术以车削、铣削、钳工、铸造、锻压、焊接等工艺及设备为主线,辅以表面处理、热处理等工艺;现代制造技术以数控车削、数控铣削、数控雕铣、线切割加工、3D打印和激光加工等现代制造工艺及其制造设备为主线,辅以 CAD/CAM/CAE 等数字化设计技术,覆盖了产品设计、制造全过程。

　　本书采用 CAD 软件实现“产品分解为零件→零件装配成产品”的工程思维,依据不同加工设备按照图样制造合格零件,最终将零件组装成产品,使读者建立产品从无到有的设计、制造、装配等感性认识,同步配备专用练习册、产品图样和制造工艺图册等供选用。

　　本书特点如下:

　　(1) 循序渐进、深入浅出。围绕专业图样介绍基本概念和设计常识,适合各类人员读图,了解、认知和掌握机械设计规范。

　　(2) 用产品案例解析机械设计和制造工艺。传统制造技术以榔头的各零件制造工艺为主线,现代制造技术以手摇四杆机的各零件制造和装配为主线,介绍每一个零件的制造工艺对应的制造方法及其设备。

　　(3) 机械设计与制造工艺相结合。介绍 2D 和 3D 设计软件的基本操作,认识产品的设计与零件制造和装配之间的关系,使学生认识和掌握产品的设计方法和设计制造过程,培养学生的自主学习和创新能力。

　　(4) 理论指导和实践操作并重。本书作为工科学生工业认知和机械制造理论与实践的培训教程,不仅注重理论知识的讲解,更注重学生的实际操作,引入工业、企业的生产安全标准和规范等要求,使学生熟悉企业的实际生产过程。

为了适用于更多高校,书中的零件特征及其制造工艺都具有通用性,读者可以根据实际情况进行选用或者改进。书中还提供一定数量的产品设计制造实例,可供各院校在机械工程训练中安排综合实训项目。

本书由陕西理工大学机械工程训练中心的老师编写,赵永强、卢超担任主编,陈常标、李军担任副主编。参与编写的老师如下:赵永强(第一章),陈常标(第二、三、九章),余乐(第四章),卢超(第五章),庞嘉尧(第六章),李军(第七章),段博峰(第八章),罗俊(第十章),杨科林(第十一章),吕张来(第十二章),程伟(第十三章),汪玉琪(第十四章)。

戴俊平教授审阅了本书,并提出了宝贵的意见和建议,在此表示衷心的感谢。

本书可作为工科各层次院校和与教学要求相近的劳动教育基地、职工大学、开放大学等的实训教材,也可作为工程技术人员的参考资料。

由于编者水平有限,书中难免存在不妥之处,恳请各位读者批评指正。

编者

2023 年 2 月

目 录

第一章
绪论

1.1 本课程的目的

  机械制造技术训练是现代高等教育中的重要组成部分,为本科生,特别是工科类本科生,开展基本工程能力训练和基础创新素质训练,培养工程实践能力、工程综合素质、创新精神、创新思维和初步创新能力,培养工科学生的安全意识、质量意识、环境意识和管理意识等,尤其是在课堂上无法体会到的工程意识。它不仅为学生后续的现代工程系统训练提供层面宽广、内涵丰富、基础扎实的支撑平台,还为学生提供实实在在的工程背景,是德育教育、劳动教育和素质教育的良好场所。

  机械制造技术基础、材料成形与热处理、现代制造技术等训练环节,使学生掌握机械制造设备、工具、量具的基本操作技能,加强学生的实际动手能力训练,培养学生的劳动观念,切实提高学生的工程素质和劳动能力。

  机械制造技术训练的教学目标是使学生掌握机械设计和机械制造工艺及相关知识,增强学生的工程实践能力,提高综合素质,培养创新精神和创新能力。通过具体的机械制造实训项目,培养学生的工程意识。工程意识是包括安全与责任、团队与创新、经济与环保、市场与竞争、管理与法律法规等在内的综合意识。

  机械制造技术训练的主要任务如下:

  1)了解机械制造的基本知识和一般过程,认识和体验典型工业产品的结构设计、制造和过程组织与管理。

  2)熟悉机械零件的常用加工方法及其制造设备和工具,熟练常用的零件检测工具及其检验方法,能够独立完成零件的加工制造过程。

  3)掌握简单零件的机械加工工艺分析和选择加工方式的能力,拓宽工程知识背景,了解新材料、新工艺、新技术在现代制造技术中的应用。

4）充分利用机械工程训练中心的产、学、研结合的良好条件,培养学生的工程意识、创新意识和创新能力。

1.2 本课程的要求

对于高等院校本科生,机械制造技术训练的总体要求是"接触工程实际、深入实践训练、强化动手能力、注重劳动教育",具体要求如下:

1）了解机械制造过程、机械工程知识和常用专业术语。

2）了解机械制造过程中所用主要设备的结构特点、工作原理、适用范围和操作方法。

3）熟悉零件的常用机械加工方法,读懂工艺技术文件和图样,正确使用各类工具、夹具和量具。

4）掌握机电一体化技术和 CAD/CAM 等现代制造技术在生产中的应用,了解新工艺、新技术的特点和使用范围。

5）了解机械制造企业的生产组织、技术管理、质量监测和质量保证体系等方面的工作。

1.3 本课程的内容

根据本课程的要求(1.2 节)以陕西理工大学机械工程训练中心为例介绍下面机械制造技术训练的内容。

机械制造技术训练内容综合了不同工种的实践任务,采用"分组分项"的方式组织实施,将十八个实训项目分为三个实训组,三个实训组分别由三个实训室负责组织。具体分组情况见表 1.1。

表 1.1　机械制造技术训练的分组分项情况

实训分组	序号	实训项目	备注
传统制造技术	1	普通车削	
	2	钳工	
	3	普通铣/刨削	
	4	磨削	
	5	热处理/表面处理	
材料成形技术	6	焊接	
	7	铸造	

实训分组	序号	实训项目	备注
材料成形技术	8	锻造	
	9	数控冲剪/折弯	
现代制造技术	10	数控车削	
	11	数控铣削	
	12	线切割	
	13	数控雕铣	
	14	激光加工	
	15	3D 打印	
	16	2D/3D CAD	
	17	CAM/CAE	
	18	激光打标	

1.4　本课程的考核

机械制造技术训练课程考查遵循"注重学生动手操作、重视产品设计和加工质量考核、鼓励学生创新创造"等原则。

指导老师分为岗位指导老师和负责指导老师。岗位指导老师是指分布在各个具体实训项目的老师,而负责指导老师是学生参加实训后,在第一个实训岗位分配的指导老师。岗位指导老师的职责包括指导学生的具体设备操作、工艺解答和相关理论知识讲解,负责学生在本岗位的成绩评定。负责指导老师的职责是指导实习学生完成具体产品的设计、加工、装配全过程,包括每个实训工作岗位之间的任务划分,各个实训岗位之间的内容衔接和实习总成绩评定。

在传统制造技术组的负责指导老师,指导学生在传统制造技术组的多个岗位中完成榔头和飞机模型的制作,并以最终学生完成的榔头和飞机模型的质量来评定学生的分部成绩一;现代制造技术组的负责指导教师,负责组织学生完成手摇四杆机及其他零件的加工,并以学生完成的手摇四杆机和其他制品的质量来评定学生的分部成绩二;在实习结束后,机械工程训练中心组织相关老师对学生进行理论知识考核,形成学生的分部成绩三。

1)参照表 1.1,由实训室主任组织对在本实训室参加实训的学生进行分组,同时按组分解实训任务,将每位学生与指导教师对接,指导教师是学生实习安全、实习过程指导和实习考核的责任人。

2) 学生在每个实训岗位单独完成岗位工艺流程表,并直接交给岗位指导老师。岗位指导老师把每批次的岗位工艺流程表收齐批改后交给实训室主任,由实训室主任汇总后交给负责指导老师,负责指导老师负责将所有的岗位工艺流程表收齐、统计、装订、归档。

3) 每位参加实训的学生必须完成三大组的实训任务,即传统制造技术组、材料成形技术组和现代制造技术组。在传统制造技术组,每位学生需要制作一个榔头;在材料成形技术组,每位或者每三位(四周实训每位,两周实训三位)学生需要铸造一个飞机模型;现代制造技术组要求学生完成数控车削、数控铣削、线切割、数控雕铣、激光加工和3D打印共六个实训项目,每位学生手中至少有一件自己设计加工的产品,根据学生完成的产品数量和质量来评定操作成绩,如果在成绩评定前学生无产品的,由指导老师负责指导学生在本实训岗位单独补做一件产品。

4) 学生的操作成绩 U 的计算方法

$$U = Q \times 40\% + W \times 20\% + R \times 40\%$$ (1.1)

式中,Q——由传统制造技术实训室主任根据榔头完成质量评定的成绩;W——由材料成形技术实训室主任根据铸造的飞机模型评定的成绩;R——由现代制造技术实训室主任组织指导老师对学生产品评定的成绩。

操作成绩的评定标准,分别由各实训室主任组织形成可操作的模板交由机械工程训练中心教学办公室。

5) 学生的总成绩 S 的计算方法

$$S = U \times 80\% + M \times 15\% + N \times 5\%$$ (1.2)

式中,M——学生考试试卷的成绩;N——与劳动纪律和工艺表填写相关的平时成绩。

有下列情形之一的,总成绩记为不及格:① 实训结束后,缺少任何一组操作成绩者;② 不服从指导老师安排,不遵守劳动纪律,屡教不改者;③ 因违章操作而发生安全事故者;④ 请假累计时长超过实训时间的三分之一者。

1.5 本课程的安全规程

为保证机械制造技术训练的顺利开展,机械工程训练中心始终把安全放在第一位,每批次学生进入岗位之前,必须经过三级安全教育。第一堂课集中开展安全教育(此为一级安全教育)和工业认知,随后由各训练室主任带队分组进行各室的专项安全规范教育(此为二级安全教育),每个学生进入实训岗位后,由岗位指导老师在设备操作之前进行操作安全讲解和演练(此为三级安全教育)。

为确保学生自身和设备的安全,在机械制造工程训练和操作仪器设备时,学生必须遵守以下规定:

1) 进入工作场地必须穿工作服或紧袖口的夹克服,热天可以穿短袖,但不得穿背心和裙子。

2）不得穿凉鞋、高跟鞋、拖鞋和露脚面的鞋进入工作场地。

3）操作设备时,长发学生必须戴帽子。

4）进入工作场地不得大声喧哗、打闹、戴耳机听音乐和看与工作无关的书籍。

5）不得将食物带入工作场地。

6）上课时认真听岗位指导老师讲解和示范,并做好笔记。未经岗位指导老师允许,不得随意乱动设备上的按钮、手柄和电源开关等。操作旋转机械时不得戴手套。

7）发现设备的声音有变化或仪器设备发出奇怪气味时要及时停机并切断电源,不要用手随便触摸工件(如锻焊、热处理及机械加工完成的工件),以免烫伤或划伤。

8）工程训练中不得用手触摸正在旋转或运动的机床部件。

9）多人一机时,只允许一人操作,其他人不得远离或大声喧哗干扰。

10）机床启动后和运行中,不得离开、坐着或做与工作无关的事。

11）不得擅自更改、变换实习模块,串岗实习。

思考与练习题

1-1 简述机械制造技术训练的目的和意义。

1-2 浅谈对机械制造技术训练的认识。

第二章

车削

实训要求	实训目标
预习	车削加工安全技术,车削加工范围
了解	车床的分类、型号、结构、工艺范围、工作原理、加工特点
掌握	普通车削技术及其操作,车削加工工艺,工具、夹具、量具的使用
拓展	现代数控车削加工的优势和特点
任务	独立完成榔头手柄零件的车削加工

2.1 车削加工技术

车削是一种常见的机械加工方法,在车床上利用工件旋转和刀具移动去除毛坯多余材料,获得符合要求零件的加工方法。车削时,工件旋转为主运动,车刀移动为进给运动。车刀做纵向、横向或斜向的直线进给运动,在坯料表面加工不同的表面。

车削既适用于单件小批零件的生产,又适用于大批大量零件的生产。车削工件的尺寸公差一般为 IT7~IT9 级,表面粗糙度 Ra 值为 $1.6~3.2~\mu m$。

2.1.1 车削实训的安全操作规程

1)穿戴符合要求的工作服,女生长发压入帽内,严禁戴手套操作。

2)开机前认真检查车床的运动部位及电气开关是否安全可靠。

3)工件和刀具装夹牢固可靠,床面上不准放工具、夹具、量具及其他物品。

4)工作时,佩戴护目镜,避免切屑伤人。

5)车床运转时,禁止测量、触摸工件及清除切屑。禁止车床运行中变换主轴转速。禁止停车时人为制动旋转的卡盘。

6）自动横向或纵向进给时，严禁床鞍或中滑板超出极限位置，防止因中滑板脱落或撞击卡盘而发生人身、设备安全事故。

7）工作结束后，关闭电源、清除切屑、清洁车床、补充润滑油，保持工作环境整洁，做到文明实训。

2.1.2 车削加工范围

车削加工范围包括内、外圆柱面，内、外圆锥面，成形面，端面，沟槽及滚花等，如图 2.1 所示。

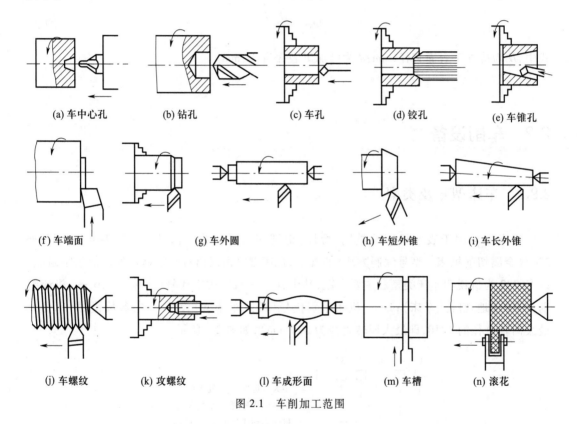

(a) 车中心孔　　(b) 钻孔　　(c) 车孔　　(d) 铰孔　　(e) 车锥孔

(f) 车端面　　(g) 车外圆　　(h) 车短外锥　　(i) 车长外锥

(j) 车螺纹　　(k) 攻螺纹　　(l) 车成形面　　(m) 车槽　　(n) 滚花

图 2.1　车削加工范围

2.1.3 车削三要素

车削三要素是指切削速度 v_c、进给量 f、背吃刀量 a_p，如图 2.2 所示。根据不同的加工要求，需选择合适的车削三要素。

1）切削速度 v_c

切削刃的选定点在主运动方向上相对于工件的瞬时速度，称为切削速度，即主运动的速

度,单位为 m/s,计算式为

$$v_c = \pi dn/(1\,000\times60) \qquad (2.1)$$

式中,d 为待加工表面的最大直径,mm;n 为工件转速,r/min。

2）进给量 f

在进给运动方向上,刀具相对于工件的位移量,称为进给量,可用工件每转一圈刀具移动位移量（mm/r）或每分钟刀具位移量（mm/min）来表示。

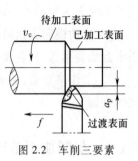

图 2.2　车削三要素

3）背吃刀量 a_p

主切削刃与工件切削表面接触长度在主运动方向和进给方向组成平面的法线方向测量的值,单位为 mm。背吃刀量也可以理解为待加工表面与已加工表面之间的距离,计算式为

$$a_p = \frac{D-d}{2} \qquad (2.2)$$

式中,D 为待加工表面直径,mm;d 为已加工表面直径,mm。

2.2　车削设备

2.2.1　车床型号及类型

机床型号用于表示机床的类别、特性、组别和主要参数的代号。按照 GB/T 15375—2008《金属切削机床　型号编制方法》的规定,机床型号由汉语拼音字母及阿拉伯数字组成。以 C6132 为例说明车床类型和主要参数,其中,C——机床类别代号（车床类）;6——机床组别代号（落地及卧式车床）;1——机床系列代号（卧式车床型）;32——主参数代号（床身上最大回转直径的 1/10,即最大回转直径为 320 mm）,如图 2.3 所示。

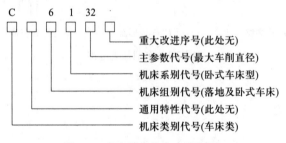

图 2.3　车床型号的含义（举例）

为了满足不同零件的加工要求,除最常见的卧式车床之外,还有立式车床、转塔车床、仿形车床、自动和半自动车床、数控车床等。

2.2.2 普通车床的组成

卧式车床是车床中应用最广泛的一类,常用的卧式车床型号是 C6132,由床身、床头箱、进给箱、光杠、丝杠、溜板箱、刀架、前床腿、后床腿和尾座等部分组成,如图 2.4 所示。

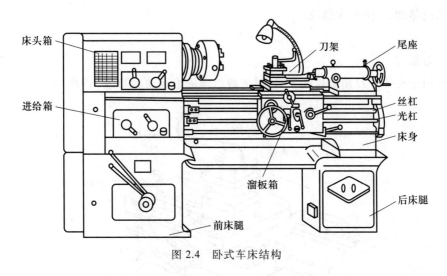

图 2.4 卧式车床结构

（1）床身

床身是车床的基础零件,用于支撑和安装车床的各部件,如床头箱、进给箱、溜板箱等,因此床身应具有足够的刚度和强度。床身表面精度很高,以保证各部件之间有准确的相对位置。床身上有四条平行的导轨,床鞍和尾座沿着导轨相对于床头箱进行移动,为了保持床身表面精度,在操作之余应注意车床的维护和保养。

（2）床头箱

床头箱又称主轴箱,用于支撑主轴并使之旋转。主轴为空心结构,前端外锥面安装三爪自定心卡盘等附件夹持工件,前端内锥面用于安装顶尖,细长孔可穿入长棒料。箱内有变速齿轮,由电动机带动箱内的齿轮轴转动,通过调整变速箱内的齿轮搭配啮合位置,得到不同的主轴转速。

（3）进给箱

进给箱又称走刀变速箱,内部装有实现进给运动的变速齿轮,可调整进给量和螺距,并将运动传至光杠或丝杠。

（4）光杠、丝杠

光杠、丝杠将进给箱的运动传给溜板箱。光杠用于一般车削的自动进给,丝杠用于内、外螺纹的车削。

（5）溜板箱

溜板箱又称拖板箱，与刀架相连，是车床进给运动的操纵箱。它将光杠传递的旋转运动变为车刀的纵向或横向的直线进给运动；将丝杠传来的旋转运动，通过"开合螺母"直接变为车刀的纵向移动，用于车削螺纹。

（6）刀架

刀架用于夹持车刀并使其做纵向、横向或斜向进给运动。如图 2.5 所示。

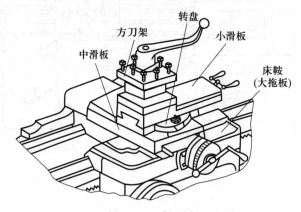

图 2.5　刀架组成

1）床鞍：与溜板箱连接，带动车刀沿床身导轨纵向移动，上面布置横向导轨。

2）中滑板：沿床鞍上的导轨横向移动，用于横向车削工件及控制切削深度。

3）转盘：与中滑板连接，用螺栓紧固。松开螺母，转盘可在水平面内转动任意角度。

4）小滑板：控制长度方向的微量切削，可以沿着转盘上面的导轨做短距离移动，将转盘偏转若干角度后，小刀架做斜向进给，可以车削圆锥体。

5）方刀架：固定在小刀架上，可同时安装 4 把车刀，松开手柄即可转动刀架，把所需要的车刀转到工作位置。

（7）尾座

安装在床身导轨上，在尾座的套筒内安装顶尖，支撑工件；也可安装钻头、铰刀等刀具，在工件上进行孔加工；将尾座偏移，还可以用于车削圆锥体。

2.2.3　车床传动系统

车床 CA6140 的传动系统简图，如图 2.6 所示。

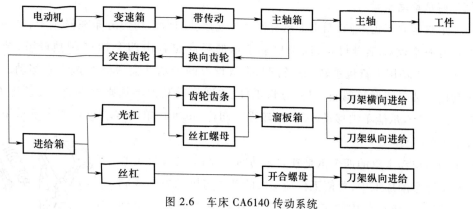

图 2.6 车床 CA6140 传动系统

2.2.4 车床附件

车床装夹工件的基本要求是定位准确和夹紧可靠。车削时必须把工件装夹在车床的夹具上,经过校正、夹紧,使工件在加工过程中始终保持正确的位置。在车床上装夹工件应保证工件处于正确的位置;同时要将工件夹紧,防止在切削力的作用下,工件出现松动或脱落,保证加工精度和工作安全。车床装夹工件的主要附件有三爪自定心卡盘、四爪单动卡盘、顶尖、花盘、心轴、中心架和跟刀架等。

(1) 三爪自定心卡盘

三爪自定心卡盘是车床装夹工件的通用夹具,如图 2.7 所示。由于三爪自定心卡盘的三个卡爪同时移动自行对中,故适宜装夹短棒料或者盘类工件。反爪装夹用于夹持直径较大的工件。由于制造误差和卡盘零件的磨损等因素的影响,三爪自定心卡盘的定心精度为 0.05 mm 至 0.15 mm。同轴度要求高的多个轴面,应在同一次装夹后连续完成各个轴面的粗、精加工。

三爪自定心卡盘靠连接盘上的螺纹直接装夹在车床主轴上。卡爪张开时,露出卡盘外圆部分的长度不能超过卡爪的一半,防止卡爪背面的螺纹脱扣,造成卡爪飞出事故。若需夹持直径过大的工件,则应采用反爪夹持,如图 2.8 所示。

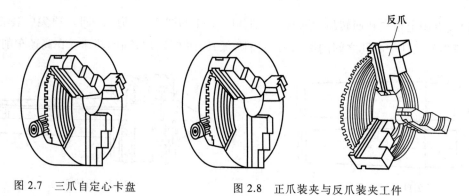

图 2.7 三爪自定心卡盘　　　　图 2.8 正爪装夹与反爪装夹工件

(2) 四爪单动卡盘

与三爪自定心卡盘不同,四爪卡盘有四个独立运动的卡爪均匀分布在圆周上,每一个卡爪后面均有一个丝杠螺母机构,四个单动卡爪的径向位置由四个螺钉单独调节,结构如图 2.9 所示。当使用卡盘扳手转动螺钉时,带有螺纹的卡爪就会做向心或离心移动。四爪单动卡盘用于装夹圆形和偏心工件、方形工件、椭圆形或其他不规则的零件(长径比 $L/D<4$),特点是每个卡爪能单独移动,夹紧力较强。同样,也可将单动卡盘换作四个反爪用于装夹尺寸较大的工件。

由于四爪单动卡盘的四个爪是独立移动的,因此不具备自定心功能。在实际车削加工中,要使工件加工面的轴线与机床主轴线同轴,就必须找正。找正所用的工具一般为划针盘或百分表。用划针盘按工件内、外圆表面或预先划出的加工线找正,定位精度较低,为 0.2 mm 至 0.5 mm。用百分表找正的定位精度可达 0.01 mm 至 0.02 mm。

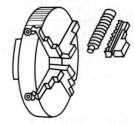

图 2.9 四爪单动卡盘

(3) 顶尖

长径比 L/D 较大(4~10)或加工工序较多的轴类工件,常采用双顶尖装夹。装夹在主轴的称作前顶尖,装夹在尾座的称作后顶尖。装夹前在工件的端面钻中心孔,然后将顶尖的圆锥面顶在工件中心孔中。由于装夹时必须同时考虑定位和夹紧两个方面,双顶尖仅完成了定位,而夹紧则靠拨盘和卡箍完成,以传递转矩,如图 2.10 所示。

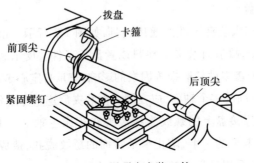

图 2.10 用顶尖安装工件

顶尖有固定顶尖和回转顶尖两种,分别如图 2.11 和图 2.12 所示。回转顶尖中装有滚动轴承,顶尖与工件中心孔之间的摩擦力大幅降低,因而能承受较高的转速。在高速车削时,为

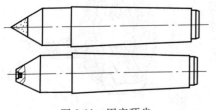

图 2.11 固定顶尖

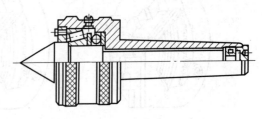

图 2.12 回转顶尖

了防止中心孔与后顶尖由于摩擦发热过大而导致磨损或烧坏,常采用回转顶尖。前顶尖随主轴及工件一起转动,与工件间没有相对运动,故采用固定顶尖。采用双顶尖装夹工件时,首先应检查前、后两顶尖的轴线是否同轴,工件与顶尖之间不能过紧或过松,在不影响车刀切削的前提下,顶尖伸出尽量短一些,以提高车削刚度。

（4）中心架和跟刀架

车削细长轴时,为防止工件在径向切削力的作用下发生弯曲变形或振动,可用中心架或跟刀架作为辅助支承,以提高工件刚度。

中心架固定在车床导轨上,三个爪支撑在预先加工好的工件外圆上,并浇注润滑油,多用于加工阶梯轴及长轴的端面或内孔等,如图 2.13 所示。

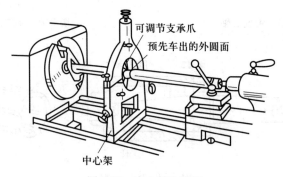

图 2.13 中心架的应用

跟刀架固定在床鞍上,随刀架一起移动。跟刀架一般应用于车削细长轴类工件,起辅助支承的作用,以抵消径向切削抗力,使切削过程平稳,提高工件的形状精度和表面质量,如图 2.14 所示。

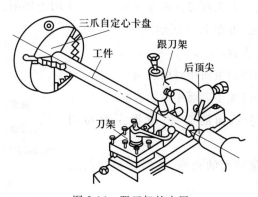

图 2.14 跟刀架的应用

（5）心轴

加工形状复杂的盘类、套类零件时,内孔与外圆的同轴度和端面与内孔的垂直度要求较高,且不能一次装夹完成车削,因此需要先精加工孔,用心轴作为孔定位工件,再加工端面和外圆。心轴在车床上的装夹方法与轴类零件相同。

心轴种类很多,常用的有锥度心轴、圆柱心轴和可胀心轴等,分别如图 2.15~图 2.17 所示。

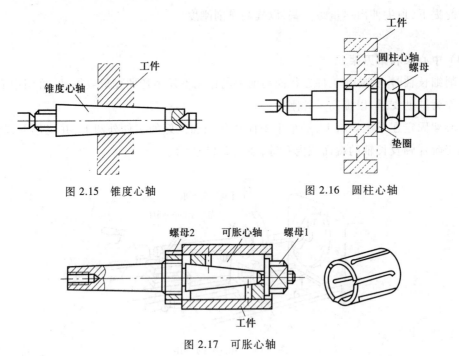

图 2.15　锥度心轴　　　　　　　　图 2.16　圆柱心轴

图 2.17　可胀心轴

2.2.5　车削刀具

车削刀具又称车刀,由刀头和刀杆两部分组成。刀头用于切削,刀杆用于安装。刀头一般由三面、两刃、一尖组成,如图 2.18 所示。

前面:切屑流经过的表面。

主后面:刀具与工件切削表面相对的表面。

副后面:刀具与工件已加工表面相对的表面。

主切削刃:前面与主后面的交线,承担主要切削工作。

副切削刃:前面与副后面的交线,承担少量切削工作,具有一定的修光作用。

刀尖:主切削刃与副切削刃的相交部分,一般为一小段过渡圆弧。

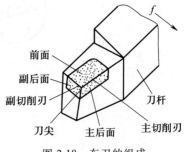

图 2.18　车刀的组成

(1) 车刀的结构

车刀根据结构不同分为四种形式,即整体式、焊接式、机夹式、可转位式,如图 2.19

所示。

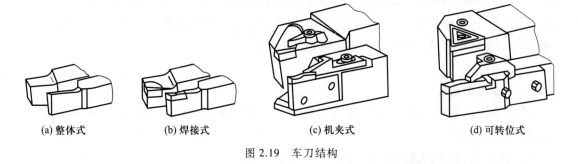

|(a) 整体式|(b) 焊接式|(c) 机夹式|(d) 可转位式|

图 2.19 车刀结构

整体式车刀:采用高速钢制造,刃口较锋利。一般用于小型车床或加工非铁金属,低速切削。

焊接式车刀:结构紧凑,使用灵活。一般用于各类刀具,特别是小刀具。

机夹式车刀:避免了焊接过程产生的应力、裂纹等缺陷,刀杆利用率高;刀片可集中刃磨获得所需的参数,使用灵活方便。一般用于车外圆、车端面、镗孔、切断及用作螺纹车刀等。

可转位式车刀:刀片可转动,避免了焊接式车刀的缺点,生产率高,断屑稳定,可使用涂层刀片。一般用于大、中型车床加工外圆、端面、镗孔,特别适用于自动车床、数控车床。

(2) 车刀的材料

1) 车刀的性能要求

高硬度和高耐磨性:车刀材料的硬度必须高于被加工材料的硬度才能完成切削工作,一般车刀材料的硬度应在 60 HRC 以上。刀具材料越硬,耐磨性越好。

足够的强度与良好的冲击韧性:强度是抵抗切削力作用,避免车刀发生刀刃崩碎与刀杆折断的性能。冲击韧性是刀具材料在有冲击或间断切削的工作条件下,保证不崩刃。

高的耐热性:耐热性又称红硬性,综合反映车刀材料在高温下仍能保持高硬度、耐磨性、强度、抗氧化、抗黏结和抗扩散的能力。

良好的工艺性和经济性:便于刀具本身的制造,车刀材料应具有一定的工艺性能,如切削性能、磨削性能、焊接性能和热处理性能等。

由于车刀属于易耗品,在选用和采购过程中应考虑成本,根据加工材料及其加工要求选择合适的刀具,避免浪费。

2) 车刀材料

车刀的常用材料有高速钢和硬质合金两种。

高速钢:高速钢是以钨、铬、钒、钼为主要元素的高合金工具钢。高速钢淬火后硬度为 63~67 HRC,红硬温度为 550~600 ℃,有良好的切削性能。高速钢具有较高的抗弯强度和良好的冲击韧性,可以进行铸造、锻造、焊接、热处理和零件的切削加工,有良好的磨削性能,可用于制造形状复杂的刀具,如钻头、铣刀、铰刀等,也常用作低速精加工车刀和成形车刀。

硬质合金:以耐热和耐磨性好的碳化物为原料,以钴为黏合剂,采用粉末冶金方法压制成各种形状的刀片,然后用铜钎焊的方法焊在刀头作为切削刃的刀具材料。具有硬度高、耐磨性好,且在 800~1 000 ℃的高温下仍能保持良好的热硬性等特点。因此,使用硬质合金车刀,可用较大的切削用量,显著提高生产率。但硬质合金刀具的韧性差,不耐冲击,所以一般制成刀片形式,焊接或机械固定在中碳钢的刀杆上使用。

（3）车刀的角度

在正交坐标系和正交平面中,车刀的主要角度包括前角、后角、主偏角、副偏角和刃倾角,如图 2.20 所示。

1）前角 γ_o:在主剖面内测量,前面与基面之间的夹角。前角可以为正、负或者零,当前面低于基面时,前角为正;反之为负。前角增大会使主切削刃锋利,切屑变形小,切削省力,切削温度低。但前角过大,会使刀具的刚性和强度变差,散热能力变差,容易磨损和崩坏。一般选取 $\gamma_o =$ $5° \sim 20°$。

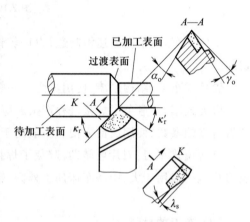

图 2.20　车刀切削部分的主要角度

2）后角 α_o:在主剖面内测量,主后面与切削平面之间的夹角。后角可以为正、负或者零。后角主要影响刀具主后面与工件过渡表面之间的摩擦,适当增大后角,可以提高刀具的耐用度和加工质量。一般选取 $\alpha_o = 3° \sim 12°$。

3）主偏角 k_r:在基面内测量,切削平面与进给运动的方向之间的夹角。减小主偏角,可提高刀具的耐用度,减小残留区域高度的最大值,增大切削厚度,使切屑容易折断。但减小主偏角会使径向力 F_y 增大,在工艺系统刚性不足时,影响工件表面粗糙度,降低刀具耐用度。车刀常用的主偏角 k_r 有 45°、60°、75°、90°。

4）副偏角 k'_r:在基面内测量,切削平面与进给运动的反方向之间的夹角。副偏角主要影响已加工表面粗糙度和刀具的耐用度。一般选取 $k'_r = 5° \sim 15°$。

5）刃倾角 λ_s:在切削平面内测量主切削刃与基面之间的夹角。作用主要是控制切屑的流动方向。当刀尖处于切削刃的最低点时,λ_s 为负值,刀尖强度好,切屑流向已加工表面,用于粗加工;当刀尖处于切削刃的最高点时,λ_s 为正值,刀尖强度被削弱,切屑流向待加工表面,用于精加工。一般选取 $\lambda_s = -5° \sim +5°$。

（4）车刀的安装

车削前必须把选好的车刀正确安装在刀架上,车刀的安装质量直接影响零件的加工质量。车刀的安装如图 2.21 所示。

安装车刀时应注意下列几点:

1）车刀刀尖应与工件轴线等高。如果车刀装得太高,则车刀的主后面会与工件产生强

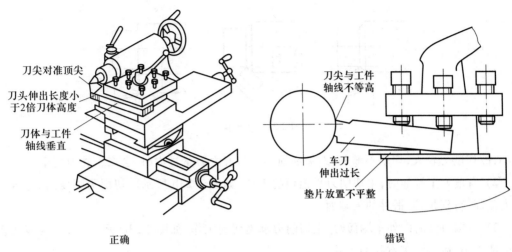

正确   错误

图 2.21　车刀的安装

烈的摩擦；如果车刀装得太低，则切削不顺利，甚至工件会被抬起来，使工件从卡盘上掉下，或者折断车刀。为了使车刀对准工件轴线，可参照车床尾座顶尖的高低调整。

　　2）车刀不能伸出太长。车刀伸得太长时，切削容易发生振动，使已加工表面变得粗糙，甚至折断车刀。但也不宜伸出太短，太短会使车削不方便，容易发生刀架与卡盘碰撞。一般车刀伸出长度应小于刀体高度的 2 倍。

　　3）对车刀垫片的要求。不同的车刀在安装时，需要用一些厚薄不同的垫片来调整车刀的高低。垫片必须平整，宽度应与刀杆一样，长度应与刀杆被夹持部分一样。应尽可能减少垫片的数量，垫片用得过多会造成车削时因接触刚度变差而影响加工质量。

　　4）车刀刀杆应与车床主轴轴线垂直。

　　5）车刀装正后，应交替拧紧刀架螺钉。

2.3　车削工艺

2.3.1　车外圆、端面与台阶

　　在车床上将工件车削成圆柱形表面的加工方法称为车外圆，如图 2.22 所示。车外圆是车削中最基本和应用最广泛的工序。车外圆常用的车刀有直头车刀、90°偏刀、45°弯头车刀等。

　　车端面的方法如图 2.23 所示，常用刀具有偏刀和弯头车刀两种。其中，偏刀包括左偏刀与右偏刀。

　　1）左偏刀由外向内车端面时，副切削刃承担切削工作，如图 2.23a 所示。副切削刃前角

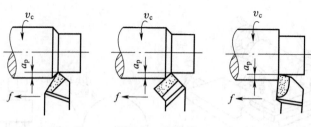

图 2.22 车外圆

较小,故切削力较大,切削不顺利,刀尖易损坏。当背吃刀量过大时,会产生扎刀现象。

2) 右偏刀车端面时,主切削刃承担切削工作,如图 2.23b 所示。切削刃强度高,适合切削大端面,特别是铸、锻件的大端面。

3) 左偏刀由内向外车端面时,主切削刃承担切削工作,如图 2.23c 所示。加工的表面粗糙度值较小,适合加工有孔的工件。

4) 弯头刀车端面时,主切削刃承担切削工作,如图 2.23d 所示。切削顺利,背吃刀量较大,适用于车削较大的端面。

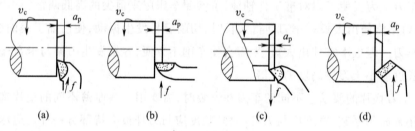

(a)   (b)   (c)   (d)

图 2.23 车端面

在车削端面时应注意:

1) 车刀刀尖应与工件中心线等高,避免车削后在端面留下小凸台。

2) 车削时,工件被加工部分的直径不断发生变化,会引起切削速度的变化,因此应适当调整转速,使靠近工件中心处的转速高些。

3) 将床鞍牢牢紧固在床身上,以免在车削时由于让刀而导致端面不平整,此时可用小滑板控制背吃刀量。

车台阶是车圆柱和车端面的组合。台阶高度小于 5 mm 的称为低台阶,可用 90°偏刀一次车削;高度大于 5 mm 的称为高台阶,可分几次进给完成外圆的车削,最后一次进给时,应用大于 90°偏刀沿径向从内向外进给车削台阶。

2.3.2 车槽

可用车床在回转体类工件上加工各种沟槽,如螺纹退刀槽、砂轮越程槽、油槽、密封圈槽等。在轴的外表面车槽与车端面类似。

车槽刀具称为车槽刀,有一条主切削刃、两条副切削刃和两个刀尖,加工时沿径向由外向中心进刀,安装车槽刀时必须与工件轴线垂直;主切削刃平行工件轴线,刀尖要与工件轴线等高。

　　宽度小于 5 mm 的沟槽称为窄槽,可用主切削刃与槽宽相等的车槽刀一次完成。宽度大于 5 mm 的沟槽称为宽槽,车削宽槽要分几步完成,如图 2.24 所示。沿纵向分段,粗车、再精车,先沿深度方向车,再沿宽度方向车;当工件有几个同一类型槽时,用同一把刀具切削槽宽,以便保证槽宽一致。

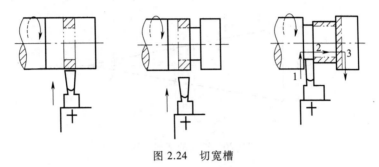

图 2.24　切宽槽

2.3.3　车断

　　车断工件需要用车断刀,车断刀的形状与车槽刀相似,车断刀刀尖应与工件中心等高,否则会出现切不断的现象,如图 2.25 所示。车断刀的刀头更为窄长,刚度更差。刀头宽度一般为 2~6 mm,长度比工件半径大 5~8 mm。装夹和使用车断刀时要细心,刀具轴向应垂直于工件轴线,刀头伸出刀架的长度要短。车断刀尖必须与工件回转中心等高,否则切断处将留有刀台,且刀头容易损坏。

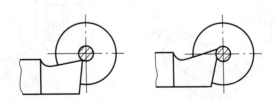

图 2.25　车断刀刀尖与工件中心不等高

　　车断为半封闭切削,刀具要切至工件中心,排屑困难,容易折断刀具。装夹工件时,应尽量将切断处靠近卡盘以增强工件刚度。对于大直径工件通常采用反向切断法,目的是使排屑通畅。切断铸铁等脆性材料时采用直进法切削,切断钢等塑性材料时常用左、右借刀法切削。

　　车断的工件用卡盘装夹,应避免使用顶尖装夹工件。

2.3.4　车锥面

　　机械产品的配合面,除了采用轴和孔的配合表面外,常用外锥面和内锥面作为配合面。

外锥面和内锥面的配合具有接触紧密、拆装方便、定心精度高、且小锥度配合表面还能传递较大扭矩等优点。

如图 2.26 所示,锥面有五个参数:α 为锥体的锥角,L 为锥体的轴向长度,D 为锥面大端的直径,d 为锥面小端的直径,K 为锥面斜度($K=C/2,C$ 为锥面的锥度)。它们之间的关系为

$$K = (D-d)/(2L) = \tan(\alpha/2) \tag{2.3}$$

$$C = (D-d)/L = 2\tan(\alpha/2) \tag{2.4}$$

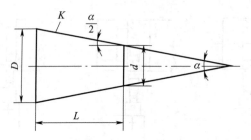

图 2.26 锥面的基本参数

车锥面的方法有四种:转动小滑板法、尾座偏移法、宽刀法和靠模法。

(1) 转动小滑板法

如图 2.27 所示,转动小滑板法车锥面根据零件的锥角 α,把小滑板下面的转盘顺时针或逆时针旋转 $\alpha/2$ 后再锁紧。用手缓慢均匀地转动小滑板手柄时,刀尖沿着锥面的母线移动,加工出所需的锥面。

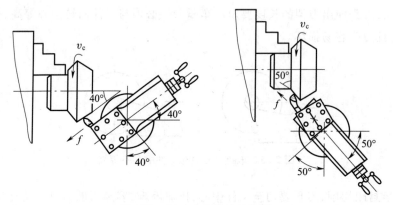

图 2.27 转动小滑板法车锥面

转动小滑板法车削锥面操作简单,可加工任意锥度的内、外锥面,但是加工长度受小滑板行程长度限制,不能自动进给,只能手动进给,劳动强度较大,加工后工件的表面粗糙度 $Ra = 3.2 \sim 6.3 \ \mu m$。此方法适用于单件小批生产,加工精度较低和长度较短的内外锥面。

(2) 尾座偏移法

车床尾座主要由尾座体和底座两部分组成。底座用压板和固定螺钉紧固在床身上,尾

座体可在底座上横向调节位置,如图 2.28a 所示。当松开固定螺钉而拧动两个调节螺钉时,可横向调节尾座体,如图 2.28b 所示。

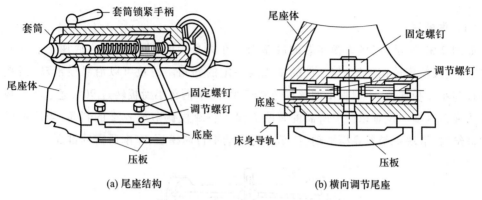

(a) 尾座结构　　　　　(b) 横向调节尾座

图 2.28　尾座

车锥面时,工件装夹在两顶尖之间,将尾座体相对底座在横向偏移一定的距离 S,使工件回转轴线和车床轴线的夹角等于工件的圆锥角 α 的一半,通过刀架的自动或手动纵向进给车锥面。若工件总长为 L_0,尾座横向偏移量 S 的计算式为

$$S = \frac{D-d}{2L}L_0 = L_0\frac{K}{2} \tag{2.5}$$

尾座偏移法加工锥面受到尾座顶尖偏移量 S 的限制,车削锥面的锥度一般不超过 15°,多用于单件小批生产。为了减少顶尖偏移的不利影响,最好使用球头顶尖。尾座偏移法适用于双顶尖加工长轴类工件的外锥面,且圆锥半角 $\alpha/2 < 8°$,表面粗糙度 $Ra = 1.6 \sim 6.3\ \mu m$,多用于成批生产。

(3) 宽刀法

利用主切削刃横向进给直接车削锥面。切削刃必须平直,长度略大于圆锥母线长度,切削刃与工件回转中心线的夹角等于半锥角 $\alpha/2$,如图 2.29 所示。宽刀法要求工件和车刀的刚度高,否则容易发生振动,宽刀法方便、迅速,能加工任意角度的内、外锥面,表面粗糙度 $Ra = 3.2 \sim 6.3\ \mu m$。

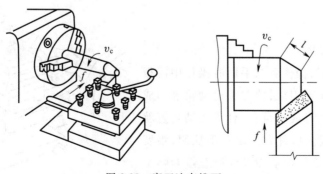

图 2.29　宽刀法车锥面

宽刀法只适合车削较短的锥面,生产率高,在成批生产中应用广泛。车削倒角是宽刀法车削短锥面的一种常用形式。

(4) 靠模法

如图 2.30 所示,机械靠模装置的底座固定在床身后面,靠模板装在底座上。松开紧固螺钉,靠模板绕定位销旋转,与工件的轴线成一定的斜角。滑块可以沿靠模滑动,滑块通过连接板与小滑板连接,小滑板上的丝杠与螺母脱开,手柄将小滑板转过 90°,通过小滑板上的丝杠改变刀具横向位置以调节所需的背吃刀量。将靠模调节成 $\alpha/2$ 的斜角,当床鞍做纵向自动进给时,滑块就沿着靠模滑动,使车刀的运动平行靠模板,车削所需的锥面。

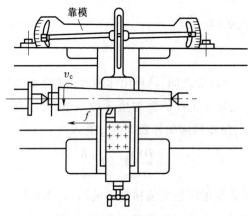

图 2.30 靠模法车锥面

靠模法加工较长的内、外锥面,锥角较小,一般 $\alpha < 12°$,若圆锥斜度太大,中滑板因受靠模尺寸约束,纵向进给会受到限制。靠模法采用自动进给,锥面加工质量较高,表面粗糙度 $Ra = 1.6 \sim 6.3 \ \mu m$,可加工锥角小、较长的内、外圆锥面,适用于大批大量生产。

2.3.5 车成形面

车床上加工手柄、手轮、球等成形面类零件时,常用普通车刀法、成形车刀法、靠模法、数控法等。

(1) 普通车刀法

如图 2.31 所示,操作者双手同时操作中滑板和小滑板的手柄移动刀架,使刀头运动轨迹与成形回转体成形面的母线相重合,合成运动轨迹就是工件的表面曲线。这种方法由双手控制,难度较大,操作者的双手协调能力及经验直接影响工件质量。

图 2.31 普通车刀法车成形面

（2）成形刀法

利用与工件轴向剖面形状相同的成形刀加工所需成形面的方法,称为成形刀法,如图 2.32 所示。此方法必须用专用的成形刀,因成形刀设计、制造复杂,成本较高,故多用于成批加工。

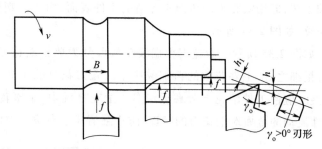

图 2.32 成形刀法车成形面

（3）靠模法

图 2.33 所示为靠模法车成形面。刀架横向滑板与丝杠脱开,前端的拉杆装有滚柱,当刀架纵向进给时,拉杆上滚柱在靠模曲线槽内运动,使装在刀架上的刀尖随着靠模曲线轨迹移动,加工出相应的成形面。靠模法操作简单,生产率高,但必须制造具有曲线槽的靠模,曲线槽的形状精度直接影响成形面的精度,这种方法适用于精度要求较高的成形面成批生产。

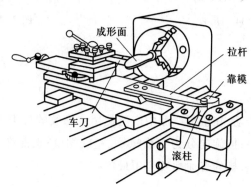

图 2.33 靠模法车成形面

（4）数控法

数控车床通过刀具纵向和横向的同时进给,实现所需的刀尖运动轨迹曲线,从而车削成形面。操作者编写相应的数控车削程序,输入数控车床后执行该程序,数控车床自动完成零件成形曲面加工。随着计算机技术在机械加工领域的广泛应用,车削加工正在向数控车削方向高速发展。

2.3.6 滚花

为了使工件外表美观或便于持握等,需要在工件表面滚压出不同的花纹,这时要用到一种称为滚花的特殊工艺,即用滚花刀挤压原本光滑的工件表面,而产生塑性变形形成凸凹不平但均匀一致的花纹,如图2.34所示。

常用的滚花刀如图2.35所示。滚花刀根据滚轮数可分为单轮滚花刀、双轮滚花刀和六轮滚花刀。刀纹有粗细之分,工件花纹的粗细取决于滚花刀花纹的粗细。滚花时工件承受的径向力较大,装夹时应使工件滚花部分靠近卡盘。滚花过程中,车床转速要低,并需要充分润滑,以减少塑性流动的金属对滚花刀的摩擦,防止细屑滞塞在滚花刀内而产生乱纹。

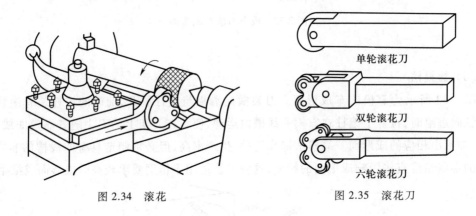

图 2.34　滚花　　　　　　　　　　　图 2.35　滚花刀

2.3.7 车削螺纹

螺纹用于连接或者传动,在机械产品中广泛使用。螺纹的种类很多,按牙型分有普通螺纹、梯形螺纹、矩形螺纹等;按旋向分为右旋螺纹、左旋螺纹;按照螺旋线头数分为单线螺纹和多线螺纹。其中,单线右旋的普通螺纹应用最广。

(1) 螺纹的基本知识

图2.36所示为普通螺纹的公称尺寸,各部分名称、定义和计算方法如下。

牙型角 α:螺纹在轴线方向剖面的牙型角度。

螺距 P:相邻两牙上的对应牙侧与中径线相交两点的轴向距离。

大径 D、d:D 为外螺纹的牙顶直径,d 为内螺纹牙底直径,螺纹大径即为公称直径。

小径 D_1、d_1:D_1 为外螺纹的牙底直径,d_1 为内螺纹牙顶直径。

中径 D_2、d_2:一个假想圆柱或圆锥直径,外螺纹用 D_2 表示,内螺纹用 d_2 表示。

牙型高度:从一个螺纹牙体的牙顶到其牙底间的径向距离。

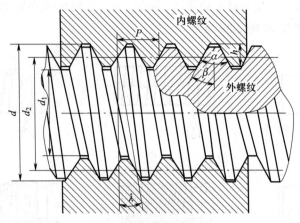

图 2.36 普通螺纹公称尺寸

(2) 螺纹车刀的角度和安装

螺纹牙型角是螺纹一个牙两侧面与通过螺纹轴线截面的交线之间的夹角,由螺纹车刀的刀尖角决定,米制螺纹牙型角为 60°,它关系到螺纹的加工精度。螺纹车刀的前角对牙型角影响较大,如图 2.37 所示,车刀的前角大于或小于 0°时,所车削的螺纹牙型角会大于车刀的刀尖角。前角越大,牙形角的误差也越大。精度要求较高的螺纹,常取螺纹车刀的前角为 0°。粗车螺纹时为改善切削条件,可取正前角的螺纹车刀。

安装螺纹车刀时,应使刀尖与工件轴线等高,否则会影响螺纹的截面形状,并且刀尖的平分线要与工件轴线垂直。若螺纹车刀装得左右歪斜,车削的牙型就会偏左或偏右。为了使螺纹车刀安装精确,可采用样板对刀,如图 2.38 所示。

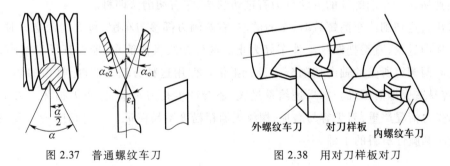

图 2.37 普通螺纹车刀   图 2.38 用对刀样板对刀

(3) 螺纹车削方法

首先,把工件的螺纹外圆直径按要求车好,该尺寸应比规定要求小 0.1~0.2 mm。然后在螺纹长度处车一条标记线,作为退刀标记,最后将端面处倒角,固定好螺纹车刀。其次,对车床进行调整,使车刀在主轴上每转一周得到一个螺距大小的纵向移动量。车削标准螺纹时,可以从车床的螺距指示牌中,找出进给箱各操纵手柄应放的位置并进行调整。车床设置好后,选择较低的主轴转速,开动车床,合上开合螺母,正反车数次后,检查丝杠与开合螺母的工作状态是否正常。为使刀具平稳移动,需消除车床各滑板间隙及丝杠螺母的间隙。

车削螺纹操作步骤,如图 2.39 所示。

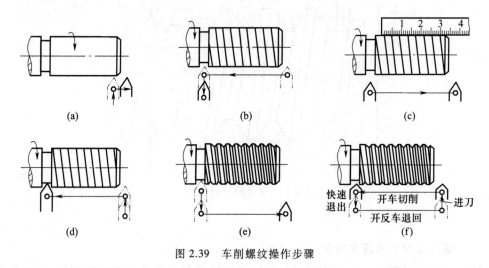

图 2.39　车削螺纹操作步骤

1）正向开车,使车刀与工件轻微接触,记下刻度盘读数,向右退出车刀。

2）合上开合螺母,在工件表面上车削一条螺旋线,横向退出车刀,停车。

3）反向开车使车刀退到工件右端,停车。用钢直尺检查螺距是否正确。

4）利用刻度盘调整切削深度,开始车削。

5）车刀将到行程终点时,先快速退出车刀,然后开反车退回刀架。

6）再次横向切入,继续车削。

车削螺纹时,刀架纵向移动较快,因此要求操作者操作时既要胆大心细,又要思想集中,动作迅速协调。车削螺纹的方法分为直进切削法、左右切削法两种。

采用直进切削法车削螺纹时,车刀的左、右两侧刃都参与车削,每次加深吃刀时,只由中滑板做横向进给,直至把螺纹工件车好为止。这种方法操作简单,能保证牙型清晰,也能将车刀左右两侧刃所受的轴向切削分力进行抵消。但用这种方法车削时,排出的切屑会绕在一起,容易造成排屑困难。如果进给量过大,还会产生扎刀现象,把车刀损坏。由于车刀的受热和受力情况严重,刀尖容易磨损,螺纹表面粗糙度不易保证。直进切削法一般用于车削螺距较小和脆性材料的工件。

2.3.8　车床钻孔

在车床上可以用麻花钻头、扩孔钻、铰刀、车刀、镗刀等刀具进行孔加工。

轴类零件端面的孔常用麻花钻头在车床上加工,也可用扩孔钻或机用铰刀进行扩孔和铰孔。如图 2.40 所示为车床上的钻孔过程。

1）用三爪自定心卡盘装夹工件时,对长轴零件要用卡盘和中心架一起安装。

2）钻头装在尾座上。钻头的柄部为圆锥形,使用时将钻头插入尾座孔中。锥度不相符

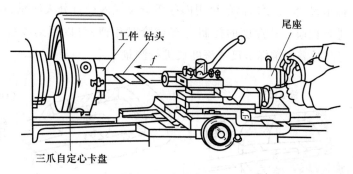

图 2.40　在车床上钻孔

时可借助过渡套进行安装。对于较细的麻花钻,柄部是圆柱形,这时要使用钻头夹进行夹持,再安装于尾座的套筒之中。

　　3)钻孔前要先车端面,必要时先用短钻头或中心钻在工件端面钻出中心孔,以免钻孔偏。

　　4)由于钻头刚度差、孔内散热和排屑困难,钻孔时的进给速度不能太快,切削速度也不宜过快。要经常退出钻头排屑、冷却。钻钢件时要加切削液冷却,钻铸铁件时一般不加切削液。

　　5)对于通孔加工,当即将钻通时,要减小钻头进给量,以防钻头折断。孔被钻通后,先退出钻头再停车。钻盲孔时,可以利用尾座刻度或做记号来控制孔的深度。

2.3.9　镗孔

　　镗孔是用镗刀对工件上铸出、锻出的孔进行加工,使孔达到图样所要求的精度和表面质量。镗孔主要用于较大直径的孔的粗加工、半精加工和精加工。镗孔可以提高孔的轴线位置精度。常用的内孔镗刀有两种:通孔镗刀和盲孔镗刀,如图 2.41 所示,主要区别在于镗刀的主偏角是否大于 90°。镗孔时镗刀要进入孔内切削,镗刀杆比较细且车刀旋伸长度较大,刚度差,因此加工时背吃刀量和进给量都选得较小,走刀次数多,生产率不高,但镗孔加工的通用性强,广泛应用于单件小批生产。

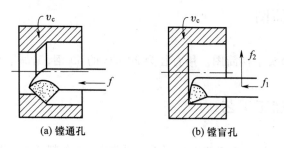

(a) 镗通孔　　　　　　　(b) 镗盲孔

图 2.41　镗孔

车床镗孔的尺寸精度控制与外圆车削基本一样,仍然采用边测量边加工的试车法,孔径的测量也是用游标卡尺,精度要求高的可用内径千分尺或内径百分表测量,在大批大量生产时可以用量规来进行检验。孔深度的控制与车台阶时相似,可以用刻线痕法测量控制,如图 2.42 所示,精度高时需用游标卡尺或深度尺进行测量。

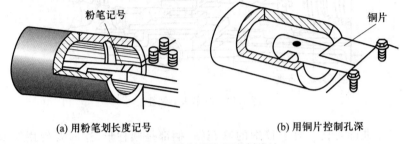

(a) 用粉笔划长度记号　　　　　　　　(b) 用铜片控制孔深

图 2.42　控制镗孔深度刻线法

由于镗孔加工是在工件内部进行的,操作者不易观察到加工状况,操作比较困难,应注意以下事项。

1）镗孔时,刀杆尽可能粗一些,但在镗盲孔时,车刀刀尖到刀杆背面的距离必须小于孔的半径,否则孔底中心位置无法车平。

2）装夹镗刀时,刀尖应略高于工件回转中心,留出变形量,以减少加工中的振动和扎刀现象,也可以减少镗刀下部碰到孔壁的可能。该方法主要在镗小孔时使用最多。

3）镗刀伸出刀架长度应尽量短些,以增强镗刀刀杆的刚度,减少振动,但伸出刀架长度不得小于镗孔深度。

4）镗孔时,因刀杆相对较细,刀头散热条件差,排屑不畅,易产生振动和让刀,所以选用的切削用量要比车外圆时小些。调整方法与车外圆基本相同,只是横向进给方向相反。

5）开始镗孔前,先将镗刀在孔内手动试走一遍,确认无干涉后再开车切削。

2.4　榔头手柄的车削实例

2.4.1　榔头手柄简图

图 2.43 所示为榔头手柄简图。用直径为 20 mm 的 45 钢,锯削下料,取长度 230 mm。

2.4.2　榔头手柄加工工艺

根据榔头手柄的车削加工工艺以及所需工具设备,其车削工艺卡片见表 2.1。

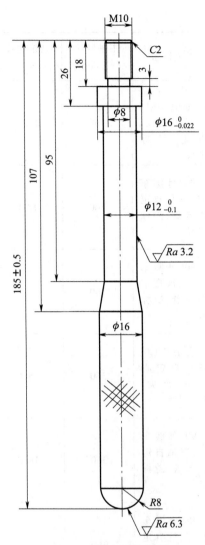

图 2.43 榔头手柄简图

表 2.1 榔头手柄的车削工艺卡片

工步号	工步内容	工艺设备	主轴转速 /(r·min⁻¹)	切削速度 /(m·min⁻¹)	进给量 /(mm·r⁻¹)	背吃刀量/mm	进给次数
1	夹持一端,伸出约40 mm,平端面;车外圆 ϕ16.2 mm、长30 mm;车外圆 ϕ12 mm、长18 mm	90°外圆车刀、三爪自定心卡盘、游标卡尺	360	22.6	0.1~0.15	1.0	3
2	掉头夹持,平端面,保证尺寸为230 mm	90°外圆车刀、三爪自定心卡盘、游标卡尺	360		手动		

续表

工步号	工步内容	工艺设备	主轴转速 /(r·min⁻¹)	切削速度 /(m·min⁻¹)	进给量 /(mm·r⁻¹)	背吃刀量/mm	进给次数
3	钻中心孔,深 6~7 mm	中心钻 φ3 mm(A型)、三爪自定心卡盘、游标卡尺	360	23.55	0.06~0.1	0.3	
4	夹 φ12 mm,顶中心孔,车 φ15.5 mm	90° 外圆车刀、三爪自定心卡盘、游标卡尺	360	18.1	0.06~0.1	0.3	
5	以尺寸 18 mm、26 mm 划线长 8 mm,以尺寸 152 mm、140 mm 划线长 12 mm	90° 外圆车刀、三爪自定心卡盘、游标卡尺	360		手动		
6	滚花(滚花可将外圆 15.5 mm 扩大至 16 mm)	滚花刀 1.0、三爪自定心卡盘、顶尖、游标卡尺	360	18.1	0.06~0.1	0.3	
7	车锥度 9°,至 φ12.2 mm	90° 外圆车刀、三爪自定心卡盘、游标卡尺	360	18.1	0.06~0.1	0.3	
8	夹 φ16 mm,伸出 20 mm,车 SR8 半球	R8 成形车刀、三爪自定心卡盘、尺柜、圆弧样板	360		手动		
9	掉头夹 φ12.2 mm,靠 φ16.2 mm 端面,车外圆至 φ9.85 mm 长 18 mm	90° 外圆车刀、三爪自定心卡盘、游标卡尺	360	11.3	0.06~0.1	0.3	2
10	车退刀槽	切断刀、三爪自定心卡盘	360		手动		1
11	车 C2 倒角	45° 车刀、三爪自定心卡盘	360	18.1	0.06~0.1	0.3	3

续表

工步号	工步内容	工艺设备	主轴转速 /(r·min⁻¹)	切削速度 /(m·min⁻¹)	进给量 /(mm·r⁻¹)	背吃刀量/mm	进给次数
12	套螺纹	M10 板牙、三爪自定心卡盘	45		手动		1
13	钻 M10 端面的中心孔,深 6~7 mm	中心钻 φ3 mm(A 型)、三爪自定心卡盘、游标卡尺	360	23.55	0.06~0.1	0.3	
14	检验	游标卡尺					

思考与练习题

2-1　试述车削加工原理及加工范围。

2-2　车刀有哪些种类? 用途有哪些?

2-3　当改变车床主轴转速时,车刀移动速度是否改变? 进给量是否改变?

2-4　车削时,工件和刀具需要做哪些运动? 切削用量包括哪些内容?

2-5　卧式车床由哪几部分组成? 车床上有哪些附件? 如何使用?

2-6　车床上加工成形面有哪些方法? 请简述操作过程。

2-7　车锥面的方法有哪些? 各适合于什么条件?

第三章
刨削、铣削、磨削

实训要求	实训目标
预习	刨削、铣削、磨削加工安全技术,刨削、铣削、磨削加工范围
了解	刨削、铣削、磨削机床的分类、型号、结构、工艺范围、工作原理、加工特点
掌握	刨削、铣削、磨削技术及其操作,刨削、铣削、磨削的加工工艺,工具、夹具、量具的使用
拓展	数控刨削、铣削、磨削机床加工的优势和特点
任务	独立完成榔头头部及手柄的刨削加工、铣削加工和磨削加工

3.1 刨削

在刨床上,使工件和刀具之间产生相对直线往复运动(主运动),工件(或刀具)在垂直于主运动方向做间歇的进给运动来进行切削加工的过程,称为刨削。刨削一般用于加工平面、斜面、各种沟槽以及成形表面等,刨削加工范围如图 3.1 所示。

3.1.1 刨削实训的安全操作规程

1)实训前穿戴好工作服,扎紧袖口,长发收入帽内,工作期间禁止戴手套。

2)启动刨床前,必须检查工作台是否有工件,冲程前后禁止站人,并取下冲程手柄。

3)加工工件前,先手动开启刨床,检查冲程长度和位置,确认刀具与工件是否相碰。

4)刨床运动切削时,操作者的头、手严禁伸向刨刀。

5)零件刨削后,修去毛刺,整边或倒钝。

6)工作结束后,必须关闭电源,擦拭机床,清洁现场。

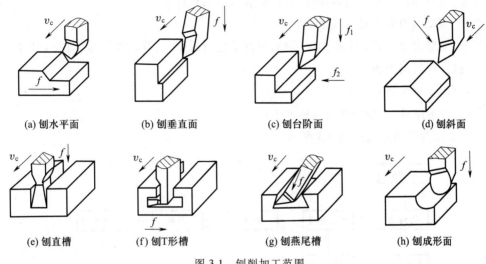

| (a) 刨水平面 | (b) 刨垂直面 | (c) 刨台阶面 | (d) 刨斜面 |

| (e) 刨直槽 | (f) 刨T形槽 | (g) 刨燕尾槽 | (h) 刨成形面 |

图 3.1 刨削加工范围

3.1.2 刨削设备

刨削设备包括牛头刨床、龙门刨床及立式刨床,立式刨床又称插床。

1. 牛头刨床

牛头刨床是刨削机床应用较广的一类,适用于刨削尺寸不超过 1 m 的中、小型零件。牛头刨床主要由床身、滑枕、刀架、工作台、横梁、底座等部分组成,如图 3.2 所示。

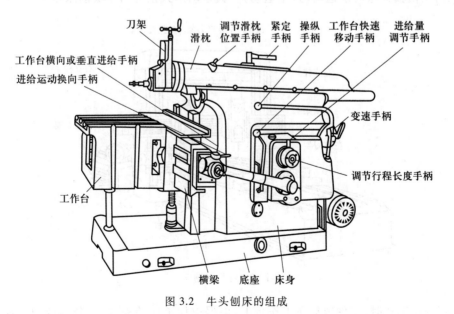

图 3.2 牛头刨床的组成

床身:支承和连接刨床的各部件,其内部装有传动机构。

滑枕:带动刨刀做往复直线运动。

刀架:安装刨刀。刀架上有刻度手柄,可调节吃刀深度,后有刻度转盘,可在±60°的范围内左右旋转,一般用于加工斜面。

工作台:支承和装夹工件。

底座:支承床身,一般用螺栓与地面连接。

牛头刨床的传动路线如图 3.3 所示。

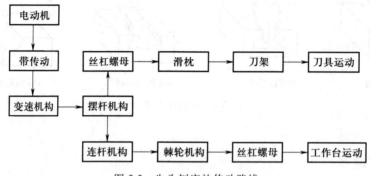

图 3.3 牛头刨床的传动路线

2. 龙门刨床

龙门刨床因具有"龙门"式框架结构而得名,其结构如图 3.4 所示。龙门刨床主要用于大型零件的刨削,或者多个小零件的同时刨削。工作时,工件随工作台做往复直线运动(主运动),刀架沿横梁做间歇运动(进给运动)。其运动形式正好与牛头刨床相反。

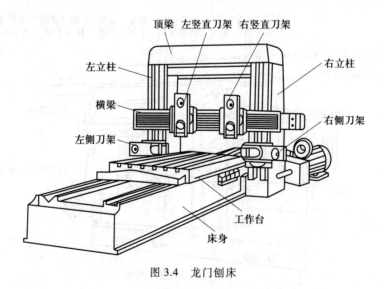

图 3.4 龙门刨床

龙门刨床工作时,工件装夹在工作台上,根据被加工面的需要,可分别或同时使用竖直刀架和侧刀架,竖直刀架和侧刀架都可以实现竖直或水平两个方向的进给。刨削斜面时,可以将竖直刀架转动一定角度。

在龙门刨床上使用直流发电机和电动机调速机构,实现工作台无级调速。刨削开始时,工作台带动工件缓慢靠近刨刀,待刨刀切入工件后,增大切削速度;刨刀即将切出工件,降低切削速度;工件离开刨刀后,工作台快速回退。工作台的变速工作,能有效减少刨刀与工件之间的冲击,降低刀具损耗,提高工作效率。

3. 插床

插床将牛头刨床的主运动部分改成立式结构,利用插刀竖直往复运动插削内孔键槽、花键槽、方孔和多边形孔等。插床在加工盲孔或有障碍的台肩内孔和键槽时更具优势。插床多用于单件小批的零件生产。

插床分为普通插床、键槽插床、龙门插床和移动式插床等几种结构形式,由床身、立柱、滑枕、圆工作台、上滑座、下滑座以及驱动与传动系统组成,如图3.5所示。滑枕带动刀架沿立柱导轨做上下往复直线运动,装有工件的工作台可利用上、下滑座和圆工作台分别做纵向、横向和回转运动。

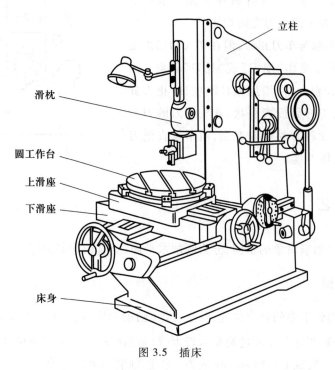

图 3.5 插床

4. 刨削刀具

刨削刀具简称刨刀,用于刨削工件。刨刀切削刃通常用高速钢或硬质合金加工。高速钢刨刀一般采用整体式结构,硬质合金刨刀则采用焊接结构。刨刀的种类分为平面刨刀、偏刀、角度偏刀、切刀及弯切刀等,如图3.6所示。

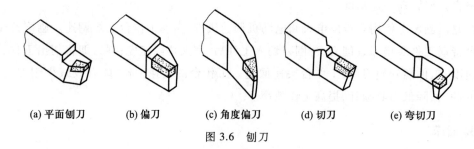

(a) 平面刨刀　　(b) 偏刀　　(c) 角度偏刀　　(d) 切刀　　(e) 弯切刀

图 3.6　刨刀

刨削平面时,安装刨刀的刀架和刀座应处于中间竖直位置,如图 3.7 所示。把刨刀放入刀夹槽内,锁紧螺栓,在抬刀板上压紧刨刀。在夹紧刨刀前,刨刀可与刀夹一起倾斜旋转一定角度。刨刀与刀夹的锁紧螺柱之间,通常加装 T 形垫铁,以提高夹持的稳定性。

装夹刨刀时,刀头不要伸出刀架过长,避免产生振动。直头刨刀的刀头伸出长度为刀杆厚度的 1.5 倍,弯头刨刀的伸出量可以长些。装卸刨刀时,必须用一只手扶住刨刀,另一只手用扳手夹紧或放松螺栓。无论装或卸,扳手的施力方向均向下。

刨刀的几何参数与车刀相似,但在切入和切出工件时,冲击很大,容易发生"崩刀"或"扎刀"现象。因而刨刀刀杆截面较粗大,以增加刀杆刚度,防止刀杆折断,而且往往将刀杆做成弯头状,弯头刨刀的刀刃碰到工件硬点时,比较容易弯曲变形,而不像直刨刀直接扎入工件,损坏刀具。

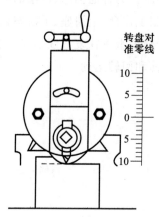

图 3.7　刨平面时刨刀的正确安装方法

3.1.3　刨削工艺

刨削工艺按照刨削对象的不同,分为刨削水平面、竖直面和斜面等。

1. 刨削水平面

刀架和刀座均处于中间竖直位置,背吃刀量(刨削深度)$a_p = 0.5 \sim 4$ mm,进给量 $f = 0.1 \sim 0.6$ mm/str。粗刨时背吃刀量和进给量取较大值,精刨时取较小值。刨削速度随刀具和工件材料不同而不同,一般取 $v_c = 20$ m/min 左右。上述刨削用量也适用于刨削竖直面和斜面。

2. 刨削竖直面

先把刀架转盘的刻线对准零线,再将刀座按刀座上端偏离加工面的方向偏转一定角度,一般为 $10° \sim 15°$。偏转刀座是为了抬高刀板,在回转调整中能使刨刀抬离工件加工面,保护已加工表面,同时减少刨刀磨损。刨削竖直面时,有的牛头刨床(如 B6065)只能手动进给。

手动进给是手动间歇转动刀架手柄,移动刨刀实现进给。有的牛头刨床既可手动进给,又可自动进给,即工作台带动工件做间歇向上移动。

3. 刨削斜面

最常用的方法是正夹斜刨,即依靠倾斜刀架进行。刀架旋转的角度应等于工件斜面与铅垂线的夹角。刀座偏转方向与刨削竖直面相同,即刀座上端偏离加工面,在牛头刨床上刨削斜面只能手动进给。

3.1.4 榔头头部的刨削工艺

榔头头部采用 45 钢坯料,截面尺寸取 20 mm×20 mm 的长方料,用手工锯锯削长度120 mm,榔头头部的坯料简图如图 3.8 所示。

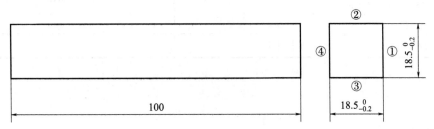

图 3.8 榔头头部的坯料简图

榔头头部的刨削工艺步骤见表 3.1。

表 3.1 榔头头部刨削工艺

工步号	工步内容	工艺设备	主轴转速/(r·min⁻¹)	切削速度/(m·min⁻¹)	进给量/(mm·r⁻¹)	背吃刀量/mm	进给次数
1	装夹工件,找平,待加工面①朝上	虎钳、木榔头					
2	刨削面①,卸工件,去除毛刺	刨刀、虎钳、深度卡尺、平板锉	50	12.5	0.1~0.15	0.8	100
3	装夹工件,找平,待加工面②朝上	虎钳、木榔头					
4	刨削面②,卸工件,去除毛刺	刨刀、虎钳、深度卡尺、平板锉	50	12.5	0.1~0.15	0.8	100

续表

工步号	工步内容	工艺设备	主轴转速/(r·min⁻¹)	切削速度/(m·min⁻¹)	进给量/(mm·r⁻¹)	背吃刀量/mm	进给次数
5	装夹工件,找平,待加工面③朝上	虎钳、木榔头					
6	刨削面③,去除毛刺	刨刀、虎钳、深度卡尺、平板锉	50	12.5	0.1~0.15	0.8	100
7	装夹工件,找平,待加工面④朝上	虎钳、木榔头					
8	刨削面④,保证尺寸18.5 mm×18.5 mm	刨刀、虎钳、深度卡尺、平板锉	50	12.5	0.1~0.15	0.8	100
9	检验	游标卡尺					

3.2 铣削

铣削是利用铣刀对工件进行切削加工的过程,主要加工平面、台阶面、沟槽和成形面等,如图3.9所示。此外,还可以进行孔加工和分度工作。常见沟槽包括键槽、直角槽、角度槽、燕尾槽、T形槽、圆弧槽、螺旋槽等。铣削过程中,铣床主轴带动铣刀的高速旋转运动称为主运动,铣床工作台带动工件做直线运动使工件不断进行切削的运动称为进给运动。

铣削加工在机械零件生产中占相当大的比重,仅次于车削加工。铣刀属于多刃刀具,所以铣削加工的生产率高;铣刀转一周,每个刀齿只切削一次,刀齿的散热较好;铣削中每个刀齿逐渐切入切出,切削不连续,因此铣削过程中会产生冲击和振动,对刀具的耐用度和工件表面质量产生不利影响。铣削加工精度可以达到IT7~IT9级,表面粗糙度$Ra=1.6~6.3$ μm。

3.2.1 铣削实训的安全操作规程

1)铣削操作时,应穿好工作服,扎紧袖口。女生必须戴好工作帽,禁止戴手套操作铣床。

2)多人共用一台铣床时,只能由一人操作,严禁两人同时操作,以防发生意外。

3)启动铣床前,必须检查手柄的位置是否正确,检查旋转部分与铣床周围有无碰撞或

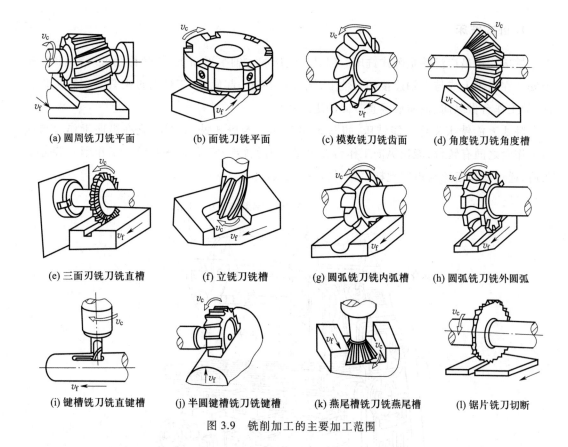

(a) 圆周铣刀铣平面　(b) 面铣刀铣平面　(c) 模数铣刀铣齿面　(d) 角度铣刀铣角度槽

(e) 三面刃铣刀铣直槽　(f) 立铣刀铣槽　(g) 圆弧铣刀铣内弧槽　(h) 圆弧铣刀铣外圆弧

(i) 键槽铣刀铣直键槽　(j) 半圆键槽铣刀铣键槽　(k) 燕尾槽铣刀铣燕尾槽　(l) 锯片铣刀切断

图 3.9　铣削加工的主要加工范围

不正常现象,并对铣床加油润滑。

4)工件、刀具和夹具必须装夹牢固。

5)加工过程中,操作者不能离开铣床,正在加工的工件不能测量或者用手触摸。及时用毛刷清除切屑,禁止直接用手清除。

6)铣床运行中,严禁变换转速,避免发生设备和人身安全事故。

7)发现铣床运转有不正常现象时,应立即停机,关闭电源,报告指导老师。

8)工作结束后,断开电源,清除切屑,擦拭铣床、工具、量具和其他辅具,加油润滑,清扫地面,保持良好的工作环境。

3.2.2　铣削设备

铣床种类繁多,按机床主轴位置不同分为卧式铣床、立式铣床;按床身不同分为单柱铣床和龙门铣床;按用途不同分为普通铣床和专用铣床;按运动控制系统不同分为传统加工铣床和数控铣床。其中,卧式铣床和立式铣床应用最广泛,卧式铣床主轴平行于工作台面,立式铣床主轴垂直于工作台面。

1. 卧式铣床

铣床应用最广泛的是卧式铣床。因卧式铣床的主轴水平布置,故简称卧铣。铣削时,铣刀安装在主轴上或与主轴连接的刀轴上,铣刀随主轴一起旋转,工件通过夹具装夹在工作台面,随工作台做纵向、横向或竖直方向的进给运动。

卧式万能铣床又称万能铣床,如图 3.10 所示。与卧式铣床相比,它在纵向工作台与横向工作台之间有转台,能让纵向工作台在水平面内偏转一定角度(±45°)。工作台安装分度头后,通过配换齿轮与纵向丝杠,可以铣削螺旋线。

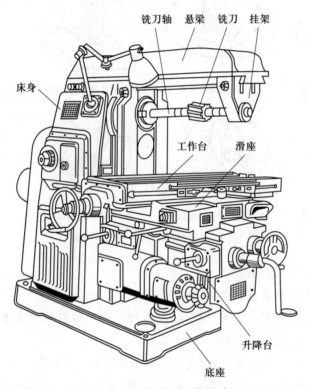

图 3.10   X6132 卧式万能铣床

X6132 卧式万能铣床的主要组成部分包括床身、横梁、主轴、纵向工作台、横向工作台、挂架、升降台、底座等部分。

床身:用于支承和连接铣床其他组成部分,将铣床各组成部分连成一体。

横梁:用于支承挂架,伸出长度可根据刀杆长度来调整。

主轴:用于安装刀杆带动铣刀旋转,刀杆一端安装在主轴锥孔内。

纵向工作台:可带动工件做纵向运动。

横向工作台:在纵向工作台下方,可沿升降台的导轨做横向运动,带动工件做横向进给。

挂架:用于增强刀杆刚性。刀杆的一端与主轴相连,而另一端与挂架相连。

升降台:使工作台做升降运动。

底座:用于连接床身并与地面固定。

2. 立式铣床

立式铣床主要用于小型零件的铣削,如铣平面、沟槽等。立式铣床应用广泛,X5032 立式铣床如图 3.11 所示。立式铣床的组成及运动形式与卧式铣床的大致相同。二者的区别在于,立式铣床无水平导轨和悬梁,而设置了一个立式铣头,主轴布置在铣头内,用于安装铣刀。另外,立铣头和床身之间设置了一个转盘,用于铣削斜面时可使主轴与工作台倾斜一个角度。

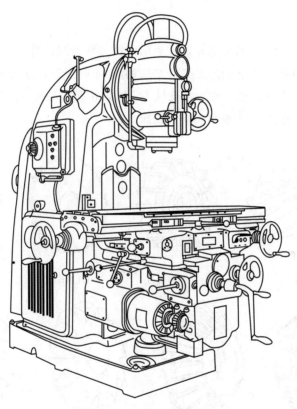

图 3.11　X5032 立式铣床

3. 铣床的传动路线

1) 主运动传动路线,如图 3.12 所示。

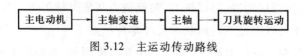

图 3.12　主运动传动路线

2) 进给运动传动路线,如图 3.13 所示。

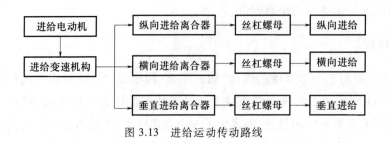

图 3.13 进给运动传动路线

4. 铣刀

（1）铣刀分类

铣刀是一种多刃刀具，刀齿分布在圆柱表面的铣刀称为圆柱铣刀，刀齿分布在端面的铣刀称为端铣刀。铣刀种类很多，依据安装方法的不同分为带孔铣刀和带柄铣刀两大类。图 3.14 所示的采用孔装夹的铣刀称为带孔铣刀，主要用于卧式铣床；图 3.15 所示的采用柄部装夹的铣刀称为带柄铣刀，主要用于立式铣床。

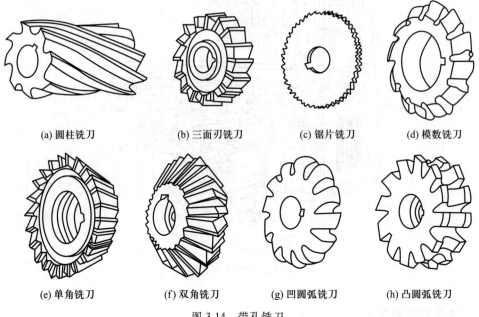

(a) 圆柱铣刀   (b) 三面刃铣刀   (c) 锯片铣刀   (d) 模数铣刀

(e) 单角铣刀   (f) 双角铣刀   (g) 凹圆弧铣刀   (h) 凸圆弧铣刀

图 3.14 带孔铣刀

1）带孔铣刀

常用带孔铣刀包括圆柱铣刀、圆盘铣刀、角度铣刀和成形铣刀等。带孔铣刀的加工范围广，刀齿的形状和尺寸可以满足不同形状和尺寸零件的加工。

圆柱铣刀：刀齿分布在圆柱表面，又分为直齿和斜齿两种，主要用于铣削中、小平面。

圆盘铣刀：包括三面刃铣刀、锯片铣刀等。三面刃铣刀主要用于加工不同宽度的沟槽及小平面、小台阶面等；而锯片铣刀主要用于加工窄槽和切断材料。

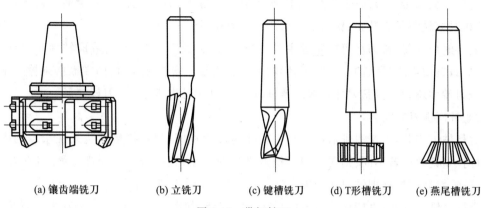

(a) 镶齿端铣刀　　　(b) 立铣刀　　　(c) 键槽铣刀　　(d) T形槽铣刀　　(e) 燕尾槽铣刀

图 3.15　带柄铣刀

角度铣刀：具有不同的角度，主要用于加工各种角度的槽及斜面等。

成形铣刀：切削刃呈圆弧、凹圆弧、齿槽形等形状，主要用于加工与切削刃形状对应的成形面。

2）带柄铣刀

包括立铣刀、键槽铣刀、T形槽铣刀和镶齿端铣刀等，均具有供机床夹持的刀柄。

立铣刀：分为直柄立铣刀和锥柄立铣刀两种。直柄立铣刀直径小，通常小于20 mm；锥柄立铣刀直径较大，多为镶齿式。立铣刀主要用于加工沟槽、小平面、台阶面等。

键槽铣刀：主要用于加工键槽。

T形槽铣刀：主要用于加工 T 形槽。

镶齿端铣刀：刀齿主要分布在刀体端面，部分刀齿分布在刀体的周边，通常刀齿装有硬质合金刀片，可以实现高速铣削，铣削效率高。主要用于加工较大的平面。

（2）铣刀的安装

铣刀的安装形式取决于铣刀机构。下面分别介绍带孔铣刀和带柄铣刀的安装方法。

1）带孔铣刀的安装

圆柱铣刀、三面刃铣刀、模数铣刀以及圆弧铣刀等带孔铣刀的安装方法如图 3.16 所示。首先在刀杆上安装套筒、垫圈，装上键，再套铣刀。其次在铣刀外侧的刀杆上再安装套筒，

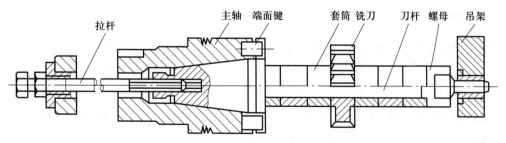

图 3.16　带孔铣刀的安装

然后拧紧压紧螺母。最后安装挂架,拧紧挂架紧固螺钉,轴承孔内加润滑油。初步拧紧螺母,开机观察铣刀是否装正,铣刀装正后用力拧紧螺母。

安装时应注意:铣刀尽可能靠近主轴或挂架,避免由于刀杆较长,造成铣削时刀杆弯曲变形,导致铣刀出现较大的径向跳动,影响工件的质量。安装套筒时,两端面必须擦拭干净,减小铣刀端面跳动。拧紧刀杆端部的螺母时,必须先装上挂架,防止刀杆变形。

2）带柄铣刀的安装

锥柄铣刀安装:若铣刀锥柄尺寸与主轴孔内尺寸相同,则直接将其装入铣床主轴中,并用拉杆拉紧铣刀。若不同,则需要根据铣刀锥柄的大小,选择合适的变锥套筒,将配合表面擦拭干净,然后用拉杆把铣刀和变锥套筒一起拉紧,如图 3.17a 所示。

直柄立铣刀安装:直柄立铣刀多用弹簧夹头安装,如图 3.17b 所示。铣刀的直柄插入弹簧套孔中,用螺母压弹簧套的外锥面,弹簧套受压而缩小孔径,即可将铣刀夹紧。弹簧套有三个开口,故受力时能收缩。弹簧套有多种孔径,以适应各种尺寸的立铣刀。

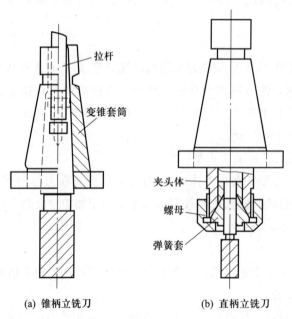

(a) 锥柄立铣刀　　　　　　(b) 直柄立铣刀

图 3.17　带柄铣刀的安装

5. 铣床附件

铣床附件主要包括平口钳、回转工作台、分度头、万能铣头等。

（1）平口钳

平口钳主要由底座、钳身、固定钳口、活动钳口、钳口铁以及螺杆等组成。工作时,工作台具体位置对平口钳进行找正,然后夹紧工件。

铣床所用平口钳的钳口精度及相对底座底面的位置精度较高。底座下侧还有两个定位键,便于安装时定位。平口钳分为固定式平口钳和回转式平口钳两种,回转式平口钳可绕底座心轴回转360°,如图3.18所示。

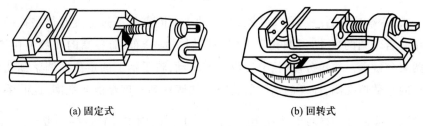

(a) 固定式　　　　　　　　　　　　(b) 回转式

图 3.18　平口钳

（2）回转工作台

回转工作台的结构如图3.19所示,其内部有一副蜗轮、蜗杆。手轮与蜗杆同轴连接,回转台与蜗轮连接,转动手轮,通过蜗杆传动,使回转台转动。回转台周围有0°～360°刻度,可用于观察和确定回转台位置。回转台中央的孔可以装夹心轴,用于找正和确定工件的回转中心。回转工作台一般用于工件的分度和非整圆弧面加工。

（3）分度头

分度头可实现工件的分度,通常由底座、回转体、主轴、分度盘和扇形叉组成,其结构如图3.20所示。

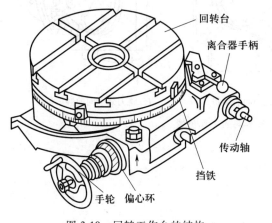

图 3.19　回转工作台的结构

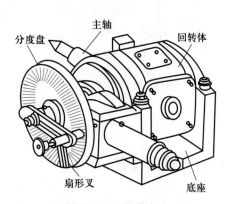

图 3.20　万能分度头

应用最多的分度头是1∶40分度头。这种分度头的蜗杆通常为单头蜗杆,蜗轮齿数为40,当手柄带动蜗杆转动一周时,蜗轮带动主轴转过1/40周。设工件在整个圆周上分成Z等分,则每一等分要求分度头主轴转动1/Z圈,分度手柄的转数n可通过下式计算:

$$1 : 40 = \frac{1}{Z} : n \tag{3.1}$$

式中,n表示手柄转数;Z表示工件的等分数。

如铣削加工齿数 $Z=36$ 的齿轮,则每次分齿时手柄要转过的转数为

$$n = \frac{40}{Z} = \frac{40}{36} = 1\frac{1}{9}$$

每分一齿,手柄应转过一圈零 1/9 圈,其中的 1/9 圈需要通过分度盘严格控制。分度盘的两面各钻有若干圈的盲孔,每圈孔都沿同一圆周平均分布,而各圈的孔数不相等,一般分度头备有两块分度盘。简单分度时,分度盘固定不动,将手柄上的定位销调整到孔数等于分度圈数分母的整数倍孔圈,即 9 的倍数的孔圈。如调整到分度盘的 4 孔圈,此时手柄摇一圈后,再沿孔数为 54 的孔圈转过 6 个孔距 $\left(n = 1\frac{1}{9} = 1\frac{6}{54}\right)$,则工件转过一个齿。

(4)万能铣头

万能铣头安装在卧式铣床上,可以完成各种立铣工作,还可以根据铣削的需要,把铣头主轴旋转任意角度。

万能铣头通过螺栓将铣头紧固在卧铣的垂直导轨上,铣床主轴的运动通过铣头内的两对锥齿轮传到铣头主轴及铣刀。铣头壳体可以绕铣床主轴轴线偏转任意角度。因此,铣头主轴就能在空间偏转所需的任意角度。图 3.21 为万能铣头不同的工作位置。

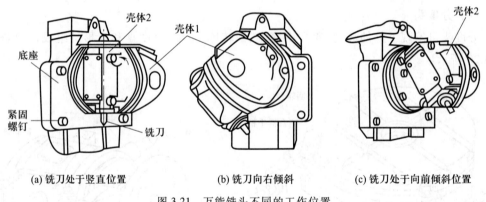

(a) 铣刀处于竖直位置　　　　(b) 铣刀向右倾斜　　　　(c) 铣刀处于向前倾斜位置

图 3.21　万能铣头不同的工作位置

3.2.3　铣削工艺

铣削工艺按照加工对象不同分为铣削平面、铣削斜面和铣削台阶面等。

1. 铣削平面

卧式铣床和立式铣床均可完成平面铣削,铣削一个独立的、较大的平面。铣销有端铣和圆周铣两种方法,如图 3.22 所示。

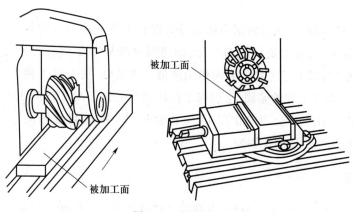

图 3.22　铣削平面

（1）端铣

端铣是平面加工的主要方法。端铣时，参与切削的刀齿数较多，所以切削平稳。端铣刀的副切削刃有修光作用，所以端铣的加工质量好，切削效率高，刀具耐用。

（2）圆周铣

利用圆柱铣刀圆周上的切削刃铣削工件的方法，称为圆周铣，分为顺铣和逆铣两种。

1）顺铣

在铣刀与工件接触处，铣刀的旋转方向和工件的进给方向相同，称为顺铣，如图 3.23a 所示。顺铣时，每个刀齿的切削厚度从最大减小到零，避免了铣刀在已加工表面上的滑行，减小了刀齿的磨损。铣刀对工件的垂直分力 F_v 将工件压向工作台，降低了工件振动的可能性，保证铣削平稳。但铣刀对工件的水平分力 F_h 与工件的进给方向一致，由于工作台进给丝杠与螺母之间存在间隙，容易使铣削过程中的进给不均匀，造成机床振动甚至抖动，影响已加工表面质量，严重时会缩短刀具寿命，甚至会发生打坏刀具的现象，从而制约了顺铣在生产中的应用。因此，生产中常采用逆铣完成平面铣削。

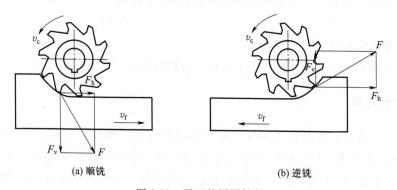

(a) 顺铣　　　(b) 逆铣

图 3.23　平面的圆周铣削

2）逆铣

在铣刀与工件接触处，铣刀切削刃的运动方向和工件的进给方向相反，称为逆铣，如图 3.23b 所示。逆铣时，刀齿的负荷逐渐增加，即切削厚度从零变到最大，刀齿切入有滑行现象，加剧刀具的磨损，增大了工件的表面粗糙度值。逆铣时，铣刀对工件产生了一个向上抬的垂直分力 F_v，不利于工件的紧固，会引起工件振动。但铣刀对工件的水平分力 F_h 与工作台的进给方向相反，在水平分力的作用下，工作台丝杠与螺母间总是保持紧密接触而不松动，丝杠与螺母的间隙对铣削无影响。

2. 铣削斜面

铣削斜面的常用方法有工件倾斜、刀具刃口倾斜和刀具主轴倾斜三种。

（1）工件倾斜

将工件倾斜适当角度，使斜面转到水平位置，然后采用铣平面的方法铣削斜面，如图 3.24 所示。装夹工件的方法有采用划针划线找到平斜面，在万能虎钳上装夹，使用倾斜垫铁装夹，使用分度头装夹四种。

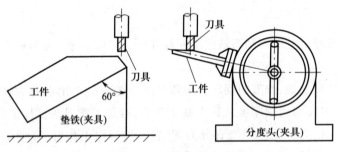

图 3.24　工件倾斜铣斜面

（2）刀具刃口倾斜

通过角度铣刀或成形铣刀完成斜面的铣削，如图 3.25 所示。

（3）刀具主轴倾斜

通过万能铣头将刀具轴线扳转一个角度实现斜面铣削，如图 3.26 所示。

3. 铣削台阶面

工件上介于顶面和底面之间且与顶面和底面平行的平面称为台阶面，如图 3.27 所示。铣削台阶面时，刀具要同时切削两个相互垂直的平面。常用的台阶面铣削方法有用三面刃盘铣刀加工台阶面、用立铣刀加工台阶面、用组合铣刀加工台阶面三种，如图 3.28 所示。

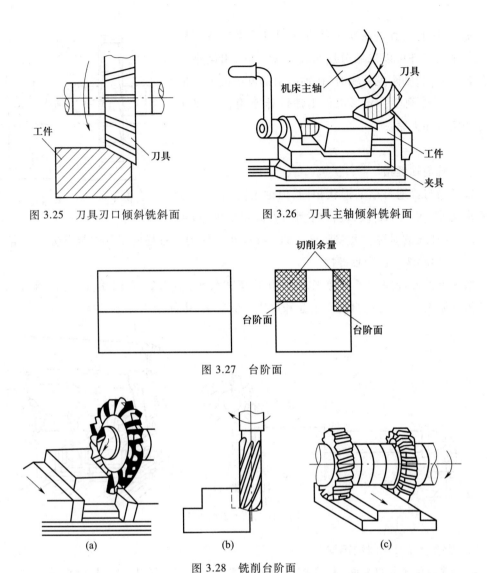

图 3.25　刀具刃口倾斜铣斜面　　　　图 3.26　刀具主轴倾斜铣斜面

图 3.27　台阶面

图 3.28　铣削台阶面

4. 铣削沟槽

沟槽是工件上常有的特征,如普通直槽、各种轴上键槽、T 形槽、燕尾槽、渐开线齿槽以及各种特形槽等。按沟槽的纵向形状不同,沟槽有通槽、半通槽和封闭槽三类。

轴向花键槽加工一般在花键机床上完成,当单件小批加工时也可以在铣床上铣削。渐开线齿槽可用齿轮盘铣刀或指形齿轮铣刀在铣床上加工完成,一次完成整个槽面加工。

常用的沟槽加工方法如下:

(1) 铣削普通直槽

普通直槽通常指矩形槽,加工方法如图 3.29 所示。通常采用三面刃盘铣刀、盘形槽铣刀或立式铣刀加工,也可采用键槽铣刀加工。当槽深度较大时,需多次进给。

加工普通直槽时,块状工件直接用机用虎钳找正后装夹。轴类工件可以采用分度卡盘夹紧一端,用尾座顶尖顶紧另一端,轴刚度较弱时,在轴的中部可增设千斤顶或 V 形块增加刚度。异形工件则需设计专用夹具完成工件的定位和夹紧。

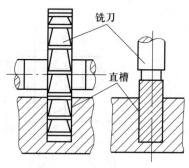

图 3.29 加工普通直槽

(2) 铣削轴键槽

轴键槽与普通直槽的形状相同,但键槽宽度尺寸精度要求更高,可达 IT9 级,键槽两侧的表面粗糙度 $Ra =$ 3.2 μm,与轴线的对称度公差要求达 IT7～IT9 级。铣削轴键槽的工件安装方法与直槽相同。

1) 用盘形铣刀铣削轴键槽

如果工件已经完成了精加工,可用机用虎钳装夹工件,如图 3.30 所示。如果工件直径尺寸仍有加工余量,可用自定心卡盘和尾座顶尖装夹,中间用千斤顶支撑。

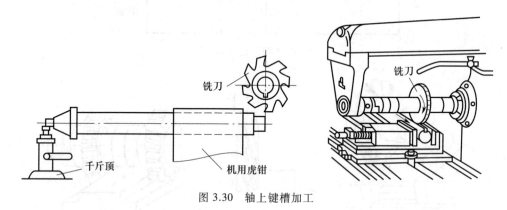

图 3.30 轴上键槽加工

2) 用键槽铣刀铣削轴键槽

键槽铣刀用于长度较短、精度较高的轴键槽加工。工件装夹方法与盘形铣刀加工轴键槽时一致,区别在于轴键槽较深时用键槽铣刀铣削轴键槽需要多次进给加工。根据多次进给加工时刀具的路径规划,键槽铣刀铣削轴键槽有分层铣削法和粗精铣削法两种方法。

分层铣削法是直接用符合键槽宽度尺寸的铣刀将工件加工到要求尺寸,如图 3.31 所示。铣削时,移动工件使键槽铣刀对准键槽的起始端作径向进给切入,切入一定深度后转为轴向进给,达到键槽末端后铣刀径向退出,再将工件退回,铣刀再次对准键槽起始端,完成一次循环。重复多次循环,即可完成键槽的加工。

粗精铣削法是用粗铣刀具和精铣刀具分别完成铣削任务。用粗铣键槽铣刀完成前面的循

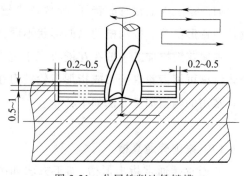

图 3.31 分层铣削法铣键槽

环,用精铣键槽铣刀完成最后一次循环,如图 3.32 所示。

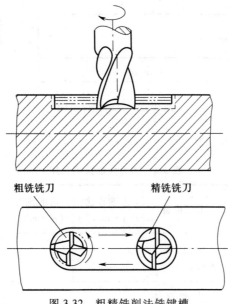

图 3.32 粗精铣削法铣键槽

3)铣削 T 形槽和燕尾槽

铣削 T 形槽的加工工艺分四个步骤:划线、铣直槽、铣 T 形槽、倒角,如图 3.33 所示。

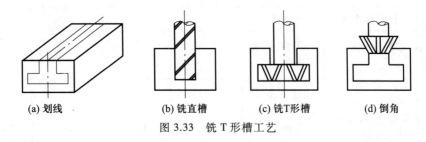

(a)划线　　　　　(b)铣直槽　　　　　(c)铣T形槽　　　　　(d)倒角

图 3.33 铣 T 形槽工艺

燕尾槽的铣削过程:划线、铣直槽、铣左燕尾槽、铣右燕尾槽,如图 3.34 所示。

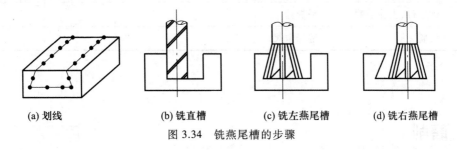

(a)划线　　　　　(b)铣直槽　　　　　(c)铣左燕尾槽　　　　　(d)铣右燕尾槽

图 3.34 铣燕尾槽的步骤

3.2.4 榔头头部的铣削工艺

以 45 钢为毛坯材料,长宽尺寸选取 20 mm×20 mm,手工锯削毛坯长度 100 mm,铣削工件简图如图 3.35 所示。

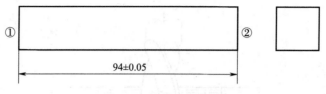

图 3.35 铣削工件简图

榔头头部铣削工序见表 3.2。

表 3.2 榔头头部铣削工序

工步号	工步内容	工艺设备	主轴转速 /(r·min⁻¹)	切削速度 /(m·min⁻¹)	进给量 /(mm·r⁻¹)	背吃刀量/mm	进给次数
1	装夹工件，找平，找正	虎钳、榔头垫块					
2	铣削面①	直柄立铣刀 HSS - AL（14 mm×12 mm×26 mm×83 mm）、虎钳	235	10.3	20	0.3	5
3	卸工件，去除毛刺	平板锉					
4	装夹工件，找平，找正	虎钳、木榔头垫块（按需）					
5	铣削面②，保证尺寸(94±0.05) mm	直柄立铣刀 HSS - AL（14 mm×12 mm×26 mm×83 mm）、虎钳	235	10.3	20	0.3	5
6	卸工件，去除毛刺	平板锉					
7	检验	游标卡尺					

3.3 磨削

在磨床上用砂轮作为切削刀具对工件进行切削加工的方法称为磨削。砂轮或磨具表面的每一个突出磨粒，均可近似地看成一个微小的刀齿，因此砂轮是具有许多微小刀齿的铣刀。磨削主要用于精加工，尤其是淬火钢件和硬度高的特殊材料精加工。磨削加工精度高，表面粗糙度值小,尺寸精度达 IT5～IT6 级,表面粗糙度 $Ra = 0.32～1.25$ μm。

磨削加工的方式很多,可以磨削内圆柱面、外圆柱面、圆锥面、平面、齿轮、螺纹、沟槽及花键,还可以磨削导轨面等复杂成形表面,常见磨削加工方法如图 3.36 所示。

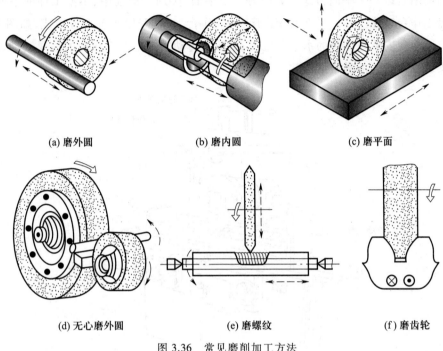

| (a) 磨外圆 | (b) 磨内圆 | (c) 磨平面 |

| (d) 无心磨外圆 | (e) 磨螺纹 | (f) 磨齿轮 |

图 3.36　常见磨削加工方法

3.3.1　磨削实训的安全操作规程

由于磨削的砂轮转速高、砂轮容易脱落、进给量控制要求高等特点,磨削操作被认为是最危险的机械加工工种之一,对磨削操作人员的要求较高,因此磨削安全操作规程与车削安全操作规程相似,但在操作过程中还应特别注意以下几点:

1) 多人共用一台磨床时,只能一人操作,并注意保护他人安全。

2) 磨床工作时,砂轮转速高,严禁操作者面对砂轮站立。

3) 砂轮启动后,砂轮应缓慢引向工件,严禁突然接触工件;背吃刀量也不能过大,防止因磨削力过大将工件顶飞而发生事故。

4) 用磁盘装夹工件时,应尽量增大工件与磁盘的接触面积,必要时可增加垫铁,且垫铁使用要合适。磨床启动时间为 1～2 min,工件吸牢后才能磨削。

3.3.2　磨削设备

按用途的不同,磨床可分为平面磨床、外圆磨床、内圆磨床、无心磨床、工具磨床、螺纹磨床、齿轮磨床及其他专业磨床等。

1. 平面磨床

平面磨削是以一个平面为基准磨削另一个平面,多用于磨削中、小型工件的平面,常用电磁吸盘工作台吸住工件。平面磨床由床身、工作台、立柱和磨头等部分组成,如图 3.37 所示。矩形工作台安装在床身的水平导轨上,由液压传动实现矩形工作台的往复运动,也可通过手轮操纵进行必要的进给量调整。

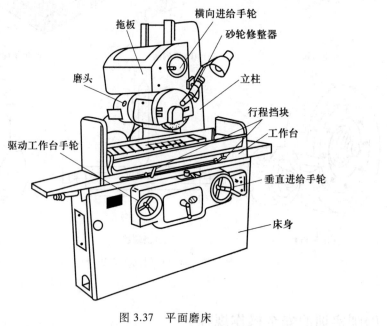

图 3.37　平面磨床

磨头上装有砂轮,电动机驱动砂轮做高速旋转,此运动为主运动。磨头由液压驱动或驱动工作台手轮操纵沿拖板导轨做横向移动。拖板沿立柱的垂直导轨做上、下移动,用于调整磨头的高度实现垂直进给,这一进给运动也可以通过垂直进给手轮实现。

2. 外圆磨床

外圆磨床包括普通外圆磨床和万能外圆磨床两种类型,用于加工工件的圆周表面和端面。两种外圆磨床的结构基本相同,万能外圆磨床装备了一个内圆磨头,可以完成某些内孔磨削。

万能外圆磨床的结构如图 3.38 所示,由床身、工作台、砂轮架、头架、尾座和内圆磨头等组成。

砂轮架上装有砂轮,砂轮高速旋转。砂轮架沿床身后部导轨做横向进给运动。工作台在液压驱动下做左、右往返运动。头架上的主轴可安装顶尖或卡盘,带动工件旋转。尾座安装顶尖,以便和头架配合支撑轴类工件。

外圆磨床工作时,砂轮的高速旋转运动为主运动,工件在工作台上的纵向运动为进给运

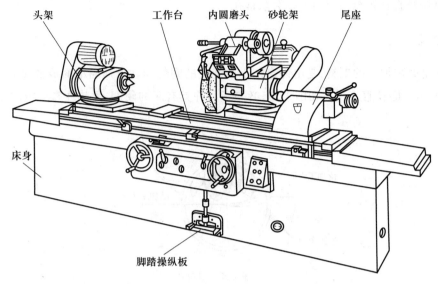

图 3.38　万能外圆磨床的结构

动,砂轮架的横向运动和工件的旋转运动为辅助运动。

3. 内圆磨床

按工艺方式的不同,内圆磨床可分为普通内圆磨床、行星内圆磨床、无心内圆磨床、坐标磨床和专门用途内圆磨床等。

普通内圆磨床的结构如图 3.39 所示,由床身、工作台、头架和砂轮等组成。按实现纵向进给方式的不同,普通内圆磨床可配置成两种结构,分别是头架(做纵向进给)和砂轮(做纵向进给)。

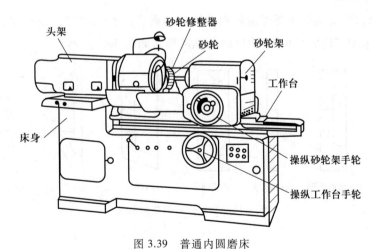

图 3.39　普通内圆磨床

工作时,装在头架主轴上的卡盘夹持工件做圆周进给运动,工作台带动头架沿床身导轨做纵向往复运动或者带动砂轮架做纵向往复运动;砂轮架沿床身上的滑鞍做横向进给运动;

头架还可绕竖直轴转至一定角度以磨削锥孔。

4. 砂轮

砂轮是磨削加工的工具,是由许多细小而坚硬的磨粒和黏合剂黏结而成的多孔物体,如图 3.40 所示。磨粒直接担负切削工作,必须锋利并具有高的硬度、耐热性和一定的韧性。

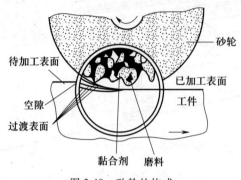

图 3.40 砂轮的构成

常用砂轮的磨料有氧化铝(俗称刚玉)和碳化硅两种。

氧化铝类磨料:硬度高,韧性好,适合磨削碳素钢和合金钢。

碳化硅类磨料:硬度更高,更锋利,导热性好,但较脆,适合磨削铸铁和硬质合金。

磨粒磨钝后,磨削力随之增大,致使磨粒破碎或者脱落,重新露出锋利的刃口,此特性称为"自锐性"。砂轮的自锐性使得磨削在一定工作时间内能正常进行,但超过一定工作时间后,应进行人工修整,以避免因磨削力增大引起振动、噪声及损伤工件表面。

(1) 砂轮的种类

砂轮种类繁多,选用时主要考虑砂轮的磨料与黏合剂类型、粒度大小、砂轮结构形状和尺寸。砂轮均采用旋转体结构,常用砂轮的截面形状如图 3.41 所示。

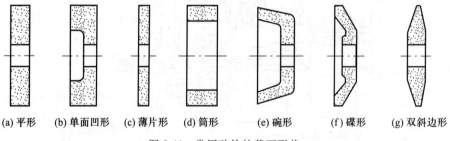

(a) 平形 (b) 单面凹形 (c) 薄片形 (d) 筒形 (e) 碗形 (f) 碟形 (g) 双斜边形

图 3.41 常用砂轮的截面形状

(2) 砂轮的安装

砂轮工作转速高,安装前必须严格检查外观,要求无裂纹,并经过平衡实验,如图 3.42 所示。砂轮的装夹方法如图 3.43 所示。大砂轮通过法兰盘装夹,如图 3.43a 所示;较大的砂轮用法兰盘直接装在主轴上,如图 3.43b 所示;小砂轮用螺母紧固在主轴上,如图 3.43c 所示;更小的砂轮可黏固在主轴上,如图 3.43d 所示。

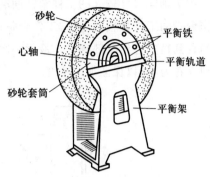

图 3.42 砂轮的平衡

(3) 砂轮修整

砂轮工作一段时间后,磨粒逐渐变钝,工作表面的空隙被堵塞,失去了切削功能,同时砂轮的正确几何形状被破坏,变得不规则,降低磨削效率和工件的加工质量,此时必须修整砂轮。用金刚笔去除砂轮表面一层变钝了的磨粒,恢复砂轮的切削功能及正确的几何形状的工艺称为砂轮修整,如图 3.44 所示。

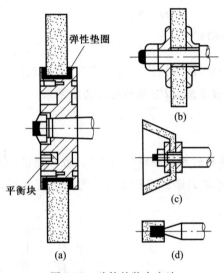

图 3.43 砂轮的装夹方法

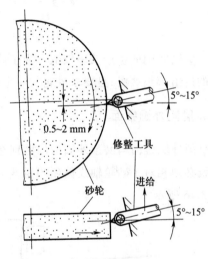

图 3.44 砂轮修整

3.3.3 磨削工艺

1. 磨削外圆

磨削外圆是指在普通外圆磨床或万能外圆磨床上磨削外圆柱面。外圆柱面磨削有横磨法和纵磨法两种。

(1) 横磨法磨外圆

用于轴向尺寸较小的工件圆柱面磨削,此时无纵向进给,如图 3.45a 所示。工件由头架带动做径向进给,砂轮缓慢向工件做横向进给,直到工件尺寸满足要求,即无磨削火花出现为止。

（2）纵磨法磨外圆

用于轴向尺寸较大的工件圆柱面磨削，如图 3.45b 所示。工件由头架带动做径向进给，工作台带动工件做轴向进给，工作台每次往复行程之后砂轮做一次径向进给，反复进行上述操作直到径向进给全部到位。最后一次径向进给后，工作台的往复行程可多次进行，直到看不到火花为止，以保证加工精度。

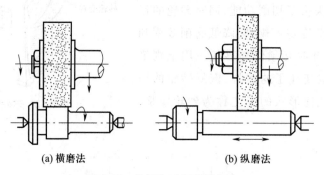

(a) 横磨法　　　　　　　　(b) 纵磨法

图 3.45　外圆柱面的磨削方法

纵磨法磨削的生产效率较低。为了改善这一状况，横向进给可一次性到位，此时径向和轴向的进给都很缓慢，且要求砂轮的一个端面修成锥形，以方便砂轮的初始切入。

2. 磨削外圆锥面

磨削外圆锥面与磨削外圆面的区别在于工件和砂轮的相对位置不同，磨外圆锥面时，工件轴线必须相对于砂轮轴线偏斜半锥角。常用转动工作台或转动头架的方法磨外圆锥面，如图 3.46 所示。

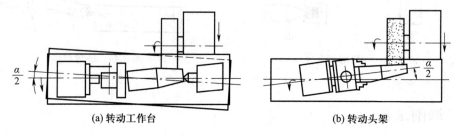

(a) 转动工作台　　　　　　　　(b) 转动头架

图 3.46　磨外圆锥面

3. 磨削内圆面

内圆磨床和万能外圆磨床都可以磨削内圆面。

磨削内圆面时，砂轮的直径较小，便于砂轮进入工件孔内，所以内圆磨削与外圆磨削在工艺参数、效率及加工质量方面存在较大差异。磨削内圆面时，砂轮直径较小，为达到正常的砂轮线速度，所以砂轮的转速极高；砂轮要进入工件孔内磨削，所以砂轮安装轴较长，刚度差，易产生变形和振动；砂轮与工件内圆曲率方向相同，接触弧较长，冷却条件差；砂轮的单个砂粒切削频率高，易磨钝和堵塞。综上所述，与磨削外圆面相比，磨削内圆面存在切削用量小、效率低、表面质量差等缺点。

磨削内圆面时,磨床头架卡盘夹持工件,砂轮从一端孔口进入工件。磨削方式分为横磨法和纵磨法两种。

磨削内圆面时工件孔轴线与砂轮轴线平行,如图 3.47 所示。磨削内锥面时,一般将头架转动内锥面的半锥角,使工件的内锥母线与砂轮轴线平行,如图 3.48 所示。

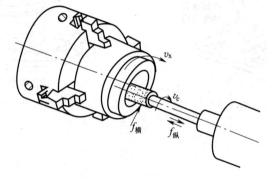

图 3.47 磨削内圆面

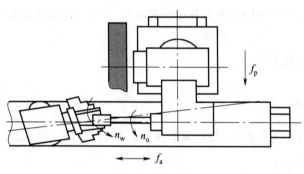

图 3.48 磨削内锥面

4. 磨削平面

磨削平面使用平面磨床。平面磨床的工作台通常采用电磁吸盘安装工件,对于钢、铸铁等导磁性工件,可直接用电磁吸盘固定在工作台上;对于铜、铝等非导磁性工件,通常使用精密平口钳等工具进行装夹。

按工件表面形状的不同,平面磨削分为周磨法和端磨法两种。

(1) 周磨法

用砂轮外圆周面磨削平面,如图 3.49 所示。采用周磨法磨削平面时,砂轮与工件接触面积小,排屑及冷却条件好,工件发热量少,因此磨削易翘曲变形的薄片工件,易获得较好的加工质量,但磨削效率较低。

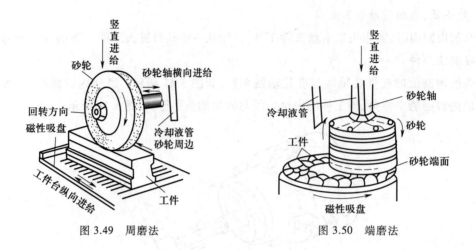

图 3.49 周磨法　　　　　　　图 3.50 端磨法

（2）端磨法

用砂轮端面磨削平面,如图 3.50 所示。采用端磨法磨削平面时,砂轮轴伸出长度较短,而且主要承受轴向力,因而刚性较好,能采用较大的磨削用量。此外,砂轮与工件接触面积大,磨削效率高。但是发热量大,不容易排屑和冷却,故磨削质量比周磨法的差。

3.3.4 榔头的磨削工艺

1. 榔头手柄磨削

榔头手柄在车削加工完成后,在外圆磨床上进行磨削,以获得比较好的表面质量,磨削榔头手柄如图 3.51 所示。

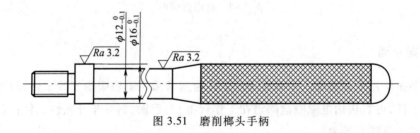

图 3.51 磨削榔头手柄

榔头手柄的磨削工序见表 3.3。

表 3.3 榔头手柄的磨削工序

工步号	工步内容	工艺设备	主轴转速 /(r·min⁻¹)	切削速度 /(m·min⁻¹)	进给量 /(mm·r⁻¹)	背吃刀量/mm
1	装夹	万能外圆磨床 M131W、顶尖、鸡心卡				

续表

工步号	工步内容	工艺设备	主轴转速 /(r·min⁻¹)	切削速度 /(m·min⁻¹)	进给量 /(mm·r⁻¹)	背吃刀量/mm
2	磨 φ12 mm	万能外圆磨床 M131W、顶尖、鸡心卡、砂轮	140	879.2	0.002 5	0.03
3	磨 φ16 mm	万能外圆磨床 M131W、顶尖、鸡心卡、砂轮	140	879.2	0.002 5	0.03
4	卸工件	万能工具磨床 M6020、顶尖、鸡心卡				
5	磨锥度	万能工具磨床 M6020、顶尖、鸡心卡、砂轮	250		手动	0.05
6	卸工件	万能工具磨床 M6020、顶尖、鸡心卡				
7	检验	千分尺				

2. 榔头头部磨削

榔头头部钳工完成鸭嘴和倒角之后,在平面磨床上磨削几个平面,获得较好的表面质量,磨削榔头头部如图 3.52 所示。

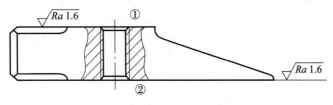

图 3.52　磨削榔头头部

榔头头部的磨削工序见表 3.4。

表 3.4　榔头头部的磨削工序

工步号	工步内容	工艺设备	主轴转速 /(r·min⁻¹)	切削速度 /(m·min⁻¹)	进给量 /(mm·r⁻¹)	背吃刀量/mm
1	面①朝上,装夹工件,找平、找正	磨床 M7130、电磁吸盘				
2	磨面①。卸工件	磨床 M7130、电磁吸盘	1 440	1 582.6	0.03	
3	面②朝上,装夹工件,找平、找正	磨床 M7130、电磁吸盘	1 440	1 582.6	0.03	

续表

工步号	工步内容	工艺设备	主轴转速/(r·min⁻¹)	切削速度/(m·min⁻¹)	进给量/(mm·r⁻¹)	背吃刀量/mm
4	磨面②,卸工件	磨床 M7130、电磁吸盘				
5	检验	千分尺				

思考与练习题

3-1 刨削能加工哪些表面? 试述刨削平面的步骤和牛头刨床的组成部分及其功能。

3-2 试述刨刀的种类与用途。

3-3 铣削能加工哪些表面? 试述铣平面步骤。

3-4 什么是逆铣? 什么是顺铣? 试分析逆铣和顺铣的工艺特征。

3-5 加工轴上封闭键槽,常选用什么铣床和刀具?

3-6 试述磨削的加工应用范围。

3-7 磨削为什么能加工很硬的材料? 磨削为什么既能粗加工,又能精加工?

第四章
钳工

实训要求	实训目标
预习	钳工在机械制造和维修中的作用,钳工的特点
了解	台式钻床的操作和调整
掌握	划线、锯、锉、钻孔、攻螺纹等方法和应用,常用工具、量具、夹具的使用方法
拓展	装配精度的调整
任务	独立完成榔头头部的制作

4.1 钳工概述

　　钳工是利用各种手动工具、钻床等进行切削、装配的工作,其工作内容很广泛,包括划线、锯割、锉削、錾削、钻孔、攻螺纹、套螺纹、刮削、研磨、装配、修理等。

　　目前,虽然有各种先进的加工方法,但是很多工作仍然需要钳工来完成,如某些零件的加工(主要是机床难以完成的或者是特别精密的加工),机器的装配和调试,机器的维修以及形状复杂、精度要求高的量具、模具、样板、夹具等的加工。因此,尽管钳工工作大部分是手工操作,生产率低,对工人操作技术要求高,但目前,它在机械制造业中仍然起着非常重要的作用。

4.1.1 钳工实训的安全操作规程

　　1) 实训时要穿好工作服,必要时戴好防护用品,如护目镜等。
　　2) 钳台应放在光线适宜、便于操作的地方。
　　3) 钻床、砂轮机应放在场地边缘。操作钻床时,不允许戴手套;使用砂轮机时,要戴护目镜,以保证安全。

4）工具应安放整齐,取用方便;不用时,应整齐地收藏于工具箱内,以防损坏。

5）量具应单独放置和收藏,不要与工件或工具混放,以保持其精确度。

6）清除切屑要用刷子,不要用嘴吹,更不要用手直接去摸、拉切屑,以免划伤。

7）零件或坯料应平稳整齐地放在规定区域,并避免碰伤已加工表面。

8）要经常检查所用的工具是否有损坏,发现有损坏,不得使用,需修好后再用。

9）使用电动工具时,应有绝缘防护和安全接地措施。

4.1.2　钳工工具

常用的钳工工具有钳工工作台、台虎钳、划线工具、锉刀、手锯、扳手、榔头、螺纹工具、台式钻床、砂轮机等。

1. 钳工工作台

钳工工作台,简称钳台,通常用硬质木材或钢材制成,台面高度约 800 mm,用于安装台虎钳,并进行钳工操作,如图 4.1 所示。钳工工作台分为单人使用和多人使用两类,要求安放平稳、台面结实。台面的高度以台虎钳的钳口高度与成年人的手肘平齐为宜。

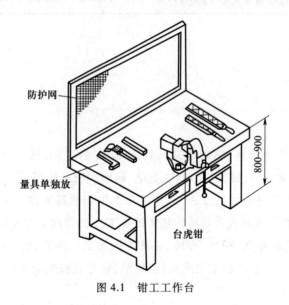

图 4.1　钳工工作台

2. 台虎钳

台虎钳,简称虎钳,是钳工操作中一种夹持工件的通用夹具,如图 4.2 所示。台虎钳是钳工车间必备夹具,固定在钳工工作台上,用于装夹工件,钳工的大部分工作都是在台虎钳上完成,如锯削、锉削、錾削以及零件的拆卸和装配等。台虎钳分为固定钳体和回转式钳体两类,其中回转式钳体可以连同工件一起旋转。通常以钳口宽度表示台虎钳的规格,规格范围为 75~300 mm,常用台虎钳有 100 mm、120 mm、150 mm 三种规格。

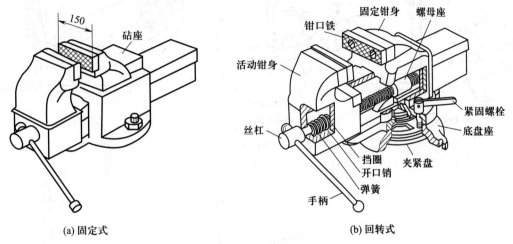

(a) 固定式　　　　　　　　　　　　　　(b) 回转式

图 4.2　台虎钳

3. 划线工具

划线工具包括划线平板、方箱、V 形铁、千斤顶、划针、划规、划卡、划线盘、游标高度尺、样冲等,这些工具分为基准工具、钳工量具、划线工具和支撑工具四类。

(1) 基准工具

如图 4.3 所示,划线平板是划线基准工具之一,通常用铸铁制成,上表面是划线的基准平面,要求平整、光洁。划线平板安装要求稳固、保持水平,长期不用时上表面应涂油防锈,并加盖保护。

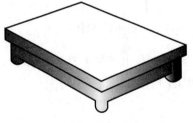

图 4.3　划线平板

(2) 钳工量具

钳工量具包括钢直尺、直角尺、高度尺等。其中,高度尺又分为普通高度尺和游标高度尺两类。普通高度尺又称量高尺,由钢直尺和底座组成,使用时配合划针量取高度。游标高度尺能直接测量高度尺寸,用于精密划线和测量工具,如图 4.4 所示。

(3) 划线工具

划线工具包括划针、划线盘、划规和划卡。划针可以直接在工件表面上划线,其结构如图 4.5 所示。用划针划线时,用力要均匀,一根线应一次完成。

划线盘是用于立体划线和校正工件位置的常用工具,常见形式如图 4.6 所示。

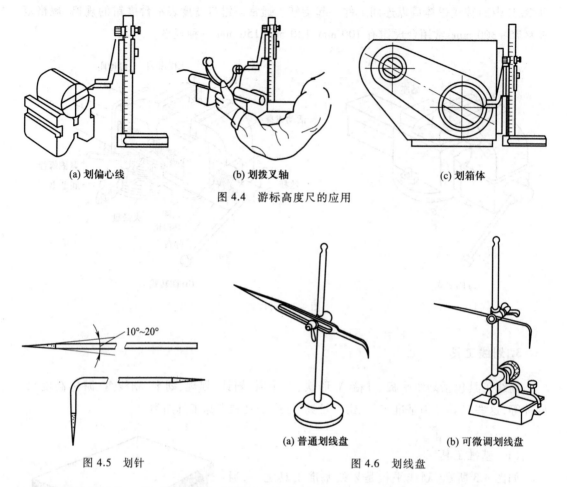

(a) 划偏心线　　　　　(b) 划拨叉轴　　　　　(c) 划箱体

图 4.4　游标高度尺的应用

图 4.5　划针　　　　　　　　　图 4.6　划线盘

(a) 普通划线盘　　　(b) 可微调划线盘

　　划规是用于在工件表面划圆、划圆弧、等分线段、量取尺寸等的常用工具,其结构如图 4.7 所示。

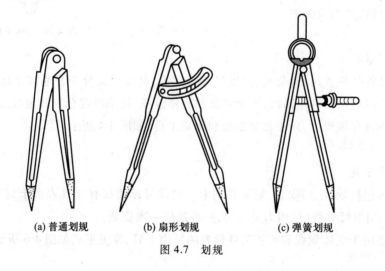

(a) 普通划规　　　　　(b) 扇形划规　　　　　(c) 弹簧划规

图 4.7　划规

划卡既可以用于确定轴和孔的中心位置,也可用于划平行线,使用时应先划出四条圆弧线,然后在圆弧线中心位置冲眼,其使用方法如图 4.8 所示。

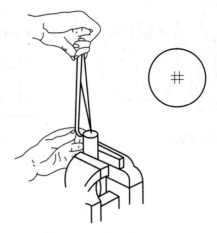

图 4.8 划卡的使用方法

(4) 支撑工具

支撑工具又称夹持工具,常用形式为方箱和 V 形铁,其中方箱用来夹持、支撑较小工件,在划线平板上翻转方箱,可划出相互垂直的线条,如图 4.9 所示。

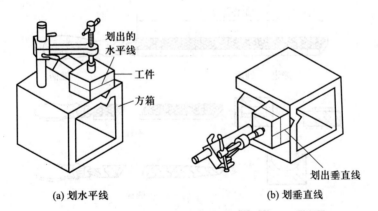

(a) 划水平线　　　　　　　　　　　(b) 划垂直线

图 4.9 方箱支撑工件

V 形铁用于支撑轴类零件,以保持零件轴线与划线平板的基准面平行,如图 4.10 所示。

(5) 样冲

样冲是用于在工件已划好线的位置打出样冲眼的工具,保证在划线线条模糊后仍然能找到原线位置。钳工钻孔前,必须在孔的中心位置打样冲眼,如图 4.11所示。

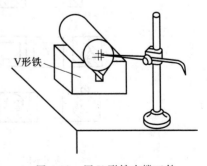

图 4.10 用 V 形铁支撑工件

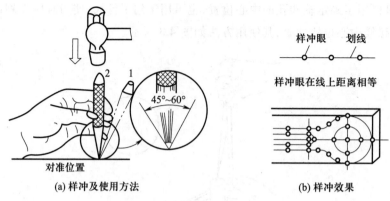

样冲眼在线上距离相等

(a) 样冲及使用方法

(b) 样冲效果

图 4.11 样冲

4. 锉刀

锉刀是一种小型钳工工具,用碳素工具钢 T12 或 T13 制成,工作部分经淬火后硬度达 62~67 HRC,用于金属、木料、皮革等表层的微量加工。

锉刀分为普通锉和整形锉两种类型,其中普通锉按截面形状分为平锉(扁锉)、半圆锉、方锉、三角锉和圆锉等,如图 4.12 所示。整形锉又称什锦锉,断面形状多样,用于修整工件的细小部位。

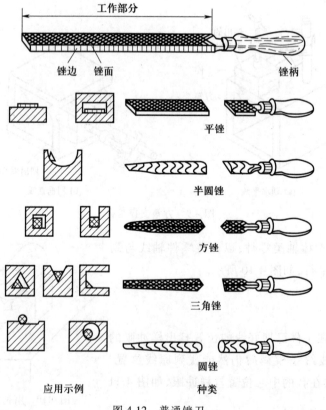

图 4.12 普通锉刀

平锉用于锉平面、外圆面、凸弧面和倒角等;半圆锉用于锉凹圆弧面和平面等;方锉用于锉方孔、长方孔和窄平面等;三角锉用于锉内角、三角孔和平面等;圆锉用于锉圆孔、凹圆弧面和椭圆面等。

5. 手锯

手锯由锯条和锯弓组成,锯条由碳素工具钢经淬火制成。根据锯弓形式的不同,手锯分为固定式和可调式两种,如图 4.13 所示。固定式手锯的锯弓长度不变,只能使用单一规格的锯条,可调式手锯的锯弓可以使用不同规格的锯条,目前使用范围更广泛。

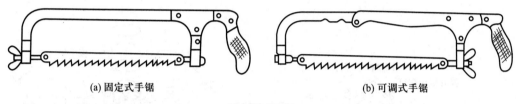

(a) 固定式手锯   (b) 可调式手锯

图 4.13　手锯

6. 台式钻床

台式钻床,简称台钻,是一种主轴与工作台面相互垂直的小型钻床,如图 4.14 所示。台式钻床的钻孔直径一般小于 13 mm,最大不超过 25 mm。台式钻床由异步电机驱动,通过三角带与塔形带轮实现主轴变速,手动操作实现主轴垂直进给。

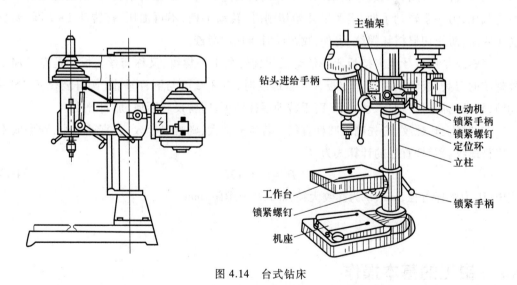

图 4.14　台式钻床

7. 螺纹工具

如图 4.15 所示,钳工加工螺纹通常采用攻螺纹和套螺纹两种。

攻螺纹是用铰杠夹持丝锥旋转加工内螺纹,又称攻丝。攻螺纹开始时必须将丝锥垂直

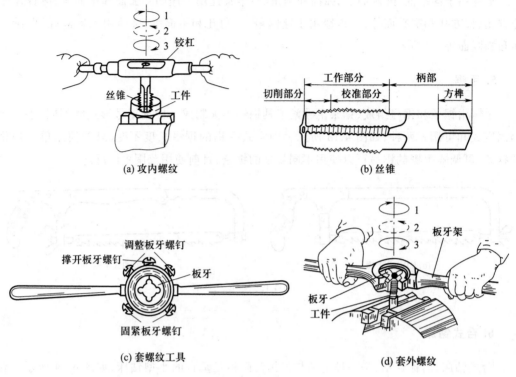

(a) 攻内螺纹

(b) 丝锥

(c) 套螺纹工具

(d) 套外螺纹

图 4.15 螺纹加工

放在工件孔内,可用目测或直角尺从两个方向检查丝锥与工件是否垂直,开始攻螺纹时一手垂直加压,另一手转动手柄,当丝锥开始切削时,转动手柄,不再加压,每转动 1~2 圈,要反转 1/4 圈,防止切屑挤坏螺纹,另外,攻螺纹时要加润滑液。

套螺纹是用板牙架夹持板牙并带动板牙旋转加工外螺纹,又称套丝。板牙是专门加工外螺纹的刀具,板牙架用来固定板牙。套螺纹时,板牙端面与圆杆垂直(圆杆要倒角 15°~20°),转动的同时要加压,切入后,两手转动手柄即可,时常反转断屑,加润滑液。

在圆杆上套螺纹,应先确定圆杆直径。若直径太大,则难以套入,若直径太小,则形成不了完整螺纹。圆杆直径的计算式为

$$D_0 = D - 0.13P \tag{4.1}$$

式中,D_0 为圆杆直径,mm;D 为螺纹大径,mm;P 为螺距,mm。

4.2 钳工的基本操作

4.2.1 划线

划线是在工件加工前或加工过程中,根据图样的工艺尺寸要求,利用划针及高度尺等,

划出所需边界线或定位线的一道重要工序。

划线的作用如下：

1）在毛坯上明确地表示加工余量、加工位置的线或确定孔的位置，以作为加工工件或安装工件的依据。

2）在单件小批生产中，利用划线检查毛坯尺寸和形状是否和图样一致，避免不合格的毛坯投入机械加工而造成浪费。

3）通过划线使各个加工余量分配合理，从而保证后续加工少出废品。

划线操作的基本要求如图 4.16 所示，划针要紧靠钢板尺移动，并向外侧倾斜 15°～20°，向划线方向倾斜 45°～75°，尽量做到一次划成，并使线条清晰、准确，尺寸正确。

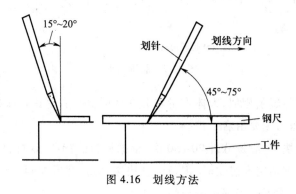

图 4.16 划线方法

4.2.2 锯切

锯切是用手锯对坯料或工件进行分割的一种钳工切削方法，其操作步骤和要求如下：

（1）装夹工件

为方便操作，工件通常装夹在虎钳的左侧，同时伸出钳口的部分不宜太长，以免在锯切时引起工件抖动。工件应装夹牢固，防止松动，尽量避免锯条折断。

（2）安装锯条

锯条安装要松紧适当，过松或过紧都容易在锯切时折断锯条。锯条的安装方向为齿尖朝前，向前推时锯切，而向后返回时不锯切。

（3）起锯方法

如图 4.17 所示，起锯角度以 $\alpha = 15°$ 为宜。若起锯角度 α 太大，则锯齿易被工件棱边卡住；若起锯角度 α 太小，则不易切入坯料，锯条容易打滑，锯坏工件表面。

为保证起锯位置的准确和平稳，可用左手大拇指定位并挡住锯条。起锯时压力要小，往返行程要短，速度要慢。

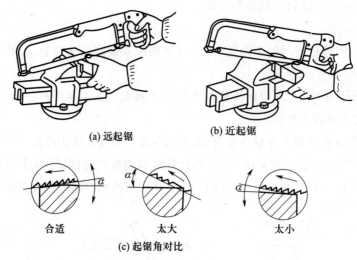

(a) 远起锯   (b) 近起锯

合适   太大   太小

(c) 起锯角对比

图 4.17 起锯角度

锯切的站立姿势与錾削相似,人体重量均分在两腿上。右手握住手锯柄,左手扶在锯弓前端,锯切时推力和压力主要由右手控制。

锯切速度不宜太快,一般每分钟 20~50 次,根据材料的特点,软材料锯切速度稍快,硬材料锯切速度稍慢。当锯切速度过快时,锯条温度快速升高,磨损加剧。锯切时应尽量使用锯条的全长,一般往复一次不少于锯条全长的 2/3。

4.2.3 锉削

锉削是利用锉刀对工件进行去除材料的一种方法,其操作步骤和要求如下:

(1) 装夹工件

装夹时工件不高于钳口 5~10 mm。若工件装夹过高,则锉削时会产生抖动,影响锉削质量;若工件装夹过低,则锉刀容易碰到钳口,损坏锉刀和钳口。

(2) 锉削操作

锉削操作要点如图 4.18 所示,开始推进锉刀时,左手压力稍大,而右手压力要小,推力要大,随着锉刀推进,左手压力逐渐减小,右手压力逐渐增大。当推到锉刀中间时,两手压力相等,再继续向前推时,左手压力逐渐减少,右手压力增大。始终要保持锉削力平衡,锉刀回程时不应加压力,以免损坏锉刀。锉削速度一般为 30~50 次/分钟。

(3) 锉削方法

如图 4.19 所示,锉削方法分为交叉锉、推锉和顺向锉三种。当锉削量较大时用交叉锉,当锉削量小时改用推锉和顺向锉。

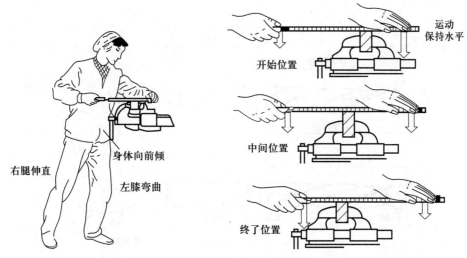

图 4.18 锉削操作要点

1）交叉锉：两次锉削分别沿固定方向，且两次锉削方向正交。它的优点是能及时检查加工面的高低不平度，如图 4.19a 所示。

2）推锉：两手横握锉刀，在工件上往复推动。主要用于消除工件表面局部高点，提高工件精度，降低工件表面粗糙度 Ra 值，如图 4.19b 所示。

3）顺向锉：当加工面小且基本平直，两手竖握锉刀，沿锉刀长度方向往复推动，如图 4.19c 所示。

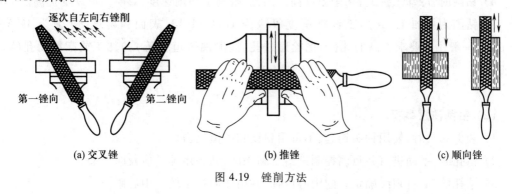

(a) 交叉锉　　　　　　　　　　(b) 推锉　　　　　　　　　　(c) 顺向锉

图 4.19 锉削方法

4.2.4 钻削

钻削是用钻头在实体材料上加工孔的一种加工方法。钻削常用工具为麻花钻，麻花钻的工作部分包括切削和导向两部分。切削部分由前面、后面、副后面、主切削刃、副切削刃、横刃等组成，如图 4.20 所示。两个主切削刃承担主要的切削工作。

（1）钻削的特点

1）麻花钻的两条切削刃对称地分布在轴线两侧，钻削时，所受的径向抗力相互平衡，因

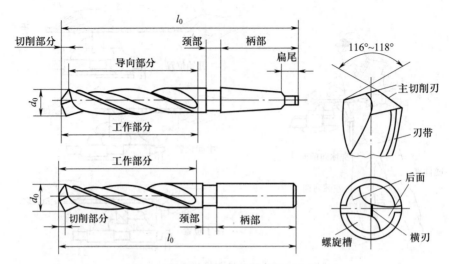

图 4.20　麻花钻的结构及其几何角度

此不像单刃刀具那样容易弯曲。

2）钻孔时切削深度达到孔径的一半,金属切除率较高。

3）钻削过程是半封闭的,钻头伸入工件孔内并占有较大空间,切屑较宽且往往成螺旋状,而麻花钻容屑槽尺寸有限,因此排屑较困难,已加工孔壁由于切屑的挤压摩擦常被划伤,使表面粗糙度 Ra 值较大。

4）钻削时,冷却条件差,切削温度高。因此,限制了切削速度,影响生产率的提高。

5）钻削为粗加工,其加工经济精度等级为 IT11 ~ IT13,表面粗糙度 Ra 值为 12.5 ~ 50 μm。一般用作要求不高的孔(如螺栓通过孔、润滑油通道孔等)的加工或高精度孔的预加工。

(2) 钻削注意事项

1）装夹钻头时,要用钻头钥匙,不可用扁铁和手锤敲击。

2）钻孔时,手动进给并目测控制进给量和深度,钻头用钝后应及时修磨。

3）钻孔前,通过划线确定孔的中心位置,并用样冲打出较大中心眼。

4）钻孔时,应先钻一个浅坑,并判断是否对中。

5）钻削过程中,要反复退出钻头以便排屑,并使钻头冷却。

6）当钻通孔且即将钻透时,要减小进刀量,避免在钻穿的瞬间钻头抖动,出现"啃刀"现象。

(3) 台钻操作流程

钻孔时,工件固定在工作台上,钻头由主轴带动旋转,其转速可通过改变三角带轮的位置进行调节,手动操作台钻,使钻头垂直进给完成钻孔。

1）松开锁紧螺钉,调整高度,锁紧。

2）松开钻夹头,安装钻头并锁紧。

3）打开电源开关,按启动按钮。

4）转动进给手柄,缓慢进给。

5）转动进给手柄,缓慢退出。

6）按停车按钮。

7）关闭电源。

4.3　榔头头部的钳工工艺

钳工操作之前对零件进行工艺分析,以确定钳工工序和工具。对榔头头部的钳工操作需要的工具包括台虎钳、划线平板、游标高度尺、游标卡尺、直角尺、样板、手锤、样冲、圆弧规、锉刀、手锯、台式钻床、丝锥、绞杠、字头、砂纸等。

榔头头部为鸭嘴形结构,需要钳工加工鸭嘴部,倒棱、钻孔、攻螺纹等操作。加工后的榔头头部零件图如图 4.21 所示。

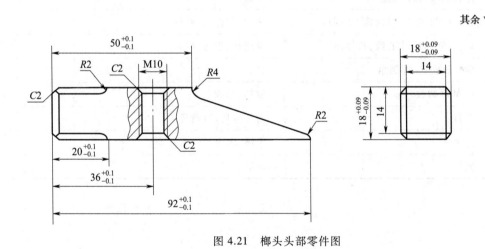

图 4.21　榔头头部零件图

1. 榔头头部的钳工工序

1）划线:划 18 mm×18 mm 外轮廓线。

2）锉削:锉 18 mm×18 mm 大平面及一端面。

3）划线:画出所有尺寸加工线。

4）锯切:锯斜面的轮廓线。

5）锉削:锉 $R4$、$R2$ 圆弧,斜面,锉 $C2$ 倒角。

6）划线:划 M10 中心线,打样冲。

7）钻削：钻螺纹底孔，并倒角。

8）攻内螺纹：攻 M10 螺纹。

9）检验。

10）打字号。

11）抛光。

2. 榔头头部的钳工工艺卡片

根据榔头头部的钳工加工工艺以及所需工具，榔头头部加工工艺卡片见表 4.1。

表 4.1 榔头头部加工工艺卡片

零件名称	榔头头部	毛坯材料	45 钢	毛坯尺寸 /(mm×mm×mm)	20×20×95	备注
工序	工序内容			工具、量具		
1	划线：划 18 mm×18 mm 外轮廓线			高度尺、游标卡尺		
2	锉 18 mm×18 mm 大平面及一端面			平锉、游标卡尺、直角尺		
3	划线：画出所有尺寸加工线			高度尺、划针、样板		
4	锯切：锯斜面的轮廓线			手锯		
5	锉 R4、R2 圆弧、斜面锉 C2 倒角			平锉、圆锉、圆弧规		
6	划线：划 M10 中心线，打样冲			高度尺、手锤、样冲		
7	钻螺纹底孔，并倒角			钻头		
8	攻 M10 螺纹			铰杠、丝锥		
9	检验			游标卡尺、直角尺		
10	打学号			手锤、字头		
11	抛光			砂纸		

思考与练习题

4-1 用台虎钳装夹工件时应注意哪些事项？

4-2 为什么锉削速度不宜过快？

4-3 安装锯条时如何确定锯条的松紧程度？

4-4 锯削、锉削、攻螺纹时应注意哪些基本操作要领？

4-5 如何用直角尺判断平面度误差和垂直度误差？

第五章
热处理和表面处理

实训要求	实训目标
预习	热处理和表面处理在制造业中的应用
了解	热处理工艺过程、特点,常用热处理设备,表面处理应用、工艺过程、特点
掌握	能对 45 钢榔头进行淬火、回火操作,榔头头部的电镀工艺
拓展	45 钢的退火与正火,表面淬火、化学热处理
任务	独立完成榔头头部的淬火

5.1 热处理技术及设备

热处理是将金属材料在固态下加热并保温一定时间,然后以特定的冷却速度冷却,以改变其内部组织结构,从而得到所需组织和性能的工艺方法。

热处理分为整体热处理、表面热处理和化学热处理三类。整体热处理是对工件整体加热,然后以适当的速度冷却,获得需要的金相组织,以改变其整体力学性能的金属热处理工艺。整体热处理又包括退火、正火、淬火和回火四种工艺。表面热处理是通过对金属件的表面加热、冷却而改变表面力学性能的金属热处理工艺。表面淬火是表面热处理的主要方式,目的是获得高硬度的表面层和有利的内应力分布,提高工件的耐磨性和抗疲劳性能。化学热处理主要有渗碳、渗氮等方法。

5.1.1 热处理工艺

热处理工艺分为加热、保温、冷却三个过程,常用的热处理有退火、正火、淬火和回火四种方式,如图 5.1 所示。

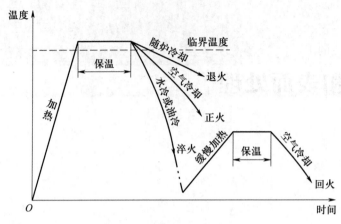

图 5.1 热处理的基本过程

（1）加热的目的

一般金属材料在常温下的内部组织有许多种。如钢在常温下的内部有珠光体、铁素体、马氏体、上贝氏体、下贝氏体等组织。随着温度的升高，当达到或超过临界温度时，组织开始发生转变。

（2）保温的目的

金属材料的温度超过临界温度时就会发生组织转变。但组织转变数量的多少同加热温度、加热速度和工件几何尺寸等因素有关。工件加热到确定温度后，还要使工件表面温度和内部温度一致，以确保表面组织转变和内部组织转变相同。因为工件烧透和组织转变都需要一定时间，所以工件温度达到设定温度后需要进行保温。

（3）降温的目的

工件在高温下获得的内部奥氏体组织，以不同的速度冷却到室温，可以获得不同的金属组织。根据不同技术要求而选择不同的冷却速度，以获得所要求的组织和性能。

热处理工艺与其他的加工工艺不同，最大的区别是工件的几何尺寸不发生变化，而内部组织和力学性能发生改变。在热处理时，要根据零件的形状、大小、材料及性能等要求，采取不同的加热速度、加热温度、保温时间以及冷却速度。

5.1.2 退火与正火

退火与正火是应用较为广泛的两种热处理工艺。退火是将钢加热到临界温度附近，保持一定时间后随炉缓慢冷却，以获得接近于平衡状态的组织。正火（又称常化或正常化）是将钢加热到临界温度附近，保持一定时间后在空气中进行冷却，以获得珠光体类组织。两者的主要区别在于冷却速度的不同,得到的组织虽然都是珠光体转变产物,但其分散度不同。

根据性能的要求和加工过程的需要,退火和正火既可作为预备热处理,也可作为最终热处理。如钢厂供应的工具钢,出厂前的退火是为了给切削加工创造条件的,称为预备热处理。对于某些低碳结构钢钢板的退火或正火,是为了给以后进行切割或冲压成简单的成品创造条件的,这种退火或正火就称为最终热处理。

(1)退火的目的

1)降低钢的硬度,便于切削加工。

2)消除内应力或冷作硬化,提高塑性以利于继续冷加工。

3)改善或消除毛坯在铸、锻、焊时所造成的成分或组织不均(如偏析、带状组织和魏氏组织等),以提高其工艺性能和使用性能。

(2)正火的目的

1)对于大型锻件和较大截面的钢材,可使组织均匀化,细化晶粒,为淬火做好组织上的准备。

2)改变一些钢种的板材、管材、带材和型钢的力学性能,正火往往作为这些材料的最终热处理。

3)改善低碳钢($w_C \leqslant 0.25\%$)和低碳合金结构钢的显微组织和性能,并提高其切削性能。

4)改善和细化铸钢件的铸态组织。

5)对某些大型、重型钢件或形状复杂、截面有急剧变化的钢件,若采用淬火的急冷将发生严重变形或开裂,在保证性能的前提下可用正火代替淬火。

5.1.3 淬火与回火

淬火与回火是钢件最重要、用途最广泛的热处理工序。淬火可以显著提高钢的强度和硬度。回火决定了零件最终的使用性能,直接影响零件的质量和寿命。不同温度的回火可以获得不同强度、硬度和韧性配合的力学性能,同时消除淬火钢的残余内应力。所以,淬火和回火是不可分割、紧密衔接在一起的两种热处理工艺。淬火、回火作为机器零件及模具的最终热处理工序,是钢件强化的重要手段。

回火是将淬火钢在一定温度下加热,使其转变为稳定的回火组织,并以适当方式冷却到室温的工艺过程。对于一般碳钢和低碳合金钢,根据工件的组织和性能要求,采用不同的回火方式,如低温回火、中温回火、高温回火等。一般回火温度越高,工件韧性越好,内应力越小,但硬度和强度降低得越多。

(1)低温回火

低温回火的回火温度为150~250 ℃。零件经低温回火后可有效减小淬火应力及脆性,保持高硬度及高耐磨性。低温回火广泛用于硬度高、耐磨性好的零件,如各类高碳工具钢、低合金工具钢制作的刃具,冷变形模具、量具,滚珠轴承及表面淬火件等。

(2)中温回火

中温回火的回火温度为 350~450 ℃。零件经中温回火后可进一步减小零件内应力,组织基本恢复正常,因而既具有很高的弹性,又具有一定的韧性和强度。中温回火主要用于各类弹簧,热锻模具及某些要求较高强度的轴、轴套、刀杆的处理。

(3)高温回火

高温回火的回火温度为 500~650 ℃。零件经高温回火后可以消除大部分淬火后的内应力,具备强度、韧性、塑性都较好的综合力学性能。生产中通常把淬火加高温回火的处理方式称为调质处理。对于各种重要的结构件需要经过调质处理后才能使用,特别是在交变载荷下工作的零件,如连杆、螺栓、齿轮、轴等。

5.2 表面处理技术

表面处理是一种在基体材料表面添加一层与基体的机械、物理和化学性能不同的表层工艺。表面处理的目的是增加产品耐腐蚀、耐磨、装饰或其他特种功能。广义的表面处理是指包括电镀、涂装、化学氧化、热喷涂等物理、化学方法在内的复合工艺;而狭义的表面处理只包括喷砂、抛光等。

在动载荷或强烈摩擦条件下工作的零件,如齿轮、凸轮轴、床身导轨等,要求表面具有高硬度、高耐磨性,而内部要求具有足够的韧性。这些性能要求只能通过表面处理技术实现,表面处理技术只改变零件表面组织和性能,而内部组织和性能基本保持不变。

常用钢的表面热处理包括表面淬火和化学热处理两大类。

5.2.1 表面淬火

表面淬火是先将零件表面快速加热到淬火温度,然后迅速冷却,使零件表面获得淬火组织,而工件内部仍保持未淬火状态的热处理方法。表面淬火后需进行低温回火,以降低内应力,提高表面硬化层的韧性及耐磨性能。

根据热源不同,表面淬火可分为火焰加热表面淬火与感应加热表面淬火两种。

火焰加热表面淬火是指使用氧乙炔(或其他可燃气体)火焰对零件表面进行加热,随后经淬火处理的工艺。火焰加热表面淬火设备简单、操作简便、成本低,且不受零件体积大小的限制,但因氧乙炔火焰温度较高,零件表面容易过热,而且淬火层质量控制困难,造成这种方法无法广泛使用。

感应加热表面淬火是目前应用较广的一种表面淬火方法,利用零件在交变磁场中产生感应电涡流,将零件表面加热到所需的淬火温度,而后喷水冷却的淬火方法。感应加热表面淬火质量稳定,淬火层深度容易控制,生产效率极高。这种方法加热时间短,零件表面氧化、脱碳极少,变形小,还可以实现局部加热和连续加热,便于实现自动化。但是由于高频感应设备复杂,成本高,故适合于形状简单、大批大量生产的零件。

5.2.2 化学热处理

与其他热处理方法不同,化学热处理是利用介质中某些元素(如碳、氮、硅、铝等)的原子在高温下渗入零件表面,从而改变零件表面的成分和组织,以满足零件的特殊性能要求的热处理方法。化学热处理可以提高零件表面的硬度、耐磨性、耐蚀性、耐热性及其他性能,而零件内部仍保持原有性能。常用的化学热处理方法包括渗碳、渗氮、碳氮共渗(或称氰化)以及渗金属元素(如铝、硅、硼)等。

渗碳是将钢件(低碳钢零件)置于渗碳介质中加热并保温,使碳原子渗入钢件表面,增加表层含碳量,获得一定碳浓度梯度的工艺方法。适用于碳的质量分数为 0.1% ~ 0.25% 的低碳钢或低碳合金钢,如 20、20Cr、20CrMnTi 等。零件渗碳后,碳的质量分数从表层到心部逐渐减少,表面层碳的质量分数较高,达 0.80% ~ 1.05%,而心部碳的质量分数较低。零件渗碳后再经淬火和低温回火,使其表面具有高硬度和高耐磨性,而内部具有良好塑性和韧性。渗碳多用于在摩擦冲击条件下工作的零件,如汽车齿轮、活塞销等。

渗氮是在一定温度下,将钢件置于渗氮介质中加热、保温,使活性氮原子渗入零件表层的化学热处理工艺。渗氮后零件表面形成氮化层,氮化后不需要淬火,钢件的表层硬度高达 600~900 HV,且在 560~600 ℃ 工作环境中仍然保持这种高硬度和高耐磨性,故氮化钢件具有很好的热稳定性。同时,氮化钢件也具有良好的抗疲劳性和耐蚀性,且变形小。基于上述优点,渗氮处理被广泛应用,特别适合精密零件的最终热处理,如磨床主轴、精密机床丝杠、内燃机曲轴以及各种精密齿轮和量具等。

5.2.3 电镀

电镀是利用电解原理在金属表面镀一层其他金属或合金的工艺。电镀的目的是在基材表面镀上金属镀层,改变基材表面性质或尺寸,从而起到防止金属氧化(如锈蚀),提高耐磨性、导电性、反光性、抗腐蚀性(硫酸铜等)及增进美观等作用。通过电镀,不仅可以在制品上获得具有装饰保护性和各种功能性的表面层,还可以修复磨损和加工失误的工件。

(1) 电镀原理

如图 5.2 所示,电镀时,将表面具有导电能力的制品作为阴极,所镀金属或合金作为阳极,浸入含有镀层成分的电解质溶液中。在电流作用下,电解液中原金属离子或锌离子在制品表面(阴极)发生还原反应,使金属沉积在制品表面。电镀的方式有挂镀、吊镀、滚镀、刷镀等。电镀层一般都较薄,通常从几个微米到几十微米不等。

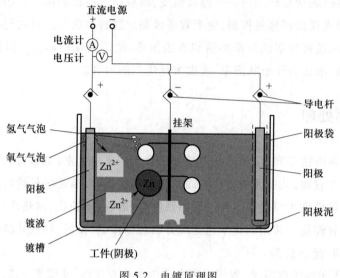

图 5.2　电镀原理图

(2) 电镀前处理

为使制品材质暴露出真实表面,消除内应力及其他特殊目的所需,需进行除去油污、氧化物及内应力等前置技术处理,包括镀前除油和浸蚀,除油可采用化学除油、电解除油、有机溶剂除油,浸蚀分为强浸蚀和弱浸蚀。

化学除油是在碱性溶液中借助皂化作用和乳化作用清除制品表面油污的过程。电解除油是在含碱溶液中,以制品作为阳极或阴极,在电流作用下,清除制品表面油污的过程。有机溶剂除油是利用有机溶剂清除制品表面油污的过程。

弱浸蚀是在一定组成溶液中除去制品表面极薄的氧化膜,并使表面活化的过程。强浸蚀是将制品浸在较高浓度和一定温度的浸蚀溶液中,以除去制品表面上氧化物和锈蚀物的过程。

(3) 电镀后处理

电镀后处理是指为增强镀件防护性能,提高装饰性能及其他特殊目的而进行的处理,通常包括出光、机械抛光、除氢、退镀等。

出光是在溶液中短时间浸泡,使金属形成光亮表面的过程。机械抛光是借助抹有抛光膏的抛光轮高速旋转,提高制品表面光亮度的机械加工过程。除氢是将制品在一定温度下加热处理或采用其他方法,以去除在电镀生产过程中金属内部吸收氢的过程。退镀是将制品表面镀层减薄甚至退除的过程。

（4）镀锌

将清理和特殊预处理的待镀件作为阴极，并置于盛有镀锌液的镀槽中，用镀覆金属制成阳极，两极分别连接直流电源的负极和正极，通电后镀锌液中的金属离子，在电位差的作用下移动到阴极上形成镀层。镀锌液由含有镀覆金属的化合物、导电的盐类、缓冲剂、pH 调节剂和添加剂等的水溶液组成。

镀锌时，阳极材料的质量、镀锌液的成分、温度、电流密度、通电时间、搅拌强度、析出的杂质、电源波形等都会影响镀层的质量，需要适时进行控制。

常用的镀锌方法包括氰化镀锌、硫酸盐镀锌、弱酸性氯化钾镀锌、碱性锌酸盐镀锌等。

氰化镀锌的镀层结晶细致，镀液的分散能力和覆盖能力较好，对钢铁设备无腐蚀作用。但镀液含有剧毒氰化物，排放的废水和废气对环境有危害。

硫酸盐镀锌成本低，镀液稳定，电流效率高，允许的阴极电流密度上限值很高，沉积速度快。但是镀层结晶较粗，镀液对钢铁设备有腐蚀作用，只适用于镀外形简单的零件。

弱酸性氯化钾镀锌镀液成分简单、稳定，投产成本不高，电流效率高，节约电能，沉积速度快，生产效率高，适用于铸铁零件、高碳钢零件镀锌，镀层光亮、细致，整平性好。但是镀液对钢铁设备有腐蚀作用，如果后期处理不好，将使彩色钝化膜的抗盐雾性能比碱性锌酸盐镀锌差。

碱性锌酸盐镀锌对钢铁设备无腐蚀，钝化膜在湿热的大气中不容易变色发黑。但是在镀层的结合力和脆性方面与氰化镀锌相比有一定的差距。

5.3　热处理新技术

（1）真空热处理

在气压为 0.001~0.1 Pa 的真空环境中进行的热处理称为真空热处理。零件在真空中加热，无对流传热，升温速度快，零件截面温差小，热处理后变形小，不会产生氧化和脱碳现象，具有表面质量好的优点。同时省去了零件的清理和磨削工序，生产率较高。

（2）激光相变硬化

利用激光对零件表面扫描，零件在极短时间内被加热到淬火温度，当激光束离开零件表面时，零件表面热量迅速向基体内部传导，表面冷却硬化。具有加热速度快，不需要淬火冷却介质，零件变形小等优点。硬度均匀且超过 60 HRC 时，硬化深度能精确控制，改善了劳动条件，减小了环境污染。

（3）形变热处理

将热加工成形后的锻件、轧制件等，在锻造温度和淬火温度之间进行塑性变形，然后立即淬火冷却。这是将塑性变形和热处理工艺有机结合,以提高材料力学性能的复合工艺。零件同时进行形变和相变,内部组织更细化。有利于位错密度和碳化物弥散度的增大,使零件具有较高的韧性。形变热处理简化了生产流程,节省能源、设备,具有很高的经济效益。

(4)离子轰击热处理

离子轰击热处理是利用阴极(零件)和阳极间的辉光放电产生的等离子体轰击零件,使零件表层的成分、组织及性能发生变化的热处理工艺。常用的是离子渗氮工艺。离子渗氮形成的氮化层具有优异的力学性能,如高硬度、高耐磨性、良好的韧性和疲劳强度等,经过离子渗氮的零件使用寿命成倍提高。此外,离子渗氮节约能源,操作环境无污染。但是也存在设备昂贵、工艺成本高,不适于大批大量生产等缺点。

5.4 榔头头部的热处理工艺

5.4.1 工艺流程

根据榔头图样技术要求,制订淬火和回火工艺如图 5.3 和图 5.4 所示,具体工艺流程如下:

1)开启加热器的冷却水泵。

2)打开高频加热设备总开关,将加热温度设定为 1 000 ℃。

3)将榔头放入加热感应线圈。

4)开启加热开关。

5)加热达到淬火温度 850 ℃,保温约 2 s。

6)迅速取出榔头,放入盐溶液中淬火。

7)将榔头放入箱式炉中加热至 180~200 ℃,保温约 30 min。

8)取出放入空气中冷却。

9)按照技术要求进行检验。

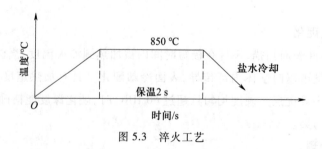

图 5.3 淬火工艺

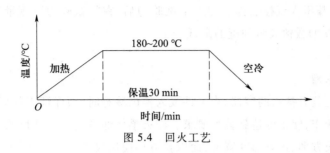

图 5.4　回火工艺

5.4.2　实训设备和工具

热处理实训用到的设备和工具有 30 kW 高频感应加热炉、15 kW 箱式电阻炉、37 kW 箱式电阻炉各 1 台,洛氏硬度计 1 台,淬火盐水槽 1 个,手钳、夹具、料斗等。

(1) 高频感应加热炉

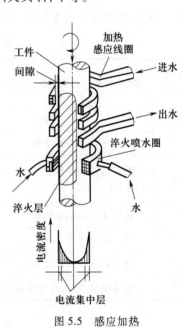

图 5.5　感应加热

高频感应加热炉主要用于表面淬火。在表面淬火时,根据工件的形状和尺寸选取合适的感应线圈,将工件置于感应线圈内,当感应线圈接通交变电源后,就会产生一个交变磁场,交变磁场中的导体(工件)会产生同频率的交变感应涡流电流。交变涡流具有"集肤效应"特性,即在工件截面上的分布不均匀,电流密度集中在工件表层,而心部电流密度近乎为零。交变电流的频率越高,"集肤效应"越显著。通电后的感应线圈产生大密度感应涡流电流在工件表层产生极大的电阻热,将工件表层迅速(几秒至几十秒内)加热至淬火温度(800 ~ 1 000 ℃),如图 5.5 所示。

(2) 箱式电阻炉

箱式电阻炉用于对工件进行正火、退火、淬火、回火等热处理及其他加热用途。工件在箱式电阻炉内加热时,热源与工件表面间不仅有辐射换热,而且还有对流换热。当炉内温度升高时,炉内辐射的能量传给炉内空气、炉墙和金属的表面后,就会有一部分被吸收,有一部分被反射回去。反射出来的热量,要通过充满炉膛内的炉气,一部分被炉气吸收,剩余部分辐射到对面的炉墙或金属上,如此反复辐射。炉内辐射换热的同时伴随着对流换热。

(3) 洛氏硬度计

洛氏硬度计用于测量工件洛氏硬度。在规定条件下,将压头(金刚石圆锥、钢球或硬质合金球）分 2 个步骤压入试样表面。卸除主试验力后,在初试验力下测量压痕残余深度 H。以压痕残余深度 H 的数值表示硬度的高低。

（4）淬火盐水槽

淬火盐水槽是装有盐水的容器,当工件浸入槽内冷却时,须保证工件以合理的冷却速度均匀地完成淬火操作,使工件达到技术要求。淬火槽体通常是上面开口的容器形槽体,其横截面形状一般为长方形、正方形和圆形,而以长方形应用较广。

5.4.3　工艺卡片

榔头头部淬火采用高频感应加热炉,对榔头头部大端进行表面淬火,增加表面硬度。采用箱式电阻炉对榔头头部整体进行低温回火,增加榔头头部的整体韧性。榔头头部淬火和回火工艺卡片分别见表 5.1、表 5.2。

表 5.1　榔头头部淬火工艺卡片

零件名称	榔头头部	毛坯材料	45 钢	毛坯尺寸 /(mm×mm×mm)	20×20×95	备注
工序	工序内容			设备、工具		
1	开启加热器冷却水泵			高频感应加热炉		
2	开启高频加热设备,加热温度设定为 1 000 ℃			高频感应加热炉		
3	将榔头放入加热线圈			手钳、高频感应加热炉		
4	打开加热开关			高频感应加热炉		
5	加热达到淬火温度 850 ℃,保温约 2 s			高频感应加热炉		
6	迅速取出,放入冷却液进行淬火			手钳、淬火盐水槽		

表 5.2　榔头头部回火工艺卡片

零件名称	榔头头部	毛坯材料	45 钢	毛坯尺寸 /(mm×mm×mm)	20×20×95	备注
工序	工序内容			设备、工具		
1	加热至 180~200 ℃,保温约 30 min			手钳、箱式电阻炉		
2	放入空气中冷却			手钳、料斗		
3	按照技术要求进行检验			洛氏硬度计		

5.5　榔头头部的电镀工艺流程

5.5.1　工艺配方与工艺条件

1）碱性化学除油工艺见表 5.3。

表 5.3　碱性化学除油工艺

品名	浓度/（g/L）	温度/℃
氢氧化钠（NaOH）	30	70~80
碳酸钠（Na_2CO_3）	50	
磷酸三钠（Na_3PO_4）	70	
OP 乳化剂	3~5	

2）酸洗（盐酸除锈）。使用浓度为 15%~20% 的 HCl 溶液,在室温条件下清洗工件除锈,直至除净为止。

3）酸活化。使用浓度为 3%~5% 的 HCl 溶液,在室温条件下浸泡工件 3~5 s,活化工件表面。

4）弱酸性氯化钾光亮镀锌工艺见表 5.4。

表 5.4　弱酸性氯化钾光亮镀锌工艺

工艺配方		工艺条件	
氯化锌（$ZnCl_2$）的浓度/（g/L）	50~100	pH 值	4.5~6.0
氯化钾（KCl）的浓度/（g/L）	150~250	温度/℃	15~30
硼酸（H_3BO_3）的浓度/（g/L）	20~30	电流密度/（A/dm^2）	0.8~2.0
光亮剂的浓度/（mL/L）	15~25		

5）出光。在室温条件下,使用 30~50 g/L 的硝酸溶液浸泡工件 3~5 s,中和残留碱,同时溶去工件表面附着物,使工件露出光洁的活性表面。

6）低铬彩色钝化工艺见表 5.5。

表 5.5　低铬彩色钝化工艺

工艺配方		工艺条件	
铬酐（Cr_2O_3）的浓度/（g/L）	5	pH 值	1~1.6
硝酸（HNO_3）的浓度/（mL/L）	5~8	温度/℃	15~30
硫酸（H_2SO_4）的浓度/（mL/L）	0.5~1	时间/s	5~10

5.5.2 榔头头部电镀工艺卡片

根据榔头头部的电镀工艺以及所需工具、工艺配方整理成工艺卡片，见表5.6。

表 5.6 榔头头部电镀工艺卡片

零件名称	榔头装配体		备注
工序	工序内容	工具、工艺配方	
1	装挂具,悬挂榔头装配体	挂具	
2	用碱液高温除去装配体上的油	NaOH、Na_2CO_3 溶液	
3	水洗	流动清水	
4	用 HCl 溶液清洗除锈	浓度:15%~20%的 HCl 溶液	
5	水洗	流动清水	
6	酸活化,除去装配体表面杂质	浓度:3%~5%的 HCl 溶液	
7	用水清洗表面残余溶液	流动清水	
8	将晾干的工件放入电镀池中	电镀池、弱酸性 KCl	
9	水洗	流动清水	
10	出光	HNO_3 溶液	
11	水洗	流动清水	
12	彩色钝化	彩色钝化溶液	
13	水洗	流动清水	
14	热水烫洗	热水	
15	吹干		
16	卸挂具		
17	烘干		

思考与练习题

5-1 何为预备热处理? 何为最终热处理? 请举例说明。

5-2 说出几种热处理常见的缺陷以及产生缺陷的原因。

5-3 要获得表面硬度高,心部有足够韧性的低碳钢齿轮,应采用何种热处理方法? 为什么?

5-4 什么是正火? 什么是退火? 退火与正火有何异同?

第六章
材料成形技术

实训要求	实训目标
预习	铸造、锻造和焊接的定义、特点、分类
了解	铸造、锻造、焊接的工艺设计、常用工具和工艺流程等
掌握	砂型铸造、自由锻造和焊接的工艺方法,铸造、锻造和焊接缺陷的原因及预防
拓展	铸造、锻造和焊接的工程意识,锻炼实践操作能力
任务	完成飞机模型的铸造和连接件的焊接

6.1 铸造

铸造是将熔融金属液浇注到铸造型腔中,待其冷却凝固后获得一定形状、尺寸和性能金属件的生产工艺方法。采用铸造方式生产的毛坯或零件称为铸件。

铸件在机械制造领域占有重要的地位,如一般机械设备中铸件占 40%～90%;金属切削机床中铸件占 70%～80%。

6.1.1 铸造实训的安全操作规程

1) 操作前必须穿戴好规定的劳保用品。

2) 未经许可不得动用场地内一切水、电及其他设备。

3) 实训时要集中精力,严禁嬉笑吵闹。

4) 爱护实训工具,严禁踩、踏、乱放。

5) 砂型摆放整齐,并用卡箱螺栓或压铁固定,防止浇注时跑火。

6) 浇注前检查浇包、铸型,确保工具完好,不能有积水。

7）运行前检查各设备、配件,确保设备安全。

8）加料前仔细检查炉料,确保无杂物混入,且炉料体积不得大于容积的 2/3。

9）浇包剩余铁水倒在指定位置,不得随意乱倒。

10）停炉后不得立即关闭冷却水。

11）实训结束后,所有工具归放原处。

6.1.2 铸造的分类与特点

按照造型材料的不同,铸造分为砂型铸造和金属型铸造;按照生产方法不同,铸造分为砂型铸造、特种铸造和其他铸造方法,具体分类和特点如图 6.1 所示。

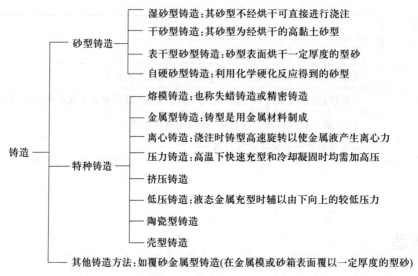

图 6.1 铸造的分类

铸造的优点如下:

1）适合生产形状复杂的毛坯或零件,如内燃机的气缸体和气缸盖、机床的箱体、机架等。

2）适应性广。碳素钢、合金钢、青铜、铸铁等难于锻造并需要切削加工的合金材料,都能采用铸造获得。铸件的质量小到几克,大到数百吨,都可以采用铸造方法生产。对于大型零件,铸造的优势尤为显著。

3）生产成本低。铸造所用原材料来源广泛,价格低廉,可以直接利用报废的机件、废钢、切屑等。另外,铸造设备所需的投资少,生产周期较短。

4）精密铸造制成的铸件形状和尺寸精度高,可以节约金属,避免切削加工。

但是,铸造也存在一些不足,如组织晶粒较为粗大,铸件内部常存在缩孔、缩松等缺陷,因此常规铸件的力学性能差、精度低,造成铸件在使用中受到一定限制。铸造的工序繁多,铸件质量控制较难,废品率较高。砂型铸造生产的铸件表面质量低,劳动条件差,环境污染大。

6.1.3 砂型铸造的基本知识

砂型铸造是利用型砂制作铸型,浇注后获得铸件的铸造方法。铸型是铸造生产中用于容纳金属,待金属液凝固后获得与其型腔形状一致铸件的模型。按照造型材料,铸型有砂型和金属型两类。

1. 砂型铸造工艺流程

砂型铸造的主要工艺流程如图 6.2 所示。

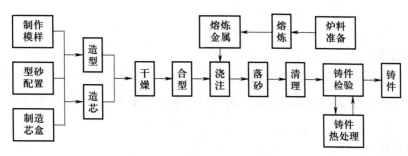

图 6.2 砂型铸造的主要工艺流程

2. 造型材料

砂型铸造的造型材料由原砂、黏结剂、附加物等按照一定比例和制备工艺混合而成,具有一定的物理性能,且满足造型要求。造型材料的性能直接影响铸件的质量和生产成本。

制作铸型的造型材料称为型砂,而制作型芯的造型材料称为芯砂。

湿型砂主要由石英砂、膨润土、煤粉和水等组成,也称潮模砂。石英砂是型砂的主体,主要成分是 SiO_2,是熔点为 1 713 ℃ 的耐高温物质。膨润土用作黏结剂,是黏结性较大的一种黏土,吸水后可形成胶状的黏土膜,包覆在砂粒表面,使型砂具有湿态强度。煤粉是附加物质,在高温下分解出一层带光泽的碳,附着在型腔表面防止铸件黏砂。砂粒间的空隙起透气作用。紧实后的型砂结构示意图如图 6.3 所示。

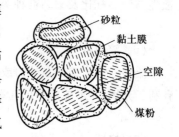

图 6.3 型砂结构示意图

为了保证铸件质量,需要严格控制湿型砂的性能。湿型砂的性能分为工作性能和工艺性能。工作性能是指砂型在自重、外力、高温金属液烘烤和气体压力等作用下的能力,包括湿强度、透气性、耐火度和退让性等。工艺性能是指便于造型、修型和起模的性能,如流动性、韧性、起模性和紧实率等。

湿型砂的性能要求如下:

（1）湿强度

湿强度是指湿型砂抵抗外力破坏的能力，包括抗压、抗拉和抗剪强度等，其中抗压强度的影响最大。合适的湿强度可以保证铸型在生产过程中不容易被损坏、塌落和胀大；但湿强度过高，会造成铸型过硬，透气性、退让性和落砂性变差。

（2）透气性

透气性是指气体穿过型砂间孔隙的能力。浇注时，型砂中的水分汽化为高温过热蒸汽，铸型内会产生大量的气体，这些气体必须通过铸型排出。若型砂透气性差，则会导致铸件产生呛火、气孔等缺陷，但透气性过高，会造成砂型疏松，铸件表面质量降低，且会产生机械黏砂缺陷。

（3）耐火度

耐火度是指型砂经受高温热作用的能力。耐火度与型砂中 SiO_2 的质量分数成正比，SiO_2 的质量分数越高，型砂耐火度越高。铸铁件要求型砂中 SiO_2 的质量分数 $\geqslant 90\%$。

（4）退让性

退让性是指铸件在冷却凝固过程中会产生收缩，型砂能被压缩、退让的性能。退让性不足会导致铸件收缩受阻，铸件产生内应力、变形和裂纹等缺陷。小砂型应避免舂得过紧，而大砂型在型砂或芯砂中加入锯末、焦炭粒等增加退让性。

（5）溃散性

溃散性是指型砂浇注后容易溃散的性能。溃散性好可以减少落砂和清砂的劳动量。溃散性与型砂配比及黏结剂种类有关。

（6）流动性

流动性是指型砂在外力或自身重力的作用下砂粒间相对移动的能力。流动性好的型砂有利于充填，易形成清晰的轮廓与表面光洁的型腔，可以减轻劳动量，提高生产效率。

（7）韧性

韧性即可塑性，指型砂受外力作用时产生变形且在去除外力后仍保持一定形状的能力。韧性好，型砂柔软、易变形，起模和修型时不容易破碎及掉落。手工起模时，可在模样周围的砂型上刷水，以增加局部型砂的水分，提高型砂的韧性。

（8）适量的水分

为得到所需的湿强度和韧性，湿型砂必须含有适量的水分，使型砂具有最适宜的干湿程度。型砂太干或太湿都不利于造型，容易引起铸造缺陷。

3. 手工造型工具

砂箱及常见的砂型铸造造型工具如图 6.4 所示。

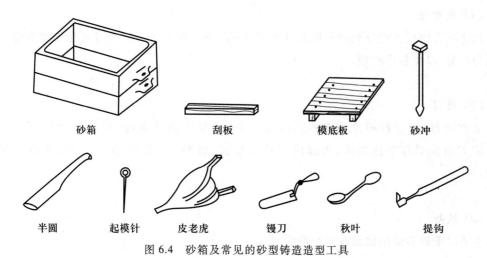

图 6.4 砂箱及常见的砂型铸造造型工具

（1）砂箱

由铸铁、钢、木料等制成的方形或长方形箱,且有定位和锁紧装置的造型工具。通常由上砂箱和下砂箱组成,二者之间通过销子定位。砂箱分为可拆卸式砂箱、无挡砂箱和有挡砂箱三类。

（2）刮板

又称刮尺,用于在型砂舂实后刮去高出砂箱的型砂。刮板由平直的木板或金属板制成,长度比砂箱的宽度略长。

（3）模底板

用于安装和固定模样,造型时放置和托住模样、砂箱和砂型。一般由硬质木材或金属材料制成。模底板必须有光滑的工作平面。

（4）砂冲

又称捣砂锤,用于舂实型砂,一端平头,一端尖头。平头端用于捶打紧实、舂平型砂表面,而尖头部分用于舂实模样周围及砂箱靠边或狭窄位置的型砂。

（5）半圆

用于修整砂型垂直弧形的内壁和底面。

（6）起模针

用于从砂型中取出模样。与通气针很相似，但是比通气针粗。

（7）皮老虎

用于吹去模样上的分型砂及散落在型腔中的散砂、灰土等。使用时注意不要触碰砂型或用力过猛，以免损坏砂型。

（8）镘刀

又称刮刀，用于修理砂型或砂芯的较大平面，制作浇注系统和冒口，切割大的沟槽等。镘刀由头部和手柄构成，头部用工具钢制成，有平头、圆头、尖头几种，手柄用硬木制成。

（9）秋叶

主要用于修整砂型曲面或窄小的凹面。

（10）提钩

又称砂钩，用于修理砂型或砂芯中深而窄的底面、侧壁及剔除掉落在砂型中的散砂。提钩由工具钢制成，有直砂钩和带后跟砂钩等类型。

另外，常用的手工造型工具还有铁锹、筛子和排笔等。

6.1.4　铸造工艺

铸造工艺包括合理地设置分型面、浇注位置、浇注系统和冒口等。

1. 分型面

砂型铸造时，砂型与砂型之间的分界面称为分型面。确定分型面需要根据铸件的结构特点，尽量满足浇注位置要求，还要考虑便于造型和起模，合理配置浇注系统和冒口，正确安装型芯，提高生产效率，保证铸件质量等因素。

确定分型面时，应遵循以下原则：

1）分型面应尽量设置在铸件的最大截面处，便于造型起模。

2）尽量减少分型面的数量。

3）尽量把铸件安置在同一砂箱内。

4）分型面尽量选择平面。

5）分型面的选择尽量方便砂芯的定位和安放。

2. 浇注位置

浇注位置是指浇注时铸件在砂型中的空间位置。合理地选择浇注位置,可以改善铸件质量,减少铸件后期的清理工作。

确定铸件浇注位置时,应尽量做到以下几点:

1)铸件重要表面和较大平面应放置在型腔的下方,保证其性能和表面质量。

2)应保证金属液能顺利流入并充满型腔,避免产生浇不足和冷隔等现象。

3)应保证型腔中的金属液的凝固顺序是自下而上,便于补缩。

3. 浇注系统

铸件浇注需要金属液按照一定的通道流入型腔,金属液流入型腔的通道称为浇注系统。如图6.5所示,砂型铸造的浇注系统包括浇口杯、直浇道、横浇道、内浇道等。浇注时,金属液的流动路径为浇包→浇口杯→直浇道→横浇道→内浇道→型腔。浇注系统设计不合理,铸件容易产生气孔、砂眼、缩孔等缺陷。

浇注系统应注意以下几点:

1)合理地设置金属液流动速度和方向,以保证金属液在规定时间内充满型腔。

2)金属液流动应尽量平稳,以消除紊流,避免卷入空气,使金属过分氧化以及冲刷铸型。

3)浇注系统应具有良好的挡渣能力。

4)金属液流入型腔后应该具有理想的温度分布。

5)浇注系统所用的金属消耗量尽量少,且容易清理。

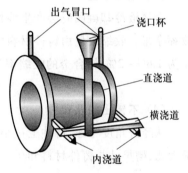

图6.5 典型浇注系统

4. 冒口

冒口是指设置在砂型中与型腔相通,仅用于储存金属液的空腔。冒口中的金属液用于补充铸件冷却凝固引起的收缩,消除缩孔、缩松缺陷。铸件形成后,冒口变成与铸件相连但无具体作用的部分,清理铸件时予以清除。冒口分为明冒口和暗冒口。明冒口一般设在铸件顶部,使型腔与大气相通。暗冒口在铸型内部,补缩效果比明冒口好,金属液消耗少,多用于中、小型铸件。

冒口应满足以下要求:

1)应设置在铸件厚壁处,即最后凝固的部分,且比铸件凝固晚,冒口与铸件被补缩部位之间的通道应畅通。

2)冒口应易于从铸件上去除。

3)冒口除了补缩作用外,还有出气和集渣的作用。

5. 铸造工艺参数

铸造工艺参数包括加工余量、起模斜度和收缩余量等,还包括不铸出的孔槽。

(1) 加工余量

铸件需要加工的表面,均应保留加工余量。加工余量的大小与铸件尺寸、材料和造型方法等有关。单件小批生产的小型铸件的加工余量为 4~6 mm。

(2) 起模斜度

垂直于分型面的立壁都应该设置起模斜度,方便造型时顺利取出模样。起模斜度与模样高度有关,高度小于 100 mm 模样的起模斜度为 3°左右,高于 100 mm 模样的起模斜度为 0.5°~1°。

(3) 收缩余量

金属液冷却凝固时会产生线性收缩,铸件尺寸比模样尺寸要略微缩小,此缩小尺寸称为收缩余量。收缩余量由铸件材料的收缩率确定,灰铸铁的收缩率为 0.7% ~ 1%,铸钢的收缩率为 1.6% ~ 2%,铝合金的收缩率为 1% ~ 1.2%。

(4) 不铸出的孔和槽

从经济角度考虑,铸件上过小的孔、槽不铸出,而是采用机械加工方法完成。不铸出的最大孔、槽尺寸与铸件材料和生产条件有关。单件小批生产的小型铸铁件直径小于 30 mm 的孔不铸出。

6. 铸造工艺图

在零件图上用各种铸造工艺符号表示铸造工艺方案的图形称为铸造工艺图,包括浇注位置、分型面、型芯结构、浇注系统、工艺参数等。铸造工艺图用红、蓝线条把规定的符号和文字标注在零件图上,用于指导铸造生产和检验铸件是否合格。

6.1.5　砂型铸造的操作过程

砂型铸造的工艺流程如图 6.6 所示。

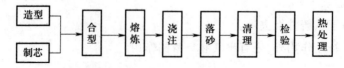

图 6.6　砂型铸造的工艺流程

1. 造型

用型砂及模样等制造铸型的过程称为造型,这种铸型又称砂型,由上砂型、下砂型、型腔、砂芯、浇注系统、砂箱等部分组成,结构如图6.7所示。上、下砂型的定位在单件小批生产时可以用泥记号或画上合箱线,在大批大量生产时用定位销。

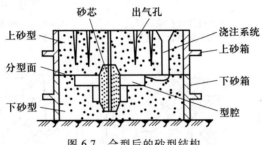

图 6.7 合型后的砂型结构

铸造造型分为机器造型和手工造型两大类。

机器造型是将造型过程中的两项主要操作——紧砂和起模实现机械化的造型方法。机器造型采用模板两箱造型,模板是将模样和浇注系统沿分型面与模底板连成一体的专用模具。造型后,模底板形成分型面,模样形成铸型空腔。但是机器造型不能用于干砂型铸造,难以生产巨大型铸件,也不能用于三箱造型。

手工造型是全部用手工或手动工具紧实的造型方法,具有操作灵活、适应性强的优点。但是也存在效率低、劳动强度大等缺点。

手工造型工艺过程如图6.8所示,包括准备砂箱、安放模样、填砂、紧实、起模、修型、合型等主要工序。

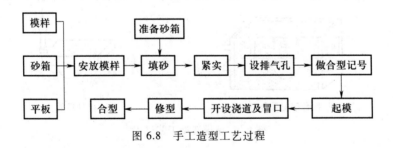

图 6.8 手工造型工艺过程

根据铸件结构、生产批量和生产条件,手工造型方法包括整模造型、分模造型、挖砂造型、假箱造型和活块造型等。

(1) 整模造型

整模造型的模样是整体,模样截面由大到小,放在一个砂箱内,可以一次从砂型中取出,造型比较方便。轴承座零件的整模造型工艺过程如图6.9所示。

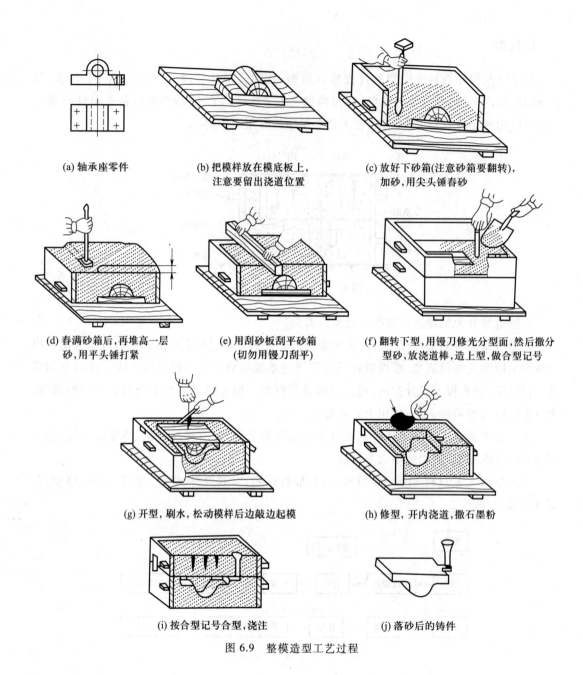

(a) 轴承座零件

(b) 把模样放在模底板上，注意要留出浇道位置

(c) 放好下砂箱(注意砂箱要翻转)，加砂，用尖头锤舂砂

(d) 舂满砂箱后，再堆高一层砂，用平头锤打紧

(e) 用刮砂板刮平砂箱(切勿用镘刀刮平)

(f) 翻转下型，用镘刀修光分型面，然后撒分型砂，放浇道棒，造上型，做合型记号

(g) 开型，刷水，松动模样后边敲边起模

(h) 修型，开内浇道，撒石墨粉

(i) 按合型记号合型，浇注

(j) 落砂后的铸件

图 6.9　整模造型工艺过程

（2）分模造型

分模造型是将模样在最大水平截面处分开，分开的模样在不同的分型面顺利起出。最简单的两箱分模造型工艺过程如图 6.10 所示。

（3）挖砂造型

铸件的分型面是曲面，必须将覆盖在模样上面的型砂挖去才能正常起模，因此称为挖砂

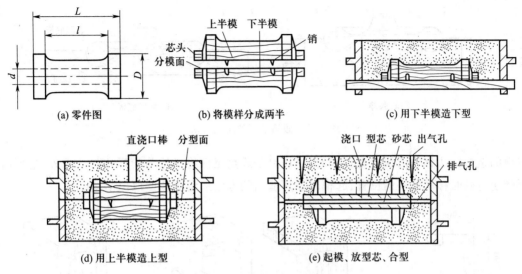

(a) 零件图 (b) 将模样分成两半 (c) 用下半模造下型

(d) 用上半模造上型 (e) 起模、放型芯、合型

图 6.10　分模造型工艺过程

造型。当生产数量较多时,可以用假箱造型代替。挖砂造型工艺过程如图 6.11 所示。

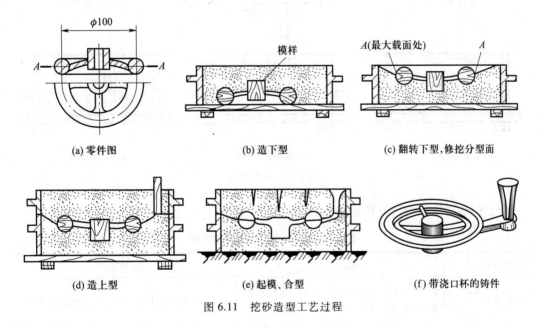

(a) 零件图 (b) 造下型 (c) 翻转下型,修挖分型面

(d) 造上型 (e) 起模、合型 (f) 带浇口杯的铸件

图 6.11　挖砂造型工艺过程

(4)假箱造型

利用预制的成形底板或假箱代替挖砂造型中所挖去的型砂,这种造型方法称为假箱造型。图 6.12 为假箱造型的工艺方法。

(5)活块造型

如图 6.13 所示,将整模或整体芯和侧面的伸出部分做成活块,起模或脱芯后,再将活块

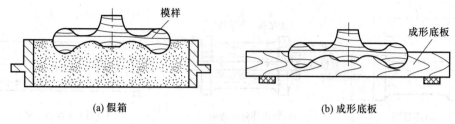

图 6.12 假箱造型的工艺方法

取出的造型方法称为活块造型。同时,可用钉子或燕尾榫将活块与模样连接。另外,造型时要防止春砂时移动活块的位置,起模时要用适当的方法从型腔侧壁取出活块。

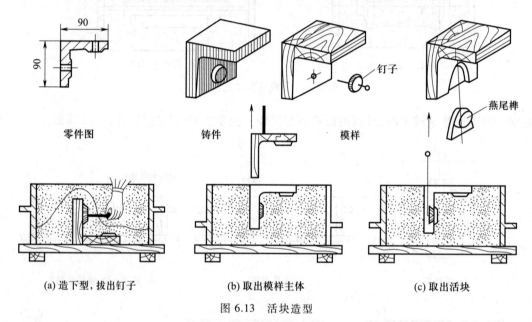

图 6.13 活块造型

常见的手工造型方法比较见表6.1。

表 6.1 常见的手工造型方法比较

造型方法	特点	适用范围
整模造型	模样为一整体,分型面为平面,型腔在一个砂箱中,造型方便,不会产生错箱缺陷	铸件最大截面靠一端,且为平直的铸件
分模造型	型腔位于上、下砂箱内。模样为分体结构,模样的分开面为模样的最大截面且造型方便	最大截面在中部的铸件
挖砂造型	模样是整体的,将阻碍起模的型砂挖掉,分型面是曲面,造型费时	单件小批生产,分型面不是平面的铸件

续表

造型方法	特点	适用范围
活块造型	将妨碍起模的部分做成活块。但造型费工,要求操作技术高。活块移位会影响铸件精度	单件小批生产,带有凸起部分又难以起模的铸件
刮板造型	模样制造简化,但造型费时,且对工人的技术水平有一定要求	单件小批生产,大、中型回转体铸件
假箱造型	在造型前预先做出代替底板的底胎,即假箱。再在底胎上做出下箱。由于底胎并未参与浇注,故称假箱。假箱造型比挖砂造型操作简单,且分型面整齐	成批生产,需要挖砂的铸件
三箱造型	对中砂箱的高度有一定要求。操作复杂,难以进行机器造型	单件小批生产,中间截面小的铸件
地坑造型	造型利用车间地面砂床作为铸型的下箱。由于仅用上箱便可造型,故缩短了制造专用下箱的准备时间,减少了砂型的投资。但造型费时,且对工人的技术水平有一定要求	制造批量不大的大、中型铸件

2. 制芯

采用芯盒制作砂芯的过程称为制芯,芯盒的空腔形状和铸件的内腔一致。砂芯是做成特殊结构的型砂,用于形成铸件内腔或内孔、外形,或用于增加铸件的强度。根据芯盒的结构不同,手工制芯分为对开式芯盒制芯、整体式芯盒制芯和可拆式芯盒制芯三类。

如图 6.14 所示,对开式芯盒制芯方法适用于圆形截面的较复杂砂芯的制作。

定位销和定位孔

| (a) 准备芯盒 | (b) 舂砂,放芯骨 | (c) 刮平,扎气孔 | (d) 敲打芯盒 | (e) 打开芯盒(取芯) |

图 6.14 对开式芯盒制芯

如图 6.15 所示,整体式芯盒制芯方法适用于形状简单的中、小型砂芯的制作。

如图 6.16 所示,可拆式芯盒制芯方法适用于形状复杂的中、大型砂芯的制作。整体式和对开式芯盒无法取芯时,可将芯盒分成几块,分别拆去芯盒取出砂芯。芯盒的某些部分还可以做成活块。

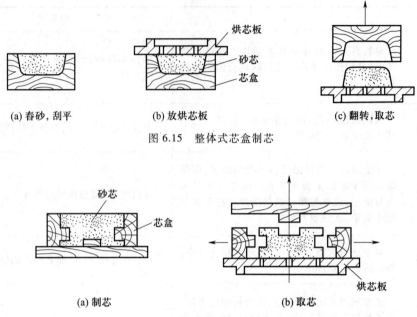

(a) 舂砂, 刮平　　　　　(b) 放烘芯板　　　　　(c) 翻转, 取芯

图 6.15　整体式芯盒制芯

(a) 制芯　　　　　　　　　(b) 取芯

图 6.16　可拆式芯盒制芯

3. 合型

将上砂型、下砂型和砂芯等组合成一个完整铸型的操作过程称为合型,又称合箱。合型是制作铸型的最后一道工序,直接影响铸件的质量。若此工序操作不当,铸件容易产生气孔、夹砂、错箱等缺陷。

4. 熔炼

常用的熔炼设备有冲天炉、工频感应炉、中频感应炉、电炉、坩埚炉等。铸造生产中需要严格控制金属液的熔炼质量,良好的熔炼质量的要求如下:

1)熔炼温度合理。熔液温度过低,铸件容易产生冷隔、浇不到、气孔、夹渣等缺陷;而温度过高,则会导致铸件总收缩量增加。吸气过多,更容易产生黏砂缺陷。

2)熔液的化学成分稳定,且在要求的范围内。若熔液的化学成分不合格、不稳定,则会严重影响铸件的力学性能和物理性能。

3)熔炼生产效率高、成本低。

5. 浇注

将熔融金属液从浇包注入铸型的过程称为浇注。若此工序操作不当,则容易产生气孔、夹渣和冷隔等铸造缺陷。浇包的结构如图 6.17 所示。

浇注操作要点如下:

1)浇注前,浇包数量要准备充足,使用前必须烘干烘透,否则会降低金属液的温度,而

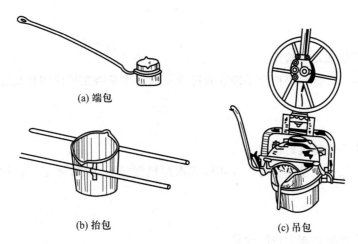

(a) 端包

(b) 抬包

(c) 吊包

图 6.17　浇包的结构

且会引起金属液沸腾或飞溅。

2）整理好场地,引出金属液出口和熔渣出口要铺上干砂。

3）浇包内金属液不能太满,以免运送过程中飞溅伤人。

4）浇注时须对准浇口,且金属液不断流,以免铸件产生冷隔现象。

5）控制浇注温度和浇注速度。浇注速度应适中,太慢不容易充满铸型,太快会冲刷砂型,也会使气体不能及时逸出,导致铸件内部产生气孔。

6）浇注时应点燃砂型中冒出的气体,防止产生 CO 气体。

6. 落砂

采用手工或设备将铸件和型砂、砂箱分开的过程称为落砂。落砂时应注意开箱时间,开箱时间过早,铸件未凝固部分会产生烫伤事故,且使铸件表面产生硬化层,严重时会造成铸件的变形、开裂等缺陷。

7. 清理

清理是指从落砂后的铸件上去除表面黏砂、多余金属(如浇口、冒口、氧化皮等)等。铸铁件的浇、冒口一般采用敲击方式去除;铸钢件的浇、冒口一般采用气割的方式去除;有色金属的浇、冒口则采用锯割的方式进行清理。

铸件表面的清理一般采用钢丝刷、錾子、风铲等工具,大批量铸件的清理常采用喷砂机、抛丸机等设备。

8. 检验

根据图样技术条件,采用目测、量具、仪表或其他手段检验铸件是否合格的操作过程称为铸件质量检验。铸件质量检验分为外观质量检验和内部质量检验。

铸件外观质量检验包括铸件形状和尺寸检测、铸件表面粗糙度的评定、铸件表面或近表面缺陷检验等。

(1) 铸件形状和尺寸检测

采用工具、夹具、量具等检测手段查验铸件实际尺寸是否在铸件图样规定的铸件尺寸公差内。

(2) 铸件表面粗糙度的评定

利用铸造表面粗糙度样块与铸件实际表面粗糙度进行比较,评定是否符合铸件图样上规定的要求。

(3) 铸件表面或近表面缺陷检验

用眼睛或借助低倍放大镜检查铸件表面的宏观质量;采用磁粉检测、渗透检测等无损检测方法检查铸件表面或近表面的缺陷。

铸件内部质量检验包括铸件力学性能的检验、铸件特殊性能的检验、铸件化学成分的分析、铸件显微组织的分析和铸件内部缺陷的无损检验等。

(1) 铸件力学性能的检验

包含抗拉强度、屈服强度、断后伸长率、断面收缩率等常规力学性能的检测和断裂韧性、疲劳强度、高温力学性能、低温力学性能等非常规力学性能的检验。

(2) 铸件特殊性能的检验

检验铸件的耐热性、耐蚀性、耐磨性、密封性等性能。

(3) 铸件化学成分的分析

对铸件进行化学成分测定,通常是作为铸件验收的条件之一。

(4) 铸件显微组织的分析

对铸件及铸件断口进行低倍、高倍金相观察,确定其内部组织结构、晶粒大小、内部夹杂物和裂纹等。

(5) 铸件内部缺陷的无损检验

用射线探伤、超声波探伤等方法检查铸件内部的缩孔、缩松、气孔和裂纹等缺陷,并确定其大小、位置、形状等。

铸件检验结果分为合格品、返修品和废品三类。合格品是铸件质量符合相关技术标准或交货验收的技术条件。返修品是铸件质量不完全符合标准,但经过返修后可达到验收条件的铸件。废品是铸件外观质量和内在质量均不合格,不允许返修或返修后仍不能达到要求。

9. 热处理

铸件完成检验后,需进行热处理,目的为① 优化铸件性能及组织。对组织、性能不合格的返修品进行热处理,改善铸件的组织及力学性能,满足铸件的验收标准,降低废品率。② 对铸件进行去应力时效处理。所有的铸件在冷却过程中,会因为各部位冷却速度不同而产生内应力。当内应力达到一定程度时,造成铸件的变形,甚至开裂。因此,清理后的铸件需要进行消除内应力的时效处理。铸件时效处理方法有人工时效、自然时效两种方法。人工时效是将铸铁件缓慢加热到 $500 \sim 600$ ℃,保温一定时间,随炉缓慢冷却至 300 ℃ 以下,再出炉空冷。自然时效是将铸铁件在露天放置一年以上,使铸件内应力缓慢松弛,从而保证铸件尺寸稳定。

10. 铸件常见缺陷

铸件在铸造过程中容易产生的质量问题包括气孔,缩孔、缩松,砂眼,黏砂、浇不足、冷隔,铸造热裂纹和错箱等。

(1) 气孔

气孔为气体在金属液结壳之前未及时逸出,在铸件内生成的孔洞类缺陷。气孔的内壁光滑、明亮或带有轻微的氧化色。铸件产生气孔后,减小其有效承载面积,气孔周围会引起应力集中而降低铸件的抗冲击性和抗疲劳性。气孔还会降低铸件的致密性,致使某些要求承受水压试验的铸件报废。另外,气孔对铸件的耐蚀性和耐热性也有不良影响。

产生气孔的主要原因:型砂中的水分含量过多,透气性差;起模和修型时刷水过多;砂芯烘干不彻底或砂芯的透气孔堵塞;浇注温度过低或浇注速度太快等。

(2) 缩孔、缩松

缩孔、缩松为铸件上处于凝固后期的部位,在最终凝固时因缺少金属液补缩,而产生的孔洞类缺陷。尺寸较大的孔洞称为缩孔,而尺寸相对较小且连续分布的孔洞称为缩松。缩孔多分布在铸件的厚断面处,形状不规则,孔内粗糙。缩松常分散在铸件壁厚的轴线区域、厚大部位、冒口根部和内浇口附近。当缩松与缩孔容积相同时,缩松的分布面积要比缩孔大得多。缩松隐藏于铸件的内部不容易被发现。

产生缩孔、缩松的主要原因:铸件结构不合理,如壁厚相差过大,局部金属积聚;浇注系统和冒口的位置不合适,或冒口过小;浇注温度过高,或金属化学成分不合格,收缩率过大。

(3) 砂眼

在铸件内部或表面充塞着型砂的孔洞类缺陷称为砂眼。

产生砂眼的主要原因:型砂和芯砂的强度不够;型砂和芯砂的紧实度不够;合箱时铸型

局部损坏;浇注系统不合理,损坏铸型。

（4）黏砂

铸件表面上黏附有一层难以清除的砂粒称为黏砂。黏砂既影响铸件外观,又增加铸件清理和切削加工的难度,甚至影响机器的寿命。如泵或发动机等机器零件中若有黏砂,则影响燃油、气体、润滑油和冷却水等流体的流动,并加速机器磨损。

产生黏砂的主要原因:型砂和芯砂的耐火性不够;浇注温度太高;未刷涂料或涂料太薄。

（5）浇不足、冷隔

液态金属充型能力不足,或充型条件较差,在型腔被填满之前,金属液便停止流动,使铸件产生浇不足或冷隔缺陷。浇不足时,铸件不能获得完整的形状;冷隔时,铸件虽可以获得完整的形状,但会形成未完全融合的接缝,造成铸件的力学性能严重受损。

产生浇不足、冷隔的主要原因:浇注温度太低;浇注速度太慢;浇注系统设计不合理;铸件壁厚太薄。

（6）铸造热裂纹

铸造中,由于铸件结构或铸造工艺不同,导致铸件各处的凝固速度不同,进而产生应力,这种应力在凝固后期将铸件拉裂形成裂纹,称为铸造热裂纹。铸造热裂纹的产生都是发生在铸件凝固末期,铸件温度较高,容易氧化,因此铸造热裂纹的断口为氧化色。铸造热裂纹通常出现在靠近热节部位。

产生铸造热裂纹的主要原因:铸件结构不合理,壁厚相差太大;砂型和砂芯的退让性差;落砂过早。

（7）错箱

错箱又称错边、偏箱、歪箱,是指在合箱时,上箱型面与下箱型面互相偏移错开,使铸件外形与图样不相符。

错箱的主要原因:模样的上、下半模未对好;合箱时,上、下砂型未对准。

6.1.6　特种铸造

砂型铸造之外的其他铸造方法统称为特种铸造,常见的特种铸造方法有离心铸造、压力铸造等。

1. 离心铸造

如图 6.18 所示,离心铸造是将金属液浇入旋转铸型内,使金属液在离心力的作用下充填铸型和凝固成形的一种铸造方法。离心铸造的优点是金属液在离心力的作用下凝固,组织细密,无缩孔、气孔、渣眼等缺陷,铸件力学性能好;铸造圆形中空的铸件可以不用型芯;不需要浇注系统,提高了金属液的利用率。离心铸造也存在一些不足,如内孔尺寸不精确,非金属夹杂物较多,增加了内孔的加工余量。容易产生比重偏析,不宜铸造比重偏析大的合金,如铅青铜。

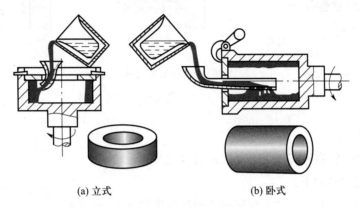

(a) 立式   (b) 卧式

图 6.18 离心铸造示意图

离心铸造工艺流程如图 6.19 所示。

图 6.19 离心铸造工艺流程

离心铸造的操作要点如下:

1)根据铸件要求确定好铸型转速。操作前调整好铸型转速,浇注时严格控制转速范围。

2)铸型在上涂料前要经过清理和预热,上涂料时要严格控制铸型温度和涂料层厚度。

3)浇注时按照要求掌握好金属液的温度,定量要准确,控制好浇注速度。

4)铸件冷却要严格掌握自然冷却或水冷的时间和冷却速度。

5)铸件取出后,检查铸型,控制铸型工作温度,准备好浇注下一个铸件的工作。

2. 压力铸造

如图 6.20 所示,压力铸造是将金属液在高压下快速充型,并在压力作用下凝固获得铸件的方法。铸造压力可以为几兆帕到几十兆帕,模具材料一般采用耐热合金钢。压力铸造的机器称为压铸机,目前应用较多的是卧式冷压室压铸机。

压力铸造的优点如下:

1)金属液在高压下成形,可以生产薄壁、形状复杂的铸件。

2)铸件在高压下凝固,组织致密,比砂型铸件的力学性能高 20% ~ 40%。

3)压铸件的表面粗糙度 $Ra = 0.8 \sim 3.2\ \mu m$,铸件尺寸公差等级为 DCTG4 ~ DCTG8,无需

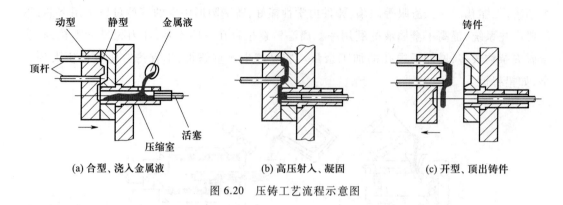

图 6.20　压铸工艺流程示意图

(a) 合型、浇入金属液　　　(b) 高压射入、凝固　　　(c) 开型、顶出铸件

或只需少量的机械加工。

　　4）生产效率高,容易实现半自动化或自动化生产。

　　压力铸造的缺点如下:

　　1）铸造模具结构复杂,加工精度和表面粗糙度要求高,成本很高。

　　2）不适合铸铁、铸钢等金属的生产,因为浇注温度高,模具寿命很短。

　　3）压铸件易产生皮下气孔缺陷,不宜进行机械加工和热处理,否则气孔会暴露出来,形成凸瘤。

　　压力铸造适用于大批大量生产的薄壁零件,在航空、汽车、电气和仪表行业广泛应用。

6.1.7　铸造仿真

　　铸造仿真是铸造过程的数值模拟技术,是对包括铸件、型芯、铸型等的铸件成形系统进行几何有限离散,在物理模型的支持下,通过数值计算分析铸造过程有关物理场的变化,并结合铸造缺陷的形成判据预测铸件的质量。

　　铸造仿真技术的核心是建立数值方程。铸造过程采用的主要数值方法包括有限差分法(finite difference method,FDM)、直接差分法(direct finite difference method,DFDM)、体积控制法(volume element method,VEM)、有限元法(finite element method,FEM)、边界元法(boundary element method,BEM)、格子期法(lattice gas automation,LGA)等。目前,常用的铸造仿真软件有华铸 CAE、MAGMA 和 ProCAST 等。

1. 华铸 CAE

　　华铸 CAE 是华中科技大学经三十余年研究开发,并在长期生产实践中不断改进、完善的铸造工艺分析软件。它以铸件充型、凝固过程数值模拟技术为核心,对铸件成形过程进行工艺分析和质量预测,从而协助工艺人员完成铸件的工艺优化工作。该软件的优势在于模拟铸件充型、凝固过程,预测铸造过程中可能产生的卷气、夹渣、冲砂、浇不足、冷隔、缩孔、缩松等缺陷。

2. MAGMA

MAGMA 是德国 MAGMA Giessereitechnologie GmbH 公司开发的一款商用铸造模拟软件。对铸造全过程,包括冶金处理、充型、凝固、热处理、机加等过程进行模拟,并准确预测铸造缺陷,缩短铸造生产周期,节约生产成本,提升企业的生产效率。软件广泛应用于砂型铸造和特种铸造。

3. ProCAST

ProCAST 软件是由美国 UES(universal energy system)公司开发的铸造过程模拟软件,采用基于有限元的数值计算和综合求解的方法,对铸件充型、凝固和冷却过程等进行模拟,提供了很多模块和工程工具来满足铸造工业最富挑战的需求。基于强大的有限元分析,它能够预测严重畸变和残余应力,并能用于半固态成形、吹芯工艺、离心铸造、消失模铸造、连续铸造等特殊工艺。

6.1.8 飞机模型的铸造流程

(1)造型准备
清理工作场地,备好型砂和所需工具及砂箱,备好如图 6.21 所示的飞机模样。

(2)安放模底板、模样和砂箱
放稳模底板,清除模底板上的散砂,套上砂箱。按设计好的方案将飞机模样放在模底板上和箱内的适当位置。

(3)填砂和紧实
先在模样表面撒一层面砂,将模样盖住,然后加入一层背砂。填砂时,分次将型砂加入砂箱,小砂箱每次加砂厚度为 50~70 mm,过多舂不紧,过少舂不实且浪费工时。

图 6.21 飞机模样

第一次加砂时,用手固定模样,将模样周围的砂塞紧,以免舂砂时移动模样,或起模时损坏砂型。

舂砂可使砂型具有一定的紧实度,避免在搬运、起模、浇注时损坏。但砂型不可舂得过紧,否则透气性下降,气体排出困难,易产生气孔。

砂型的紧实度分布应合理。

1)箱壁和箱挡处的型砂要比模样周围舂得紧实,避免砂型在搬运、翻转时产生塌箱。

2)下型要比上型舂得紧实。原因是金属液对型腔表面的压强与深度成正比,越往底部压强越大。如果下型的砂型紧实度不够,则会产生胀砂缺陷。

3)春砂时应按一定路线进行操作,以保证砂型各处紧实度均匀。一般按顺时针方向进行春砂。操作过程中应注意不要撞到模样上,以免损坏模样。

用尖头砂冲将分批填入的型砂逐层春实。然后填入高于砂箱的型砂,再用平头砂冲春实。

(4) 翻型

用刮板刮去多余型砂,使砂箱表面和砂箱边缘平齐。如果是上砂型,需用通气针在砂型上扎出通气孔。将已造好的下砂箱翻转 180°后,再用挖砂造型,将下砂型中阻碍起模的部分挖掉,以便起模。

挖砂完成后,在分型面上撒分型砂。注意撒砂时手应稍高于砂箱,且一边转圈一边摆动,使分型砂从五个指缝中缓慢而均匀地撒下来。最后用皮老虎或掸笔刷去掉模样上的分型砂。

(5) 放置上砂箱、浇口棒等并填砂紧实

放好上砂箱和浇口棒,加入面砂。铸件如需补缩时,还需放置冒口。随后,逐层填入背砂,用砂冲的尖头春实。当填入型砂高于砂箱时,用砂冲的平头春实。

(6) 修整上砂型面,开箱,修分型面

用刮板刮去多余的型砂,用镘刀修光浇冒口周围的型砂。取出浇口棒后,在直浇口上端挖一漏斗形的外浇口。用通气针扎出排气孔。没有定位销的砂箱要打泥号,防止合箱时偏箱。泥号位于砂箱壁上两直角边最远处,以保证 X①、Y 方向均能准确定位。将上砂箱翻转180°放在模底板上,清除分型砂。用水笔沾水,刷在模样周围的型砂上,以增加型砂的可塑性,防止起模时损坏砂型。注意刷水时水笔不要在某一处停留过长时间,以免在浇注时因水分多产生大量水蒸气,导致铸件产生气孔缺陷。

(7) 起模

尽量使起模针与模样的重心铅垂线重合。为利于起模,需在起模前用小锤轻敲起模针的下部,使模样松动,然后将模样垂直拔出。

(8) 修型

起模后,若型腔有损坏,则使用修型工具补修型腔。注意补修时,先用水润湿,随后填砂修补。

(9) 开设内浇道(口)

内浇道(口)是将浇注的金属液引入型腔的通道。开内浇道(口)应该注意以下几点:

---

① 本书中因包含数控内容,故将 X、Y、Z 方向,X、Y、Z 轴中的 X、Y、Z 统一为正体的大写字母。

1）应使金属液能平稳地流入型腔，以免冲坏砂型和型芯。

2）为了将金属液的熔渣等杂质留在横浇道中，一般内浇道（口）不能开在横浇道的尽头和靠上部位。

3）应根据铸件大小和壁厚确定内浇道（口）的数目，简单的小铸件可以开一道，而大、薄壁件须多开几道。

4）保证内浇道（口）表面光滑，形状正确，防止金属液将砂粒冲入型腔。

5）在铸件上厚、大的部位，应设置冒口进行补缩。冒口大小应根据铸件的壁厚和材料确定。

（10）**合箱紧固**

合箱时，应保证砂箱水平缓慢下降，并且对准合箱线，防止错箱。合箱后，采用压铁、螺栓、卡子等将上、下砂箱紧固。若紧固不当，浇注时金属液可能会将上砂箱顶起产生跑火，严重时将影响铸造生产安全。

（11）**熔炼**

不同的金属材料应采用不同的熔炼设备。如铜、铝等有色金属一般采用坩埚炉或中频感应炉进行熔炼。为获得合格的铸件，熔炼后所得的金属液要保证材料的化学成分和温度符合要求。

（12）**浇注**

浇注是铸造生产的最重要环节之一。浇注时严格控制金属液的温度和流动速度。浇注过程中严禁断流，尽量避免铝液氧化。

（13）**铸件落砂、清理、检验**

浇注后冷却 2 h 以上，将铸件从砂箱中取出，即落砂。

清除铸件表面的黏砂和多余的金属（包括浇冒口、飞边、毛刺、氧化皮等）。对于铝、铜铸件采用锯割方法切除浇冒口。

检验清理后的铸件质量。

（14）**铸件缺陷分析**

6.2 锻造

通过对金属坯料施加外力，产生塑性变形，获得具有一定尺寸、形状和内部组织的毛坯或零件的压力加工方法称为锻造。锻造是为机械制造提供零件毛坯的主要工艺之一。一般承受重载荷、冲击载荷的重要机械零件的毛坯均为锻件,如发动机主轴、连杆、齿轮等。

锻造的优点如下:

1)能改善金属组织,提高力学性能。锻造加工的塑性变形可使金属坯料获得较密的晶粒,并能消除钢锭轧制遗留的内部缺陷。

2)节约金属,提高经济效益。锻造可对坯料重新定型,获得接近零件外形的毛坯,加工余量更小,使得零件在制造过程中的材料损耗减少。

3)能加工各种形状和重量的产品。尤其适合大型、单件零件的毛坯加工。

但是锻造成形方法也存在一些不足。第一,锻造不能加工形状极为复杂的零件。第二,锻造生产成本较高,锻造前对坯料进行加热、制作锻造模具等将导致生产成本增加。第三,对于锻造材料具有一定的要求,塑性差的材料不能进行锻造生产,如铸铁等。第四,对材料的镦粗比有一定限制,不能无限制地加工变形。

6.2.1 锻造实训的安全操作规程

1)应穿戴好工作服、劳保鞋等防护用品。

2)及时检查所有工具有无断裂,大锤、小锤等工具的手柄连接是否牢固。

3)操作大锤时要环顾四周是否有人或障碍物,且实习时不允许抢打或横打。

4)未经允许不得擅自动用锻造设备,非操作人员应站于安全隔离网外。

5)严格遵守锻造操作规程。

6)下料或冲孔时周围人员应避开,以防料头飞出伤人。

7)严禁用手代替钳子直接拿工件。

8)操作中严格控制锻造温度,严禁冷锻工件。

9)严禁猛开加热炉的风门,防止火星或煤屑飞出伤人,下班前熄灭煤炉或封炉,并将易燃品移开。

10)工作完毕,清理场地卫生。

6.2.2 锻造的工艺流程

锻造工艺流程如图6.22所示。

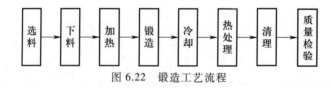

图6.22 锻造工艺流程

1. 选料

锻造属于塑性变形,要求锻造的材料具有良好的塑性。钢中碳含量和合金元素的含量越少,塑性越好,如中碳钢45钢,低碳钢Q235,碳素工具钢T8～T12,不锈钢1Cr13、4Cr13等。常用有色金属及其合金、部分非金属材料和复合材料也可以用于锻造。

塑性差的材料不能锻造,如可锻铸铁。可锻铸铁是铸铁的一种,是将白口铸件毛坯经退火处理,其中的渗碳体分解成团絮状石墨,得到团絮状石墨和不同基体组织的铸铁。尽管可锻铸铁改善了石墨形状,提高了强度、塑性、韧性,但是不满足锻造所需要的塑性要求,因此"可锻铸铁不可锻"。

2. 下料

根据锻件的体积或者重量从原材料上截取相应的坯料。中、小型零件的坯料,选用圆钢或方钢;大型零件多以铸锭为坯料。常见的下料方法有剪切、锯割、氧气切割等。

1)剪切。大批大量生产时,在锻锤或专用的棒料剪切机上直接剪切,生产效率高,但坯料的断口质量较差。

2)锯割。使用弓锯、带锯或圆盘锯在锯床上锯割,坯料断口整齐,但生产效率低,适用于中、小批量生产。采用砂轮锯片锯割可以大幅提高生产效率。

3)氧气切割。设备简单,操作方便,但断口质量较差,且金属损耗较多,只适用于单件小批生产,特别适用于大截面钢坯和钢锭的切割。

3. 加热

(1)加热目的

提高坯料的塑性,降低变形抗力,以较小的变形力获得较大的变形量,同时使锻件内部组织均匀。

(2)锻造温度范围

金属锻造时,允许加热达到的最高温度称为始锻温度,停止锻造的温度称为终锻温度。由于材料化学成分不同,故每种金属材料的始锻温度和终锻温度不一样。锻造温度范围是指金属的始锻温度与终锻温度之间的温度区间。常用金属材料的锻造温度范围见表6.2。

表6.2　常用金属材料的锻造温度范围

材料种类	始锻温度/℃	终锻温度/℃
低碳钢	1 200～1 250	800
中碳钢	1 150～1 200	800
合金结构钢	1 100～1 180	850

实际生产中,有经验的锻工常会凭借加热锻件的颜色判断温度范围。表6.3为碳素钢加热温度与火色的对应关系。

表 6.3 碳素钢加热温度与火色的对应关系

火色	黄白	淡黄	黄	淡红	樱红	暗红	赤褐
温度/℃	1 300	1 200	1 100	900	800	700	600

（3）加热缺陷

金属加热过程中可能产生的缺陷有氧化、脱碳、过热、过烧、裂纹等。

1）氧化

在高温下,工件的表面金属与炉中的氧化性气体(如 O_2、H_2O、SO_2 等)发生化学反应生成氧化皮,造成金属烧损,烧损量占总重量的 2%～3%。严重的氧化会造成锻件表面质量下降,若是模锻,还会加剧锻模的磨损。下料时,应考虑锻件坯料的烧损量。

2）脱碳

金属在高温环境中,因长时间与炉中氧化性气体接触,发生化学反应,造成表层材料中碳元素的烧损而降低金属表层的碳含量,这种现象称为脱碳。脱碳后的金属表层硬度和强度明显降低,从而影响锻件质量。

3）过热

当金属加热温度过高或在高温停留时间过长时,其内部组织会迅速长大变粗,这种现象称为过热。过热的金属在锻造时容易产生裂纹,力学性能变差。如果锻造后发现过热组织,可采用正火或调质的热处理方法将其消除,使内部组织细化、均匀。

4）过烧

当金属的加热温度过高到接近熔化温度时,内部晶粒间的结合力将完全丧失,经锻造而碎裂,这种现象称为过烧。过烧的缺陷无法挽救,只能报废。避免金属过烧的方法是注意加热温度和保温时间,并控制炉气的成分。

5）裂纹

对导热性能差的金属材料,如果加热过快,则坯料内、外温差较大,膨胀不一致而产生内应力,严重时会产生裂纹。

（4）锻造加热设备

1）反射炉

燃料在燃烧室中燃烧,高温炉气(火焰)通过炉顶反射到加热室中加热坯料的炉子称为反射炉。反射炉以烟煤为燃料,所需的空气由鼓风机送入,经换热器预热后被送入燃烧室。高温炉气越过火墙进入加热室。加热室的温度可达 1 350 ℃。废气对换热器加热后从烟道排出,坯料从炉门放入和取出。反射炉因燃煤的严重污染,已经被限制使用。

2）室式炉

炉膛的三面是墙,一面是有门的炉子称为室式炉。室式炉以重油或天然气、煤气为燃料。压缩空气和重油分别由两个管道送入喷嘴,压缩空气从喷嘴喷出时造成的负压,将重油吸进室内并喷成雾状,进行燃烧。室式炉的炉体比反射炉的结构简单、紧凑,热效率较高,对环境污染较小。

3)电阻炉

电阻炉是利用电阻加热器通电时产生的热量作为热源,以辐射方式加热坯料的工业炉。

4. 锻造

锻造是通过压力机、锻锤等设备或金属模具对金属坯料施加压力,使得坯料发生塑性变形,达到一定形状和尺寸要求的一种加工方法。锻造过程中应注意以下事项:

1)坯料温度低于终锻温度时不可进行锻造。若此时对坯料进行锻造,极易产生锻件开裂的风险。

2)锻件放置不平整时,极易造成锻件受力不均,引起锻件飞出等风险。

3)工具上有油污,应先予以清除。

4)工具、料头易飞出的方向禁止站人,避免发生安全事故。

5. 冷却

锻件的冷却方式包括空冷、坑冷和炉冷三种。空冷是锻件在无风的空气中,在干燥地面上冷却。坑冷是锻件在填充有石棉灰、沙子或炉灰等保温材料的坑或箱中,以较慢的速度冷却。炉冷是锻件在 500~700 ℃ 的加热炉或保温炉中,随炉缓冷。

碳素结构钢和低合金钢的中、小型锻件,通常采用空冷;成分复杂的合金钢锻件和大型锻件,采用坑冷或炉冷。

6. 热处理

锻件在切削加工前需要进行热处理,目的是使锻件的内部组织细化和均匀,消除锻造残余应力,降低锻件表层硬度,便于切削加工等。锻件的热处理方法有正火、退火、调质等。锻件热处理方法和工艺需要根据材料种类、化学成分综合考虑确定。

7. 清理

对锻件进行清理即用机械或化学方法清除锻件表面缺陷。

为了提高锻件的表面质量、改善切削加工性能、防止缺陷继续扩大,要求在锻造生产过程中及时发现和清除表面缺陷。钢锻件通常在加热后锻造前用钢刷或简单工具清除氧化皮。断面尺寸大的坯料采用高压水喷射清理。冷锻件上的氧化皮可以用酸洗或喷砂、喷丸清除。有色合金氧化皮较少,但锻造前、后均要用酸洗清理。

坯料或锻件表面缺陷主要包括裂纹、折叠、划伤和夹杂等。这些缺陷若不及时清理,将给后续工序,尤其是对铝、镁、钛及其合金造成不良的影响。上述有色合金锻件酸洗后暴露出来的缺陷一般用锉刀、刮刀、砂轮机或风动工具等清理。对钢锻件的表面缺陷采用酸洗、喷砂、喷丸和抛丸、滚筒、振动等方法清理。

8. 质量检验

为保证或提高锻件质量,通常一方面需要在锻造过程中加强质量控制,杜绝锻件缺陷的产生;另一方面进行必要的质量检验,防止带有缺陷的锻件流入后续工序。经质量检验后,可根据缺陷的性质及影响程度采取相应的补救措施。

锻件的质量检验包括外观质量和内部质量的检验。外观质量检验主要是检验锻件的几何尺寸、形状、表面状况等;内部质量的检验主要是检验锻件的化学成分、宏观组织、显微组织及力学性能等。

目前常用的锻件无损检验方法主要有磁粉检验法、渗透检验法、涡流检验法、超声波检验法等。

（1）磁粉检验法

仅适用于铁磁性材料锻件的检验,用于检查铁磁性金属或合金锻件的表面或近表面的缺陷,如裂纹、白点、发纹、分层、非金属夹杂等。

（2）渗透检验法

不仅能检查铁磁性材料锻件,还能检查非铁磁性材料锻件的表面缺陷,如裂纹、疏松、折叠等。对于非铁磁性材料锻件,无法检查其内部结构缺陷。

（3）涡流检验法

检查导电材料的表面或近表面的缺陷。

（4）超声波检验法

检查锻件内部缺陷,如缩孔、白点、心部裂纹、夹渣等,该方法操作方便、快捷经济,但对缺陷的性质难以准确判定。

6.2.3　锻造设备

锻造设备有两类:一是以冲击力使坯料变形的空气锤、蒸汽-空气锤等;二是以静压力使坯料变形的水压机、曲柄压力机等。

1. 空气锤

空气锤是以空气作为传递运动媒介,生产小型锻件的常用设备。空气锤由锤身、压缩缸、工作缸、传动机构、操纵机构、落下部分及砧座等组成。电动机带动压缩缸内的活塞运动,将压缩空气经旋阀送入工作缸,驱动锤头上、下运动进行打击。通过脚踏杆或手柄操纵配气机构,实现空转、悬空、压紧、连续打击和单次打击等。

空气锤的公称规格以落下部分的质量标定。落下部分包括工作活塞、锤杆、锤头和上铁砧等。锻锤的打击力大约是落下部分重量的 100 倍。空气锤的吨位规格一般为 50 ~ 1 000 kg，如 65 kg 空气锤的落下部分质量为 65 kg。

2. 蒸汽-空气锤

蒸汽-空气锤是以蒸汽或压缩空气为工作介质，驱动锤头上、下运动对坯料进行打击的锻造设备。操作人员操作手柄控制滑阀，使气体进入气缸的上、下腔并推动活塞上、下运动，使锤头完成上悬、下压、单打、连续打击等动作。蒸汽-空气锤的公称质量用落下部分的质量表示，一般为 1~5 t，主要用于生产大、中型锻件。

3. 水压机

水压机在静压力下进行工作，是制造重型锻件的专用锻造设备。水压机一般由三梁（上横梁、下横梁、活动横梁）、四柱（四根立柱）、两缸（工作缸、回程缸）和操纵系统（分配器、操纵手柄）组成。活动横梁和下横梁分别装有上铁砧和下铁砧，坯料置于下铁砧上表面。活动横梁做上、下往复运动，对坯料施压产生变形。水压机的动能由专用的高压水泵和蓄压器供给。

水压机的锻造能力用产生的最大压力表示，如 2 000 kN 吨位水压机的最大压力为 2 000 kN。目前自由锻造水压机吨位可达 6~150 MN，单次锻造的钢锭质量为 1~300 t。

6.2.4 自由锻

自由锻是将坯料置于锻造设备的上、下铁砧之间，或借助简单的通用工具，使之在压力作用下产生塑性变形的锻造方法。自由锻的生产效率低，锻件形状较简单，加工余量大，材料利用率低，工人劳动强度大，对工人的技术水平有一定要求。虽然自由锻只适用于单件小批生产，但却是大型锻件的唯一制造方法。

自由锻的基本工序包括镦粗、拔长、冲孔、弯曲、扭转、错移等。

1. 镦粗

镦粗是使坯料长度减小、横截面积增大的锻造操作。镦粗工序主要用于齿轮坯和其他圆盘形类锻件的加工。

镦粗分为完全镦粗和局部镦粗，如图 6.23 所示。

镦粗注意事项如下：

1）镦粗部分的长度与直径之比，称为高径比，应小于 2.5，否则容易镦弯。高径比与变形情况见表 6.4。

2）若下料时坯料端面不平整，容易造成工件在镦粗时镦歪，因此镦粗前应先使端面平整，并与坯料轴线垂直。

3）镦粗时锻打力要重且正，否则工件会被镦成细腰形、镦歪或镦偏。

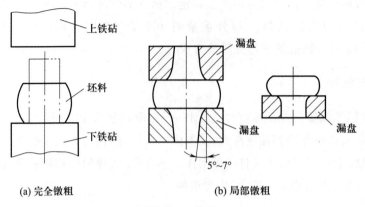

(a) 完全镦粗　　　　　(b) 局部镦粗

图 6.23　镦粗

表 6.4　高径比与变形情况

高径比	>2.5	2.5~2	<2	≤0.5
变形情况	弯曲	双鼓形	单鼓形	难变形

2. 拔长

拔长是使坯料长度增大,而横截面积减小的锻造操作。主要用于轴、拉杆等锻件。

拔长注意事项如下:

1) 工件要放平,锤打要准,力的方向要垂直,以免产生菱形。

2) 每次的送进量 L 应为砧宽 B 的 0.3~0.7 倍。送进量太大时,锻件主要流向宽度方向,降低延伸效率;送进量太小时,容易产生夹层,如图 6.24 所示。

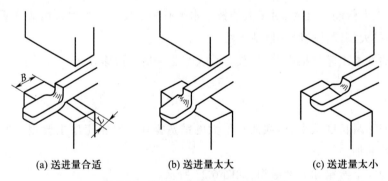

(a) 送进量合适　　　(b) 送进量太大　　　(c) 送进量太小

图 6.24　拔长时的送进方向和送进量

3) 单边压下量 h 应小于送进量 L,否则易产生折叠。

4) 保证各部分温度及变形均匀,不产生弯曲,操作中应反复做 90° 翻转或沿螺旋线翻转,如图 6.25 所示。

5) 拔长圆形截面坯料时,须先把坯料锻成方形截面,当拔长后的边长接近锻件直径时,再锻成八角形,最后滚成圆形,如图 6.26 所示。

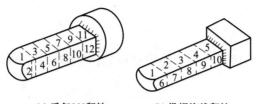

(a) 反复90°翻转　　　　(b) 沿螺旋线翻转

图 6.25　拔长时的翻转方法

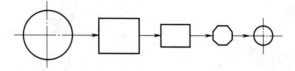

图 6.26　拔长圆形截面坯料的截面变化过程

6）拔长台阶轴时，先在截面分界处用压肩摔子压出凹槽，此过程称为压肩，如图 6.27 所示。压肩后再分段拔长，即可锻出台阶轴。

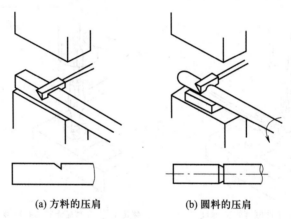

(a) 方料的压肩　　　　(b) 圆料的压肩

图 6.27　压肩

7）拔长后的工件表面需用窄平锤或方平锤修整成平面，或用圆形锤修整成圆柱面，如图 6.28 所示。

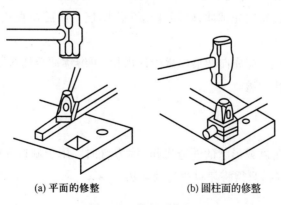

(a) 平面的修整　　　　(b) 圆柱面的修整

图 6.28　拔长后修整

3. 冲孔

用冲子在坯料上冲出通孔或盲孔的锻造操作,称为冲孔。冲孔的操作步骤如图 6.29 所示。

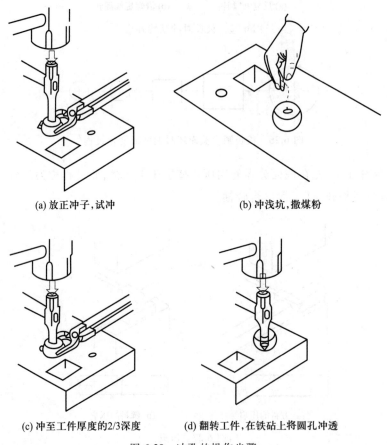

(a) 放正冲子,试冲   (b) 冲浅坑,撒煤粉

(c) 冲至工件厚度的2/3深度   (d) 翻转工件,在铁砧上将圆孔冲透

图 6.29 冲孔的操作步骤

冲孔注意事项如下:

1)尽量减小冲孔深度并使端面平整,须先将坯料镦粗。

2)为保证孔位准确,应先试冲,轻轻冲出孔位凹痕。然后检查孔位,如有偏差,应再次试冲纠正。

3)为便于拔出冲子,应先向凹痕内撒少许煤粉,再继续冲至坯料厚度的3/4。

4)翻转工件,将孔冲透。

4. 弯曲

使坯料弯成一定角度或形状的锻造操作,称为弯曲。用于制造 90°角尺、弯板、吊钩等,如图 6.30 所示。弯曲时,只需将坯料弯折处加热。

5. 扭转

使坯料的一部分相对于另一部分扭转一定角度的锻造工序,称为扭转。用于制造多拐曲轴和连杆等,如图 6.31 所示。扭转时坯料受扭部位的温度应高些,并均匀热透,扭转后应缓慢冷却以避免产生裂纹。

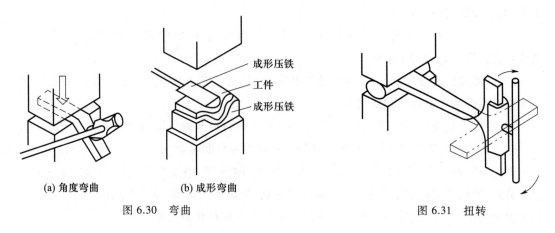

(a) 角度弯曲　　(b) 成形弯曲

图 6.30　弯曲　　　　　　　　　　　图 6.31　扭转

6. 错移

将坯料的一部分相对于另一部分平移错开的锻压操作,称为错移。用于曲轴的制造,如图 6.32 所示。错移时先对坯料需要错移的部位压肩,然后加垫板及支撑,再锻打错开,最后修整。

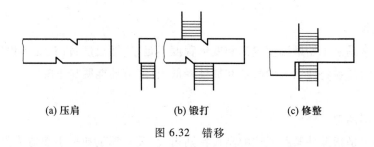

(a) 压肩　　　　　(b) 锻打　　　　(c) 修整

图 6.32　错移

6.2.5　胎模锻

胎模锻是在自由锻设备上,利用简单的非固定的胎模生产锻件。一般采用自由锻方法制坯,然后在胎模中成形。与模锻相比,胎模锻有以下优点:

1)不需要昂贵的设备,扩大了胎模锻设备的应用范围。

2)工艺操作灵活,可以局部成形,故可以用小功率设备锻造出大型的锻件。

3)胎模不需要固定在锻造设备上,结构简单,制造容易,周期短,可以降低锻件的成本。

但胎模锻件的尺寸精度不如锤上模锻件的高,工人劳动强度大;胎模容易损坏,生产效率低。因此,胎模锻适用于中、小批量生产,多用于缺少模锻设备的中、小型企业。

6.2.6 模锻

模锻是将坯料放在固定在模锻设备的锻模膛内,使坯料受压而变形的加工方法。与自由锻相比,模锻有以下优点:

1) 生产效率高。模锻时,金属的变形仅限在锻模膛内,故能较快地获得所需形状,生产效率比自由锻高 3~4 倍,甚至十几倍。

2) 靠模膛控制锻件成形,可以锻造形状复杂、接近于成品的锻件,且锻造流线完整,有利于提高零件的力学性能和使用寿命。

3) 锻件表面光洁,尺寸精度高,加工余量小,节约材料和减少切削加工工时。

4) 操作简便,质量易于控制,生产过程易实现机械化和自动化。

但是,模锻需要专门的模锻设备,要求功率大、刚性好、精度高,设备投资大,能量消耗大。另外,所用锻模的制造工艺复杂、制造成本高、周期长。因此,模锻适用于中、小型锻件的大批大量生产。广泛用于汽车、航空航天、国防工业和机械制造业中。

6.2.7 锻造缺陷

锻造工艺产生的缺陷主要有大晶粒、晶粒不均匀、龟裂、铸造组织残留、冷硬现象、裂纹等。

(1) 大晶粒

大晶粒通常是由于始锻温度过高和变形程度不足、终锻温度过高、变形程度落入临界变形区引起的。大晶粒将使锻件的塑性和韧性降低,且疲劳性能明显下降。

(2) 晶粒不均匀

晶粒不均匀是指锻件某些部位的晶粒特别粗大,某些部位却较小而造成晶粒的不均匀。晶粒不均匀的产生原因是坯料各处的变形不均匀,晶粒破碎程度不统一;局部区域的变形程度落入临界变形区;高温合金局部加工硬化;或淬火加热时局部晶粒粗大。耐热钢及高温合金对晶粒不均匀特别敏感。晶粒不均匀将使锻件的可靠性和抗疲劳性能明显降低。

(3) 龟裂

龟裂是在锻件表面呈现出的较浅的龟状裂纹。在锻造成形中,受拉应力的表面最容易产生这种缺陷,如锻件凸出或弯曲的外侧。引起龟裂的内因包括原材料含 Cu、Sn 等易熔元素过多;长时间高温加热时,坯料表面有铜析出、表面晶粒粗大、脱碳;经过多次加热的表面;燃料的含硫量过高,有硫渗入坯料表面。

（4）铸造组织残留

用铸锭作坯料的锻件中容易出现铸造组织残留，且出现在锻件的困难变形区。铸造组织残留产生的主要原因是锻造比不够或锻造方法不当。铸造组织残留会使锻件的力学性能下降，尤其是冲击韧度和抗疲劳性能等。

（5）冷硬现象

锻造变形时，由于温度偏低、变形速度太快，或者锻造后的冷却速度过快，使再结晶引起的软化跟不上变形引起的强化和硬化速度，从而导致热锻后的锻件内部仍保留部分冷变形组织。冷硬组织的存在虽然能提高锻件的强度和硬度，但降低了塑性和韧性，严重的冷硬现象可能引起锻裂。

（6）裂纹

锻件存在较大的拉应力、切应力或附加拉应力时会产生裂纹。裂纹易产生在坯料应力最大、厚度最小的部位。如果坯料表面和内部有微裂纹、坯料存在组织缺陷，变形速度过快、变形程度过大，超过材料允许的塑性范围等，则在镦粗、拔长、冲孔、扩孔和弯曲等过程中都可能产生裂纹。

6.3　焊接

将不同部分同质或非同质金属材料，利用原子间的联系及质点的扩散作用，通过加热、加压或同时加热加压方式，形成永久连接的成形方法称为焊接。

6.3.1　焊接实训的安全操作规程

1. 防止触电

1）焊前检查焊机外壳接地是否良好。
2）检查焊钳和电缆绝缘是否良好。
3）焊接操作前应穿好绝缘鞋，戴好电焊手套。
4）人体不要同时接触焊机的两输出端。

2. 防弧光伤害

1）穿好工作服，戴好电焊面罩，防止弧光伤害皮肤。
2）施焊时必须使用面罩，保护眼睛和面部。

3. 防烫伤

清渣时注意焊渣的飞出方向,防止焊渣烫伤眼睛或面部。

4. 防爆炸

1）氧气瓶必须平稳可靠放置,禁止与其他气瓶混在一起。

2）不许暴晒、火烤或敲打气瓶,防止爆炸。

3）使用乙炔瓶时,瓶体温度不超过 30~40 ℃。

4）在搬运、装卸、存放和使用氧气瓶、乙炔瓶时都应竖立放稳,严禁在地面上卧放使用,且不能遭受剧烈的振动。

5. 清理场地

6.3.2 焊接简介

常见焊接方法分类如图 6.33 所示。根据工艺特点,焊接分为熔焊、压焊、钎焊三大类。熔焊是将被连接两物体表面局部加热熔化至液态,然后冷却成一体的焊接方法。压焊是利用摩擦、扩散和加压等方式克服两个连接表面的不平度,挤出或除去氧化膜及其他污染物,使连接表面的原子相互接近到晶格距离,在固态条件下实现两物体连接的方法。

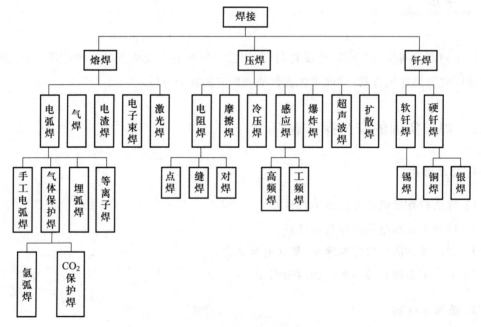

图 6.33 常见焊接方法分类

焊接的优点如下:

1）能连接异种金属,便于制造双金属结构。

2）与铆接相比,焊接更节省金属材料,生产效率高,接头强度高,密封性好,易实现机械化和自动化等。

3）与铸造相比,焊接工序简单,生产效率高,节省材料,成本低,利于产品更新。

4）对于大型复杂结构件,可以实现以小拼大,化繁为简,克服生产能力的不足,有利于节省材料,降低成本,提高效益。

但是焊接也存在结构不可拆,更换维修不便,焊接结构容易产生应力与变形,焊接过程中容易产生焊接缺陷等不足。

焊接技术主要应用于金属结构件,如建筑结构、船体、车辆、航空航天等。

6.3.3　焊接的基础知识

1. 焊条

如图 6.34 所示,焊条由药皮和焊芯两部分组成。药皮是由多种矿石粉和铁合金粉等组成,用水玻璃调和包敷在焊芯外表面。

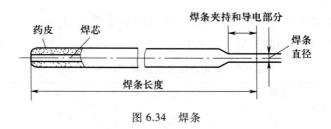

图 6.34　焊条

药皮的主要作用如下:

（1）稳弧

药皮中含有钾、钠等元素,能在较低电压下电离,有利于引弧和稳弧。

（2）机械保护

药皮在电弧高温下熔化,产生气体和熔渣,隔离空气,减少了氧和氮对熔池的侵入。

（3）冶金处理

药皮中含有锰铁合金、硅铁合金等,在焊接过程中起脱氧、去硫和渗合金等作用。

焊芯是焊条中被药皮包覆的金属芯。焊接时焊芯既是电极,又是填充金属,因此焊芯直接影响焊缝金属的化学成分和性能。

焊接碳素钢和低合金钢的结构钢时,焊条常选牌号为 H08A 或 H08E 的低碳钢焊丝为焊芯。"H"表示"钢焊丝","08"表示焊丝平均碳的质量分数 $w_C = 0.08\%$,"A"表示高级优质钢,其元素 S 和 P 的质量分数≤0.03%;而"E"表示特级优质钢,其元素 S 和 P 的质量分数≤0.025%。

药皮与焊芯的质量比值称为药皮的质量系数,用 Kb 表示。药皮质量系数 Kb = 30% ~ 50%为厚药皮焊条,Kb = 1% ~ 2%为薄药皮焊条。目前,厚药皮焊条使用广泛。

按用途不同,焊条分为碳钢焊条、低合金钢焊条、不锈钢焊条、铸铁焊条、堆焊焊条、镍合金焊条、铜和铜合金焊条、铝和铝合金焊条等。按熔渣的酸碱性不同,焊条分为酸性焊条和碱性焊条。

与酸性焊条相比,碱性焊条具有焊缝金属的塑性和韧性高,抗裂性好的优点。但是,碱性焊条的焊接工艺性较差,对油、锈、水敏感,容易出现气孔。因此,碱性焊条适用于焊接焊缝塑性和韧性要求高的重要结构;无特殊要求时,应尽量使用酸性焊条。两种焊条的性能差异大,禁止随便混用。

碳钢焊条的型号按熔敷金属的抗拉强度、药皮类型、焊接位置和焊接电流的种类等进行划分。以英文字母"E"加四位数字表示,具体编制方法如下:

字母"E"——焊条;

前两位数字——焊缝金属能获得最低的抗拉强度;

第三位数字——焊条的焊接位置,"0"和"1"表示全位置焊接,"2"表示平焊和平角焊,"4"表示向下立焊;

第三和第四位数字组合——焊接电流种类及药皮类型。

常用碳钢焊条的新、旧牌号对比见表 6.5。

表 6.5　常用碳钢焊条的新、旧牌号对比

型号	原牌号	药皮类型	焊接位置	电流种类
E4322	J424	氧化铁型	平焊	交流或直流
E4303	J422	钛钙型	全位置焊接	交流或直流
E5015	J507	低氢钠型	全位置焊接	直流反接
E5016	J506	低氢钾型	全位置焊接	直流或交流

2. 常用的焊接电源

常用的焊接电源包括交流弧焊电源和直流弧焊电源两类。

(1) 交流弧焊电源

弧焊电源是将电网中的交流电变为适宜于弧焊使用的交流电。常见交流弧焊电源型号有 BX1-400、BX3-500 等,其中 B 表示弧焊变压器,X 表示下降特性电源,1 表示动铁芯式,3 表示动线圈式,400 和 500 表示额定电流为 400A 和 500A。

(2) 直流弧焊电源

直流弧焊电源包括发电机式直流弧焊电源和整流器式直流弧焊电源两类。

1）发电机式直流弧焊电源

此类电源由于结构复杂、价格高、噪声大等原因,我国已于 20 世纪 90 年代初限制生产使用。

2）整流器式直流弧焊电源

目前此类电源被广泛使用,由大功率整流元件组成整流器,将交流电变为直流电,供焊接电源使用,是一种优质的焊接电源。整流器式直流弧焊电源 ZXG-500 的型号各部分含义:Z 表示整流弧焊电源,X 表示下降特性电源,G 表示硅整流式,500 表示额定电流。

近年来,逆变式电焊机作为新一代的弧焊电源,具有直流输出、电流波动小、电弧稳定、焊机重量轻、体积小、能耗低等优点,应用越来越广泛。典型型号有 ZX7-315、ZX7-160 等,其中 7 表示逆变式,315 和 160 表示额定电流。

3. 焊接工具

手工电弧焊必需的焊接工具有焊钳,保护操作人员的皮肤和眼睛免于灼伤的手套和面罩,清除焊缝、渣壳的清渣锤和钢丝刷等。其中,焊钳必须绝缘,用于夹持焊条和传导电流。面罩用于遮挡焊接产生的弧光和飞溅的金属。常用焊接工具如图 6.35 所示。

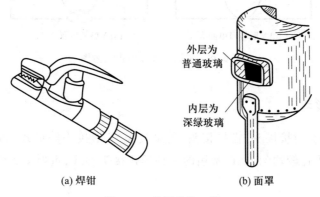

(a) 焊钳　　　　(b) 面罩

图 6.35　常用焊接工具

4. 焊接坡口

当焊件厚度小于 6 mm 时,须在焊件接头处留有一定的间隙以保证焊透。当焊件厚度大于 6 mm 时,根据设计和工艺要求,为了焊透和减少母材熔入熔池中的相对数量,焊件待焊部位应加工一定几何形状的沟槽,这种沟槽称为坡口,如图 6.36 所示。为了防止烧穿,常在坡口根部留有 2~3 mm 的直边,称为钝边。为保证钝边能焊透必须留有根部间隙。常见对接接头的坡口形状如图 6.37 所示,施焊时,I 形、Y 形和带钝边 U 形坡口根据实际情况,采用单面焊或双面焊,如图 6.38 所示。但是,双 Y 形坡口的施焊必须采用双面焊。

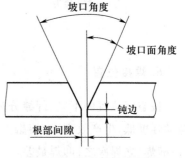

图 6.36　坡口各部分名称

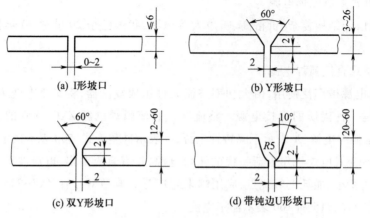

图 6.37 对接接头的坡口形状

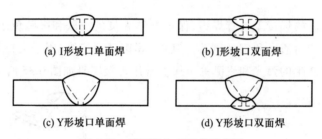

图 6.38 单面焊和双面焊示意图

5. 焊接接头形式

常用焊接接头有对接接头、搭接接头、角接接头、T 形接头等形式,如图 6.39 所示。其中,对接接头的受力比较均匀,是最常用的一种焊接接头形式,重要受力焊缝应尽量选用对接接头。

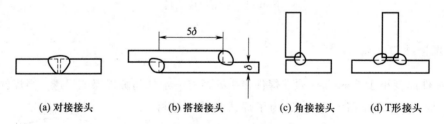

图 6.39 常见的焊接接头形式

6. 焊接位置

按空间位置的不同,焊缝分为平焊、横焊、立焊和仰焊,如图 6.40 所示。平焊操作方便,劳动强度低,生产效率高,熔融金属不容易流散,容易保证焊缝质量,是理想的操作空间位置;横焊、立焊次之;仰焊最差。

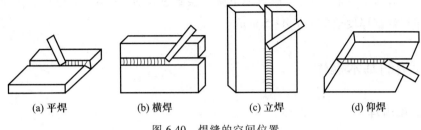

| (a) 平焊 | (b) 横焊 | (c) 立焊 | (d) 仰焊 |

图 6.40 焊缝的空间位置

7. 焊接工艺参数

(1) 焊条直径

根据焊件厚度和焊接位置的不同,应合理选择焊条直径。焊接厚件时用粗焊条,焊接薄件时用细焊条;进行立焊、横焊、仰焊时,焊条直径应比平焊时细些,焊条的直径选择见表 6.6。

表 6.6 焊条直径选择

焊件厚度/mm	2	2~3	4~6	6~12	>12
焊条直径/mm	1.6~2.0	2.5~3.2	3.2~4.0	4.0~5.0	5.0~6.0

(2) 焊接电流

焊接电流的大小根据焊条直径选择。一般来说,细焊条选小电流;粗焊条选大电流。焊接低碳钢时,焊接电流的经验公式如下:

$$I = (30 \sim 60)d \tag{6.1}$$

式中,I 为焊接电流,A;d 为焊条直径,mm。

(3) 电弧电压

电弧电压是由电弧长度决定,电弧长则电弧电压高,反之则低。电弧长度是指焊芯熔化端到焊接熔池表面之间的距离。若电弧太长,电弧飘摆、燃烧不稳定、熔深减小、熔宽加大,则容易产生焊接缺陷;若电弧太短,则熔滴过渡时可能发生短路,操作困难。正常的电弧长度一般小于或等于焊条直径,故采用短焊弧。

(4) 焊接速度

焊接速度是指单位时间内焊接电弧沿焊件接缝移动的距离。焊接时,一般不规定焊接速度,由焊工凭经验控制。

(5) 焊接层数

厚板焊接时采用多层焊或多层多道焊。相同条件下,增加焊接层数,可提升焊缝金属塑性、韧性,但是焊接的变形增大,生产效率下降。层数过少时,每层焊缝厚度过大,将降低接头性能。单层焊缝厚度通常小于 4~5 mm。

6.3.4 焊接的基本操作

1. 手工电弧焊

手工电弧焊是用手工操作焊条进行焊接的一种电弧焊法。手工电弧焊时,利用焊条与工件之间产生的电弧将焊条和工件局部加热熔化,焊芯端部熔化后的熔滴和熔化的母材融合在一起形成熔池,如图 6.41 所示。药皮熔化后形成熔渣并放出气体,在气、渣的保护下,可有效避免周围空气的有害影响,通过高温下熔渣与熔池液态金属之间的冶金反应,得到优质焊缝。

焊接时,在电弧热的作用下焊条和工件连续熔化形成新的熔池,先前的熔池液态金属冷却形成焊缝,覆盖在熔池表面的熔渣随之凝固,形成渣壳。

目前手工电弧焊应用广泛,具有简便灵活、适应性强、设备简单、易于移动、成本低等优点。其中适应性强表现在室内、室外场地,长、短焊缝和各种焊接位置都能适用,只要焊条能到达的任何位置都可以焊接,甚至包括焊接位置受限制的管子背面。

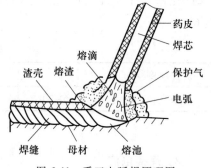

图 6.41 手工电弧焊原理图

但是,手工电弧焊对焊工的操作要求高,焊接质量决定于焊工的操作技术水平。此外,手工电弧焊的劳动条件差,生产效率低。因此,手工电弧焊适用于焊接单件小批的产品,短焊缝和不规则的空间位置,以及其他不容易实现机械化焊接场合等。通常焊接工件的厚度应大于 1.5 mm,厚度在 1 mm 以下的薄板不适合手工电弧焊。

手工电弧焊适用于碳钢、低合金钢、不锈钢、耐热钢、低温用钢、铜及铜合金等金属材料的焊接,以及铸铁补焊和各种材料的堆焊。钛、铌、锆等活泼金属和钽、钼等难熔金属的机械保护效果不理想,焊接质量达不到要求,不能采用手工电弧焊。铅、锡、锌等低熔点、低沸点的金属及其合金,由于电弧温度太高,容易引起金属蒸发,故也不能用手工电弧焊。

手工电弧焊的操作过程包括引弧、运条、收尾三部分。

(1) 引弧

焊接前,将焊钳和焊件分别连接到电源的两极输出端,用焊钳夹持焊条。引燃焊接电弧的过程称为引弧。引弧时,先将焊条末端与工件表面接触形成短路,然后迅速将焊条向上提起 2~4 mm,电弧即可引燃,如图 6.42 所示。

引弧操作的注意事项如下:

1) 焊条轻轻敲击或划擦后要迅速提起,否则易黏住焊件,产生短路。若发生黏条,可将

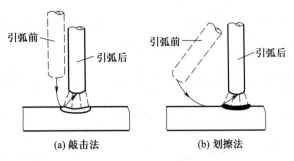

图 6.42　引弧方法

焊条左右摇动后拉开。若拉不开,则要松开焊钳,切断电路,待焊条冷却后再处理。

2）焊条不能提得过高,否则会灭弧。

3）如果焊条与焊件接触多次仍不能引弧,应将焊条在焊件上重击几下,清除端部的氧化铁和药皮等绝缘物质,以便再次起弧。

（2）**运条**

如图 6.43 和图 6.44 所示,引弧后,必须掌握好焊条与焊件之间的角度。同时在操作过程中要使焊条同时完成以下三个基本动作:

1）焊条向下送进运动。送进速度应等于焊条的熔化速度,以保持弧长不变。

2）焊条沿焊缝的纵向移动。移动速度应等于焊接速度。

3）焊条沿焊缝的横向移动。焊条以一定的运动轨迹周期性地沿焊缝横向摆动,以便获得一定宽度的焊缝。

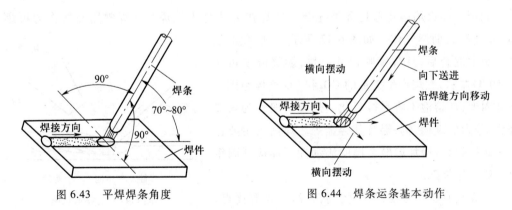

图 6.43　平焊焊条角度　　　　图 6.44　焊条运条基本动作

运条方法如图 6.45 所示。

（3）**收尾**

焊缝收尾时,为防止出现尾坑,焊条应停止向前移动,并采用后移收尾法和划圈收尾法等,如图 6.46 所示,自下而上地慢慢拉断电弧,以保证焊缝尾部成形良好。

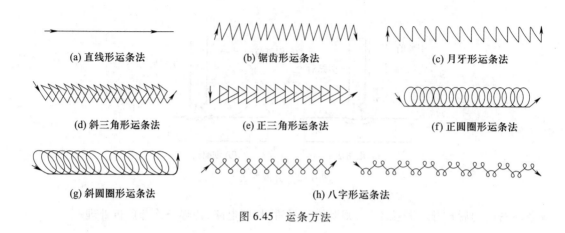

图 6.45 运条方法

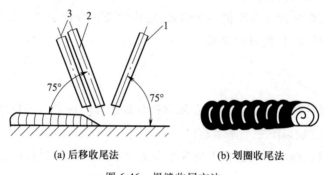

图 6.46 焊缝收尾方法

2. 气焊

利用气体火焰熔化母材和填充金属的焊接方法称为气焊。气焊常用乙炔作为可燃气体,氧气作为助燃气体。如图 6.47 所示,乙炔和氧气在焊炬中混合后,从焊嘴喷出并燃烧,燃烧温度可达 3 150 ℃左右,燃烧产生大量的 CO_2 和 CO 气体包围在熔池周围,使熔池不容易被氧化。焊丝一般作为填充金属,分为低碳钢,铜,铝及其合金等。焊剂的主要作用是保护焊缝,增加熔融金属的流动性。焊接低碳钢时一般不用焊剂。

图 6.47 气焊示意图

气焊具有操作方便,易于控制,灵活性强等优点,适用于厚度 3 mm 以下的薄钢板,铜,铝等低熔点有色金属的焊接,以及铸铁的补焊等。在无电源的野外作业场合也常使用气焊。与手工电弧焊相比,气焊存在温度低,热量分散,加热缓慢,对熔池的保护性差等缺点。另外,气焊的生产效率低,焊件变形严重,焊件质量较差。

气焊设备包括氧气瓶、乙炔瓶、减压器、回火保险器、焊炬等。

（1）氧气瓶

氧气瓶是用于储存氧气的高压容器。氧气瓶外表规定漆成蓝色，并标注"氧气"字样，其上部有氧气阀，氧气瓶的容积一般为 40 L，存储氧气的最高压力为 15 MPa。

（2）乙炔瓶

乙炔瓶是用于存储乙炔的钢瓶，瓶内装有浸满丙酮的活性炭、木屑等多孔填充物。丙酮对乙炔有良好的溶解能力，可使乙炔稳定而安全地存储在钢瓶中，在乙炔阀下方的填料中放着石棉，可帮助乙炔从多孔填料中分解出来。乙炔瓶外表涂成白色，并标注"乙炔"字样。乙炔瓶的容积为 40 L，存储乙炔的最高压力为 1.47 MPa。使用乙炔的工作压力不得超过 0.15 MPa。

（3）减压器

减压器是将氧气瓶流出的高压氧气降低到所需工作压力，并保持压力稳定的装置。

（4）回火保险器

回火保险器是装在燃料气体系统上，防止向燃气管路或气源回烧的保险装置。一般安装在乙炔瓶的出气口附近。

（5）焊炬

焊炬是将氧气和乙炔按需要的比例混合，并由焊嘴喷出点燃，形成气焊火焰的工具，如图 6.48 所示。焊炬配有 3~5 个不同大小的焊嘴，供焊接时选用。

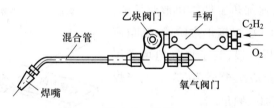

图 6.48 焊炬

按氧气与乙炔的体积混合比例不同，会产生三种不同性质的气焊火焰，见表 6.7。

表 6.7 三种火焰的特性和应用

火焰	O_2/C_2H_2（体积比）	特点	应用	简图
中性焰	1.0~1.2	气体燃烧充分，故被广泛应用	低碳钢、中碳钢、合金钢、铜和铝等合金	焰心 内焰 外焰

续表

火焰	O_2/C_2H_2(体积比)	特点	应用	简图
碳化焰	<1.0	乙炔燃烧不完全,对焊件有增碳作用	高碳钢、铸铁、硬质合金等	
氧化焰	>1.2	火焰燃烧时有多余氧,对熔池有氧化作用	黄铜	

气焊的基本操作如下:

(1) 点火、调节火焰和灭火

气焊点火时,先小开氧气阀门,再开乙炔阀门,随后用明火点燃,然后逐渐开大氧气阀门达到所需的火焰状态。点火过程中,若有放炮声或火焰熄灭,应迅速减少氧气量或放掉不纯的乙炔,再重新点火。灭火时,务必先关乙炔阀门,后关氧气阀门,否则会引起回火。

(2) 平焊操作

用气焊平焊时,左手捏焊丝,右手握焊炬,左、右手相互配合,沿焊缝向左或向右焊接。正常操作时,焊炬倾角 α 如图 6.49 所示。平焊的操作要点如下:

1) 注意焊嘴的倾斜角度

操作时,保持焊嘴和焊丝的垂直投影与焊缝重合,同时掌握焊嘴与焊缝夹角在焊接中的变化。在焊接开始阶段,为了迅速加热工件尽快形成熔池,焊炬倾角应为 80°~90°;在焊接正常阶段,倾角应为40°~50°;在焊接结尾阶段,为了更好地填满尾部焊坑,避免烧穿,倾角应减少至 20°左右。当焊接较厚工件时,应适当加大倾角。

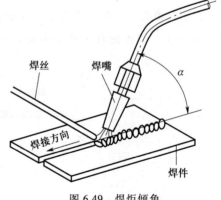

图 6.49　焊炬倾角

2) 注意加热温度

用中性焰焊接时,利用距离焰心末端 2~4 mm 处的内焰加热焊件。气焊开始时,应将焊件局部加热熔化后再加焊丝。加焊丝时,焊丝端部直接插入熔池使其熔化形成混合的熔池。焊接过程中,注意控制熔池温度,避免熔池下塌。

3) 注意焊接速度

气焊时,焊炬沿焊接方向移动速度要保证焊件熔化,并保持熔池有一定大小。

3. 气割

利用金属在纯氧中燃烧,形成熔融氧化物,被高压氧气流吹走使之分离的切割方法称为气割。气割包括预热、燃烧、吹渣三个阶段。气割的主要工具是割炬,其结构如图 6.50 所示。

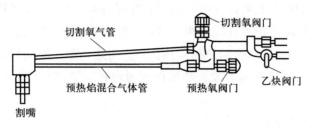

图 6.50 气割割炬

气割对材料的要求如下:

1) 金属的燃点应低于熔点,否则气割之前金属已熔化,不能形成整齐的切口。

2) 燃烧生成金属氧化物的熔点应低于金属本身的熔点,且流动性好,便于及时吹走,露出新的表面继续燃烧。

3) 金属燃烧时释放大量的热,且导热性差,保证下层金属有足够的预热温度,保证气割过程持续进行。

因此,低碳钢、中碳钢、低合金高强度结构钢可以进行气割,而高碳钢、铸铁、不锈钢、黄铜、铝及其合金不宜进行气割。

气割在操作过程中应注意以下几点:

1) 如图 6.51a 所示,割嘴对切口左右两边必须保持垂直。

2) 割嘴与工件之间的夹角随工件厚度而变化。如图 6.51b 所示,气割 5 mm 以下钢板时,割嘴应向气割方向后倾 20°~50°;如图 6.51c 所示,气割厚度为 5~30 mm 的钢板时,割嘴可始终保持与工件垂直;如图 6.51d 所示,切割 30 mm 以上的厚钢板时,开始朝气割方前倾 5°~10°,结尾时也是倾斜 5°~10°,中间气割过程中保持割嘴与工件垂直。

3) 割嘴与工件表面之间的距离应满足预热的焰心端部距工件 3~5 mm。

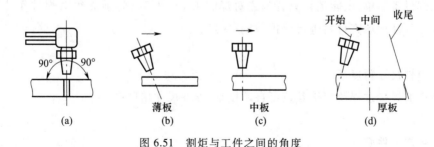

图 6.51 割炬与工件之间的角度

6.3.5 其他焊接方法

1. 摩擦焊

利用焊件表面相互摩擦所产生的热量,使焊件在压力作用下产生塑性变形而进行焊接的方法称为摩擦焊。

摩擦焊的焊接过程:先把两焊件同心地安装在焊机夹紧装置上,回转夹具做高速旋转,非回转夹具做轴向移动,使两焊件端面相互接触,并施加一定的轴向压力,依靠接触面相互摩擦产生的热量使表面金属迅速加热到塑性状态。当达到要求的变形量后,利用刹车装置使焊件停止旋转,同时对接头施加较大的轴向压力进行顶锻,两焊件产生塑性变形而焊接起来。

摩擦焊的焊接特点如下:

(1) 接头质量好且稳定

摩擦焊温度一般都低于焊件金属的熔点,热影响区很小,接头在顶锻压力下产生塑性变形和再结晶,因此组织致密;同时摩擦表面层的氧化膜、吸附层等杂质随变形层和高温区金属一起被破碎清除,故接头不容易产生气孔、夹渣等缺陷。另外,摩擦面紧密接触,能避免金属氧化,无须外加保护措施。所以,摩擦焊接头质量好且稳定。

(2) 焊接生产效率高

由于摩擦焊操作简单,焊接时不需要添加其他焊接材料,因此摩擦焊容易实现自动控制,生产效率高。

(3) 可焊材料种类广泛

摩擦焊可以焊接的金属范围较广,可焊接普通黑色金属、有色金属材料,但在常温下力学性能和物理性能差别很大,不适合焊接特种材料和异种材料等。

(4) 经济效益好

摩擦焊设备简单,电能消耗只有闪光对焊的 $1/15 \sim 1/10$,焊前无须对焊件作特殊清理,焊接时也无须外加填充材料进行保护,经济性好。

(5) 焊件尺寸精度高

摩擦焊的焊接过程及焊接参数可自动控制,焊件尺寸精度高。

(6) 生产条件好

摩擦焊无火花、弧光及尘毒,场地卫生,操作方便,降低了工人的劳动强度。

2. 点焊

利用柱状电极,在两块搭接焊件接触面之间形成焊点的焊接方法,称为点焊。点焊的焊接过程如图 6.52 所示。焊接前,将焊件表面清理干净,装配后送入点焊机的上、下电极之间,加压保持其接触良好;然后,通电使两焊件接触面受热,局部熔化,形成熔核;断电后保持或增大压力,熔核冷却凝固形成焊点;最后卸去压力,取出焊件。

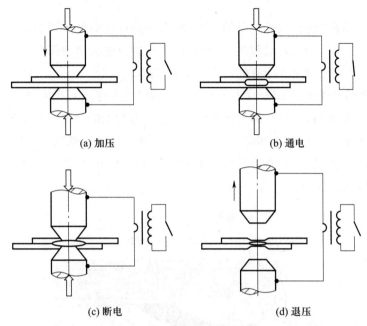

图 6.52 点焊的焊接过程

点焊常用于无密封要求的薄板搭接结构和金属网、交叉钢筋等构件焊接。

3. 钎焊

采用熔点比母材熔点低的金属材料作为钎料,将焊件和钎料加热到高于钎料熔点、低于母材熔点的温度,利用液态钎料润湿母材,填充接头间隙,并与母材相互扩散实现连接焊件的方法称为钎焊。

按钎料熔点的不同,钎焊分为硬钎焊和软钎焊两类。钎料熔点高于 450 ℃ 称为硬钎焊,如铜基钎料钎焊和银基钎料钎焊等;钎料熔点低于 450 ℃ 称为软钎焊,如锡铅钎料钎焊和锡锌钎料钎焊等。

钎焊时,用钎剂去除钎料和母材表面的氧化物,保护母材连接表面和钎料在钎焊过程中不被氧化,并改善钎料的润湿性,提高钎焊时液态钎料对母材浸润和附着的能力。硬钎焊时,常用的钎剂有硼砂、硼砂与硼酸的混合物等,软钎焊时,常用钎剂有松香、氯化锌溶液等。

按采用热源的不同,钎焊分为烙铁钎焊、火焰钎焊、浸沾钎焊、电阻钎焊、感应钎焊和炉中钎焊等,浸沾钎焊分为盐浴钎焊和金属浴钎焊。

与熔焊相比,钎焊加热温度低,接头的金属组织与力学性能变化小,焊接变形小,容易保证焊件尺寸精度。钎焊可以一次焊成多条钎缝或多个焊件,生产效率高;可以焊接同种或异种金属,也可以焊接金属与非金属;可以实现复杂结构的焊接,如蜂窝结构、封闭结构等。但是,钎焊接头的强度较低,耐热能力较差,对焊前准备工作要求高。钎焊广泛用于焊接硬质合金刀具、钻探钻头、散热器、自行车架、仪器仪表、电真空器件、导线、电机、电器部件等。

4. 埋弧焊

利用在焊剂层下燃烧的电弧热量熔化焊丝、焊剂和母材而形成焊缝的一种电弧焊方法称为埋弧焊。操作方式分为自动和半自动两种,生产中普遍应用埋弧自动焊,引燃电弧、焊丝送进、电弧移动、焊缝收尾等所有焊接操作由机械控制。

埋弧焊焊缝的形成过程如图 6.53 所示。焊丝末端与焊件之间产生电弧以后,电弧的热量使焊丝、焊件和焊剂熔化,有一部分甚至蒸发。金属与焊剂的蒸发气体形成一个包围电弧和熔池金属的封闭空间,使电弧和熔池与外界空气隔绝。随着电弧向前移动,电弧不断熔化前方的焊件、焊丝和焊剂,而熔池的后部边缘开始冷却凝固形成焊缝。密度较小的熔渣浮在熔池表面,冷却后形成渣壳。

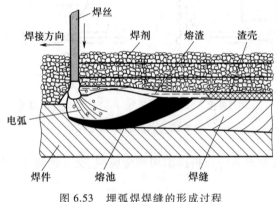

图 6.53　埋弧焊焊缝的形成过程

与焊条电弧焊相比,埋弧焊的优点如下:

1) 焊丝伸出导电嘴的长度短,故焊丝导电时间短,可以采用较大焊接电流。焊接熔深大,对较厚的焊件不开坡口或坡口开得小一些,既提高了生产效率,又节省了焊接材料和工时。

2) 对熔池的保护可靠,焊接质量好且稳定。

3) 实现了焊接过程的机械控制,对焊工的操作水平要求不高,减轻了其劳动强度。

4) 电弧在焊剂层下燃烧,避免弧光对人体的伤害,改善了劳动条件。

埋弧自动焊的缺点是适应性差,只宜在水平位置焊接;焊接设备较复杂,维修保养工作量大。

埋弧自动焊适用于中厚板的批量焊接,焊缝为水平长直焊缝和较大直径的环状焊缝。

6.3.6　焊接缺陷及其预防

焊接时,在焊接接头中产生的金属不连续、不致密或接触不良的现象称为焊接缺陷。常见的焊接缺陷有焊缝表面尺寸不符合要求、咬边、焊瘤、未焊透、夹渣、气孔、裂纹等。焊接缺陷分为外部缺陷和内部缺陷。凡是肉眼或低倍放大镜能看到,且位于焊缝表面的缺陷,如咬边、焊瘤、弧坑、夹渣、表面气孔、表面裂纹、焊缝位置不合理等称为外部缺陷。必须用破坏性试验或专门的无损检测方法才能发现的夹渣、内部气孔、内部裂纹、未焊透、未熔合等称为内部缺陷。

常见焊接缺陷产生的原因及预防措施见表6.8。

表 6.8 常见焊接缺陷产生的原因及预防措施

缺陷名称	缺陷简图	缺陷特征	产生原因	防止措施
尺寸和外形不符合要求	焊缝高低不平，宽度不齐，波形粗劣 余高过大或过小	焊缝波形粗劣，焊缝宽度不均，高低不平	1. 运条不当；2. 焊接工艺参数及坡口尺寸选择不当	选择恰当的坡口尺寸、装配间隙及焊接规范，熟练掌握操作技术
咬边	咬边 咬边	焊件和焊缝交界处，在焊件一侧上产生凹槽	1. 焊条角度和摆动不正确；2. 焊接电流过大，焊接速度太快	选择正确的焊接电流和焊接速度，掌握正确的运条方法，采用合适的焊条角度和弧长
焊瘤	焊瘤	金属液流淌到焊缝之外的母材上而形成金属瘤	1. 焊接电流较大，电弧较长、焊接速度较慢；2. 焊接位置选择及运条不当	尽可能采用平焊，正确选择焊接工艺参数，正确掌握运条方法
烧穿	烧穿	金属液从焊缝反面漏出而形成穿孔	1. 坡口间隙过大；2. 电流太大或焊接速度较慢；3. 操作不当	确定合理的装配间隙，选择合适的焊接工艺参数，掌握正确的运条方法
未焊透	未焊透	母材与母材之间，或母材与熔敷金属之间尚未熔化，如根部未焊透、边缘未焊透及层间未焊透等	1. 焊接速度较快，焊接电流较小；2. 坡口角度较小，间隙过窄；3. 焊件坡口不干净	选择合理的焊接规范，正确地选用坡口形式、尺寸和间隙，加强坡口清理，正确操作

续表

缺陷名称	缺陷简图	缺陷特征	产生原因	防止措施
夹渣	夹渣	焊后非金属夹杂物残留在焊缝金属中	1. 前道焊缝熔渣未清除干净； 2. 焊接电流较大，焊接速度较快； 3. 焊缝表面不干净	多层焊时，层层清渣，坡口清理干净，正确选择工艺参数
气孔	气孔	熔池中溶入过多的 H_2、N_2 及产生的 CO 气体，凝固时来不及逸出而形成气孔	1. 焊缝表面有水、锈、油等； 2. 焊条药皮中水分过多； 3. 电弧较长，保护不好，大气侵入； 4. 焊接电流较小，焊接速度较快	严格清除坡口上的水、锈、油等，焊条按要求烘干，正确选择焊接工艺参数

6.3.7　焊件的制作流程

焊接实训前，按要求着装，佩戴劳保用品，避免因弧光、飞溅等产生伤害。

实训内容是制作焊接连接件。焊件材料选 Q235 钢，坯料尺寸为 80 mm×40 mm×8 mm，2 个坯料可以制作一个焊接连接件，如图 6.54 所示。

1. 制作坯料

下料前，先用钢尺在 100 mm×100 mm×8 mm 板料上绘出下料的区域，并用记号笔做标记，避免因设计不当而造成原材料浪费。随后使用等离子切割机将板料切

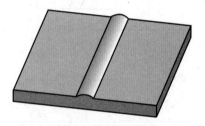

图 6.54　焊件示意图

割成宽 40 mm 的长条状坯料。再次使用钢尺及记号笔在长条状坯料上绘制下料区域，做好标记。随后使用等离子切割机进行下料。最终获得坯焊接料尺寸为 80 mm×40 mm×8 mm 的待焊件，具体过程如图 6.55 所示。

等离子切割机加工的切口非常粗糙，且附有许多氧化物、夹杂物，严重影响焊接质量。因此，焊接前须对待焊坯料进行打磨处理。

首先，使用铁刷清除坯料切口处的氧化物、夹杂物，及坯料表层较大的锈蚀层。其次，将坯料固定在虎钳上。注意坯料必须固定牢固，且待打磨区应与钳口垂直，避免产生切口倾斜现象。最后，采用锉刀将切口打磨平整，并具有金属光泽。若局部区域存在暗灰色，说明此处含有氧化皮，未打磨完成，需要重复打磨操作。

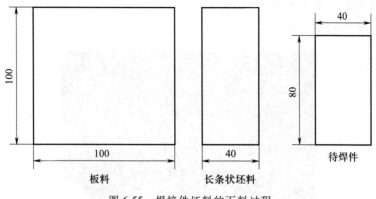

图 6.55 焊接件坯料的下料过程

2. 制作焊接坡口

虎钳固定坯料后,用锉刀制作如图 6.56 所示的 Y 型坡口。再用铁刷或锉刀在坡口周围 20 mm 的范围内仔细打磨,彻底去除该区域内的氧化皮,避免焊接后产生夹渣、气孔等焊接缺陷。具体部位如图 6.56 中虚线框所示。

3. 焊接

将待焊件固定在焊接工作台上,如图 6.57 所示。图中尺寸 A 的范围为 1~4 mm;尺寸 B 的范围为 0~3 mm,尺寸 C 的范围为 40°~60°。

图 6.56 焊件 Y 型坡口　　　　　　图 6.57 焊件固定示意图

打开废气收集系统,收集焊接过程中产生的烟尘,避免烟尘聚集,侵害操作者健康。同时,对收集烟尘进行处理,处理后排放至大气中,降低对周边环境的影响。

戴好焊接手套、鞋套。打开焊机,将焊条固定在焊钳上。佩戴焊接面罩,采用手工电弧焊方法完成焊接。

焊接过程中,禁止取下劳保用品。待焊接结束后,才能去除佩戴的劳保用品。

4. 焊后处理

焊件冷却后,从焊接工作台上取下焊件,用榔头敲击焊缝上表面,去除焊缝渣壳。敲击时应注意不能朝向人。

清理完成后,用榔头轻敲焊缝表面,消除焊件的焊接应力,同时在焊缝表面形成一定量的压应力,避免焊件产生变形、开裂现象。

图 6.58 为焊缝实物图。

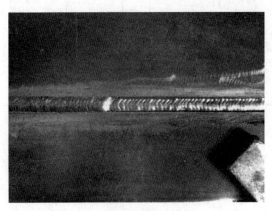

图 6.58　焊缝实物图

5. 焊件质量检验

通过目视方式对焊缝表面进行检验,确保焊缝连续、有鱼鳞状花纹,且未出现表面气孔、夹渣、变形、开裂等缺陷。

采用无损检测对焊缝内部质量进行检测,分析焊缝内部有无焊接气孔、夹渣、开裂等缺陷。也可以制作试块检测焊缝的力学性能和金相组织。

思考与练习题

6-1　型砂应具备什么性能?　型砂对铸件质量有什么影响?

6-2　手工造型的常用方法有哪些?　各有什么优、缺点?

6-3　铸造缺陷有哪些?　并简述其成因。

6-4　试分析零件、铸件、模样的大小关系,并简述原因。

6-5　简述锻造的生产过程。

6-6　简述锻造前金属坯料加热目的,加热的温度是不是越高越好?　为什么?

6-7　锻件镦粗时需要哪些注意事项?

6-8　焊接缺陷有哪些?　并简述其成因和避免措施。

6-9　试述手工电弧焊、气焊和气割的操作要领。

6-10　试比较摩擦焊、点焊、钎焊和埋弧焊的特点及异同。

6-11　试分析比较铸造、锻造和手工电弧焊的原理、工艺方法、特点和应用方面的异同。

第七章
现代制造技术概述

实训要求	实训目标
预习	现代制造技术的定义与发展趋势
了解	现代制造技术与传统制造技术的区别与联系
掌握	现代制造技术分类及设备
拓展	现代制造技术的应用
任务	总结现代制造技术的特点

7.1 现代制造技术

现代制造技术是为了适应时代要求,提高产品竞争力,对制造技术不断优化、推陈出新而形成的一种新技术。在传统制造技术基础上,现代制造技术不断吸收机械、电子、信息、材料、能源和现代管理等技术,并将这些技术应用于产品设计、制造、检测、管理、售后等环节,实现优质、高效、低耗、清洁、灵活的生产,提高对动态多变市场的适应力和竞争力。

7.1.1 现代制造技术的体系结构

美国联邦科学、工程和技术协调委员会(FCCSET)下属的工业和技术委员会先进制造技术工作组提出一种三位一体的现代制造技术体系结构图,如图 7.1 所示。该体系结构图中主技术群、支撑技术群、制造技术群相互联系、相互促进、缺一不可。

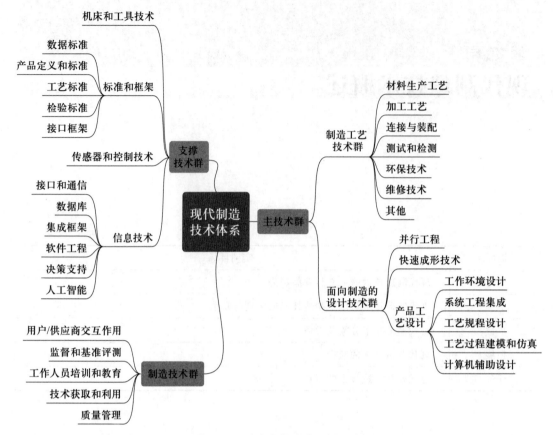

图 7.1 现代制造技术体系结构图

7.1.2 现代制造技术的分类

根据功能和研究对象的不同,现代制造技术分为现代设计技术、现代制造工艺技术、制造自动化技术、先进生产制造模式和制造系统等四部分。

1. 现代设计技术

(1) 计算机辅助设计技术

计算机辅助设计技术是通过计算机实现辅助设计功能的设计技术,包括有限元分析优化设计技术、逆向工程技术、CAD/CAM 一体化技术、工程数据库技术等。

(2) 性能优良设计技术

性能优良设计技术是一项以提高机械产品综合性能为目的设计技术,包括可靠性设计、产品动态分析设计、可维护性及安全设计、疲劳设计、耐环境设计、健壮性设计、维修性设计、测试性设计、人机工程设计等。

（3）竞争优势创建技术

竞争优势创建技术是面向市场、提高竞争优势的创建技术,包括快速响应设计、智能设计、仿真与虚拟设计、工业设计、价值工程设计、模块化设计等。

（4）全寿命周期设计技术

全寿命周期设计技术是通盘考虑产品整个生命周期的设计技术,包括并行设计、面向制造设计、全寿命周期设计等。

（5）可持续发展产品设计技术

可持续发展产品设计技术主要是指绿色设计,包括绿色设计的材料选择与管理、产品的可拆卸性设计、产品的可回收性设计、绿色产品成本分析等。

（6）设计试验技术

设计试验技术主要包括产品可靠性试验、产品环保性能试验与控制、仿真试验与虚拟试验等。

2. 现代制造工艺技术

现代制造工艺技术是现代制造技术的重要组成部分,也是最有活力的部分。产品从设计变为现实必须通过加工才能完成,工艺是设计和制造的桥梁,设计的可行性往往受工艺制约。在现实中,不是所有的设计都能加工出来,也不是所有设计的产品都能达到预定的技术性能要求。因此,工艺技术水平是衡量现代制造技术水平的重要部分。

现代制造工艺技术包括超高速切削技术、高速磨削技术、精密和超精密加工技术、精密成形制造技术与特种加工技术等。

（1）超高速切削技术

超高速切削技术是指切削速度超过传统切削速度 5～10 倍的切削加工方法。德国学者 Carl. Salomon 进行了一系列切削实验,提出这样一个假设:"实验结果在以切削速度为横轴、切削温度为纵轴的坐标系中可以绘制出这样一条曲线,起初该曲线持续上升,随着切削速度不断提高,切削温度会达到峰值,继而下降,且不同材料对应不同的切削温度峰值点"。如图 7.2 所示,左侧阴影部分是常规切削区,右侧阴影部分是高速切削区,在此区域内切削温度会降低,刀具磨损会减小。

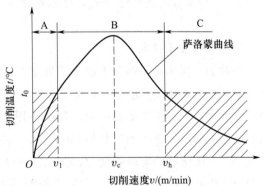

A为常规切削区；B为不可用切削区；C为高速切削区

图 7.2　萨洛蒙曲线

超高速切削技术具有加工效率高、切削力小、刀具寿命长、热变形小、加工精度高、表面质量好、加工成本低、能加工各种难加工材料的特点,主要应用于汽车、模具、航空航天等领域。

(2) 高速磨削技术

高速磨削技术是通过提高砂轮线速度达到提高磨削效率和磨削质量的工艺方法。与普通磨削相比,高速磨削具有以下两方面特点:一方面是在保持其他全部参数恒定情况下,只增加砂轮速度,将导致切削厚度减小,也相应减小作用在每一磨粒上的切削力。同时,切削厚度的减小,可降低磨削后工件的表面粗糙度,减小切削力,防止砂轮快速磨损。若其他调整参数不变(砂轮和工件间接触区不变),使用高速磨削可减小磨削合力。当被磨削工件刚性较差时,这对提高工件尺寸和形状精度特别有利。另一方面是相对于砂轮速度成正比地增加工件速度,切削厚度可保持不变。在这种情况下,作用于每一磨粒上的切削力及磨削合力不改变,优点是,在磨削力不变的情况下,材料去除率成比例增加。

(3) 精密和超精密加工技术

精密和超精密加工技术是指去除工件表面材料,使工件的尺寸精度、表面质量和性能达到较高要求的加工技术。根据加工的尺寸精度和表面粗糙度不同,精密和超精密加工技术大致分为精密加工、超精密加工和纳米加工三种。精密加工精度达 $0.3 \sim 3 \ \mu m$,表面粗糙度 Ra 值为 $0.03 \sim 0.3 \ \mu m$;超精密加工精度达 $0.03 \sim 0.3 \ \mu m$,表面粗糙度 Ra 值为 $0.005 \sim 0.03 \ \mu m$;纳米加工精度高于 $0.03 \ \mu m$,表面粗糙度 Ra 值小于 $0.005 \ \mu m$。

(4) 精密成形制造技术

精密成形制造技术是指用接近零件形状的毛坯直接加工成工件的技术,向精密成形或近净成形的趋势发展,包括精密凝聚成形技术、精密塑性加工技术、粉末材料构件精密成形技术、精密热加工技术及其复合成形技术等。主要发展趋势是通过各种新型精密热处理和复合处理,达到零件组织性能精确、形状尺寸精密以及获得各种特殊性能要求的表面(涂)层,同时大幅降低能耗及完全消除对环境的污染。

(5) 特种加工技术

特种加工技术是指那些不属于常规加工范畴的加工方法,如高能束流(电子束、离子束、激光束)加工,电加工(电解和电火花加工),超声波加工,高压水加工以及多种能源的组合加工。特种加工技术主要解决装备制造中用常规加工方法无法实现的加工难题,所以特种加工技术主要应用于难加工材料(如钛合金、耐热不锈钢、高强钢、复合材料、工程陶瓷、金刚石、红宝石、硬化玻璃等高硬度、高韧性、高强度、高熔点材料)、难加工零件(具有复杂三维型腔、型孔、群孔和窄缝的零件)、低刚度零件(薄壁零件、弹性元件等)。

3. 制造自动化技术

制造自动化技术是指用机电设备或工具取代人的体力及人的部分智力,自动完成特定的作业,包括物料的储存、运输、加工、装配和检验等生产环节的自动化技术。制造自动化技术包括数控技术、工业机器人技术和柔性制造技术等,是机械制造业最重要的基础技术之一。

(1) 数控技术

包括数控装置、进给系统、主轴系统、数控机床的程序编制等。

(2) 工业机器人

包括机器人操作机、控制系统、传感器、生产线总体控制等部分。

(3) 柔性制造系统(FMS)

包括加工系统、物流系统、调度与控制 FMS 的故障诊断等部分。

(4) 自动检测及信号识别技术

包括自动检测(CAT)、信号识别系统、数据获取、数据处理、特征提取和识别等。

(5) 过程设备工况监测与控制

包括过程监视控制系统、在线反馈质量控制等。

4. 先进生产制造模式和制造系统

先进生产制造模式和制造系统是面向企业生产全过程,以现代信息技术与生产技术相结合作为理念,其功能覆盖企业的市场预测、产品设计、加工制造、资源管理、产品销售和售后服务等活动过程,是制造业综合自动化的新模式。

(1) 先进制造生产模式

包括现代集成制造系统(CIMS)、敏捷制造系统(AMS)、智能制造系统(IMS)、精益生产(LP)、并行工程(CE)等先进生产组织管理和控制方法。

(2) 集成管理技术

包括并行工程(MRP)与准时制生产方式(just in time, JIT)的集成生产组织方法、基于作业的成本管理(ABC)、现代质量保证体系、现代管理信息系统、生产率工程、制造资源的快速有效集成等模块。

（3）生产组织方法

包括虚拟公司理论与组织、企业组织结构的变革、以人为本的团队建设、企业重组工程等。

7.1.3 现代制造技术的特点

随着计算机、电子信息、现代管理技术的高速发展，现代制造技术已基本取代了传统的机械加工。现代制造技术综合了机械、计算机、电子信息、材料、自动化、智能化、设计与工艺一体化等技术，是计算机技术、信息技术、管理科学等与制造科学的交叉融合，主要特点如下：

1）内涵更广泛。包括产品设计、加工制造、产品销售、使用、维修和回收等各个环节，涉及产品的整个生命周期。

2）综合性更强。现代制造技术是机械、信息、材料、自动化等学科有机结合而发展起来的跨学科的新技术。

3）对环境影响甚微，更环保。它是优质、高效、低耗、无污染或少污染的加工工艺。

4）目标更精准。注重优化制造系统，明确产品的上市时间、质量、成本、服务、环保等要素，以满足日益激烈的市场竞争要求。

5）要求设计与工艺一体化。传统的制造工程设计和工艺是分步实施的，产品受加工精度、表面粗糙度、尺寸等限制。而设计与工艺一体化是以工艺为突破口，把设计与工艺密切结合在一起，实现优质、高效、低耗、清洁、灵活生产，提高对动态多变的产品市场的适应和竞争能力。

6）强调精密性。精密和超精密加工技术是衡量先进制造水平的重要指标之一。当前，纳米加工代表了精密制造技术的最高水平。

7）体现了人、组织、技术的结合。现代制造技术注重人的主观能动性，提出由技术支撑转变为人、组织、技术的集成，起到决定经营管理、战略决策的作用。在制造工业战略决策中，提出了市场驱动、需求牵引的概念，以用户为核心，用户的需求是企业成功的关键，并且强调快速响应需求的重要性。

7.2 现代制造新技术

1. 绿色制造

绿色制造（green manufacturing，GM）是通过绿色生产过程，即绿色设计、绿色材料、绿色设备、绿色工艺、绿色包装、绿色管理生产出的绿色产品，使用后通过绿色处理进行回收利用。绿色制造是一个综合考虑环境影响和资源效率的现代制造模式,是可持续发展战略在制造业中的重要体现。目前绿色制造技术主要体现在以下几方面。

(1) 无切削液加工技术

切削液既污染环境又危害工人健康,还增加资源和能源的消耗。取而代之的是干切削和干磨削,一般是采用氮气、冷风或采用干式静电冷却技术冷却工件和刀具,不使用切削液。

(2) 精密成形技术

包括精密铸造、精密锻压、精密热塑性成形、精密焊接与切割等技术,具有周期短、效率高、环保等特点。

(3) 快速成形技术

突破了传统加工技术中去除材料的方法,采用添加、累积的理念,其代表技术有分层实体制造、熔化沉积制造等。

2. 计算机集成制造

计算机集成制造(computer integrated manufacturing,CIM)是指导制造业应用计算机技术、信息技术走向更高层次的协同工作,代表了当代制造技术最高水平。计算机集成制造系统的特点主要表现在三个方面。

1) 人员集中:将企业管理人员,设计人员,制造人员,负责产品质量、销售、采购、服务人员,及产品用户集中成为一个有机的、协调的整体。

2) 信息集中:将产品生产周期中各类信息的获取、处理和操作工具集中在一起,组成统一的管理控制系统。尤其是产品数据的管理和产品信息模型在信息集中系统中得到一体化处理。

3) 功能集中:将产品生产周期中企业各部门的功能以及产品开发与外部协作企业间的功能集中在一起。

3. 柔性制造系统

柔性制造系统(flexible manufacturing system,FMS)是由统一的控制系统(信息流)、物料(工件、刀具)和输送系统(物料流)组成的一套加工设备,可在不停机的情况下实现多品种、小批量零件的加工,并具有一定管理功能和自动化制造的系统。

4. 智能制造

智能制造(intelligent manufacturing,IM)是通过知识工程、软件制造系统和机器人技术,以操作者的技能和专家知识作为基础进行建模,可实现小批量的自动化生产,避免操作者的重复劳动。

5. 并行工程

并行工程(concurrent engineering, CE)又称同步工程、同期工程,是针对产品的传统串行开发过程而提出的一个新概念,即将"需求分析、概念设计、详细设计、过程设计、加工制造、实验检测、设计修改"等多个环节综合考虑,不仅考虑产品的各项性能,如质量、成本、用户要求等,还考虑与产品有关的各工艺过程质量及服务质量。并行工程是通过提高设计质量缩短设计周期,利用优化生产环节来提高生产效率,进而降低产品的生产周期。

6. 虚拟制造

虚拟制造(virtual manufacturing, VM)是利用计算机和装备产生一个虚拟环境,运用人类知识、技术和感知能力,与虚拟对象进行交互,对产品设计和制造活动环节进行全面的建模仿真。其核心技术是仿真,即通过仿真软件来模拟真实系统,以保证产品设计和工艺的合理性,确保产品研制成功,降低各环节产生缺陷的风险,从而达到周期短、成本低、质量优的目标。

7. 敏捷制造

敏捷制造(agile manufacturing, AM)又称灵活制造,是将柔性生产技术、熟练的生产技能、有知识的劳动力、促进企业内部和企业之间相互合作的灵活管理集成在一起,通过建立共同的基础结构,对迅速改变或无法预见的消费需求和市场做出快速响应。市场的快速响应是敏捷制造的核心,目前敏捷制造仍在研究发展中。

8. 网络制造

随着信息技术和网络技术的飞速发展,网络制造(network manufacturing, NM)作为一种现代制造的新模式,正日益成为制造业研究和实践的热门领域,网络制造业将给现代制造业带来一场深刻的变革。网络制造可通过虚拟仿真的方式服务产品设计、优化制造过程,缩短生产周期、降低企业投入成本,提高生产效率。

7.3 现代制造技术的发展趋势

随着电子信息等高新技术的发展,个性化、多样化市场需求的产生,现代制造技术正向精密化、柔性化、网络化、虚拟化、智能化、清洁化、集成化、全球化的方向发展。当前现代制造技术的发展趋势大致有以下几个方面。

（1）集合多学科成果形成一个完整的制造体系

现代制造技术是传统制造技术、信息技术、自动化技术与先进管理技术科学的结合。它不是若干独立学科先进技术的简单组合或累加，而是按照新的生产组织和管理哲学建立的现代制造体系。该体系力求做到：正确的信息和物料在正确的时间以正确的方式流向正确的地点，通过正确的人或设备对信息和物料进行正确的处理或决策，最大限度地满足用户要求并获得最大的市场占有率和经济效益。先进制造体系要实现自身的先进性，保证"时、空、人、物、信息、处理及决策"的正确性，就离不开先进的信息技术、自动化技术和先进的管理科学，并且要将这些技术和科学应用于制造工程之中，形成一个有机的完整体系。

（2）现代制造技术的动态发展过程

由于现代制造技术本身是针对一定的应用目标、不断吸收各种高新技术逐渐形成、不断发展的新技术，因而其内涵不是绝对的和一成不变的。反映在不同的时期，现代制造技术有其自身的特点；反映在不同的国家或地区，先进制造技术也有其本身重点发展的目标和内容，通过重点内容的发展以实现这个国家或地区制造技术的跨越式发展。

（3）信息技术对现代制造技术的发展起着越来越重要的作用

信息化是 21 世纪制造技术发展的生长点。21 世纪是信息时代，信息技术正在以人们想象不到的速度向前发展。信息技术也不断向制造产业汇入和融合，促进制造技术的不断发展。信息技术提高了制造技术的技术含量，使传统制造技术发生质的变化。它改变了当代制造业的面貌，对制造技术发展的影响已占第一位，决定现代制造技术的发展壮大。例如，信息技术促进设计技术的现代化，加工制造的精密化、快速化，自动化技术的柔性化、智能化，制造过程的网络化、全球化。各种先进生产模式，如计算机集成制造、并行工程、敏捷制造、虚拟企业与虚拟制造，也都严重依赖信息技术的发展。

（4）现代制造技术与生物医学相结合

目前，这种结合与信息和制造的融合相比，从广度和深度上还有一定差距，但今后生物技术与信息技术在现代制造技术领域内的作用必将并驾齐驱。今后以制造技术为核心，将信息技术、生物技术和制造技术三方面进行融合必然是制造领域的主流。

（5）现代制造技术向超精微细领域扩展

微型机械、纳米测量、微米/纳米级加工制造技术的发展使制造工程的内容和范围进一步扩大，故需用更新、更广的知识来解决这一领域的新课题。

（6）制造过程的集成化

产品的加工、检测、物流、装配过程走向一体化，例如 CAD、CAPP、CAE、CAM 的出现，使设计、制造成为一体。精密成形技术的发展，使热加工能直接生产接近最终形状、尺寸的零件,与磨削加工结合后,可覆盖大部分零件的加工,淡化了冷、热加工的界限。机器人加工工作站及 FMS 的出现,将加工过程、检测过程、物流过程融为一体;现代制造系统使得自动化技术与传统工艺密不可分。

(7) 制造科学与制造技术、生产管理的融合

制造科学是对制造系统和制造过程知识的系统描述,包括制造系统和制造过程的数学描述仿真和优化,设计理论与方法以及相关的机构运动学和动力学结构强度、摩擦学等。制造科学是从制造工艺技术发展而来的,是以信息为代表的现代科技与制造结合的产物,制造科学是支撑制造技术理论体系的外在表现。制造技术包含在制造科学之中,制造科学体现在制造技术里。

事实证明,技术和管理是制造系统的两个轮子,由生产模式结合在一起,推动着制造系统向前运动。在计算机集成制造、敏捷制造、虚拟制造等模式中,管理策略和方法是这些新生产模式的灵魂。

(8) 绿色制造将成为 21 世纪制造业的重要特征

日趋严格的环境与资源约束的要求下,绿色制造是 21 世纪制造业的重要特征。绿色制造技术也将获得快速的发展,其主要体现在以下几个方面。

绿色设计技术使产品在生命周期内符合环保、能耗低、资源利用率高的要求。

绿色制造技术对环境负面影响最小,废弃物和有害物质的排放最少,资源利用效率最高。绿色制造技术主要包含了绿色资源、绿色生产过程和绿色产品三方面的内容。

产品的回收和循环再制造。汽车、手机等产品因为生命周期结束时失去使用价值,需要进行回收、拆卸和再制造,这不仅可以对材料进行循环利用,还可通过相关修复制造技术使零部件再次达到使用要求,缩短产品的生产制造周期。

(9) 虚拟现实技术在制造业中应用越来越广

虚拟现实技术(virtual reality technology,VRT)主要包括虚拟制造技术和虚拟企业两个部分。虚拟制造技术是以计算机支持的仿真技术为前提,对设计、加工、装配、维护等生产过程进行统一建模形成虚拟环境、虚拟过程、虚拟产品。虚拟制造技术将从根本上改变设计、试制、修改设计、组织生产的传统制造模式。在产品真正制造出来之前,首先在虚拟制造环境中生成软产品原型(softprototype)代替传统的硬样品(hardprototype)进行试验,通过虚拟仿真及时发现产品设计和工艺过程可能出现的错误和缺陷,优化产品性能和生产工艺,保证产品质量,缩短产品设计与制造周期,降低产品开发成本,提高系统快速响应市场变化的能力。虚拟企业是为了快速响应某一市场需求,通过信息高速公路,将产品涉及的不同企业临时组建成为一个没有围墙、超越空间约束,靠计算机网络联系统一指挥的合作经济实体。企业在这样的组织形态下运作,将具有完整的功能产业,如生产、营销、设计、财务等功能。但在现实中企业内部没有执行这些功能的组织,即企业仅保留企业中最关键的功能,在有限的资源

下,其他的功能无法兼顾达到足以参与竞争的要求,所以将其虚拟化,就能以各种方式借用外力来进行整合,进而创造企业本身的竞争优势。

(10) 制造及服务全球化

现代制造技术的竞争促进制造业在全球范围内的重新分布和组合,新的制造模式不断涌现,更加强调实现优质、高效、低耗、清洁、灵活的生产环节。随着制造产品、市场的国际化及全球通信网络的建立,国际竞争与协作氛围的形成,21 世纪制造业国际化是发展的必然趋势。它包含制造企业在世界范围内的重组与集成,如虚拟公司、制造技术信息和知识的协调合作与共享、全球制造体系结构、制造产品及市场的分布及协调等。

服务化是 21 世纪制造业发展的新模式。今天的制造业正向服务业演变,工业经济时代以产品为中心的大批大量生产正转向以顾客为中心的单件小批或定制生产,快速交货正在超越质量和成本成为企业竞争的第一要素,网络制造服务风起云涌,所有这一切都显示了制造业的服务化趋向,这是工业经济迈向知识经济的必然。为了面对严酷的全球竞争,未来的制造企业必须面向全球分布,通过网络将工厂、供应商、销售商和服务中心连接起来,为全球顾客提供每周 7 天、每天 24 小时的服务。

思考与练习题

7-1 现代制造技术与传统制造技术有什么区别?

7-2 虚拟制造技术对现代制造技术有什么影响?

7-3 现代制造技术的发展趋势及特点有哪些?

第八章
CAD 与数控仿真

实训要求	实训目标
预习	相关绘图软件的二维和三维绘图方法和步骤
了解	CAXA 和 NX 软件建模及方法
掌握	典型零件生成加工程序（难点）、加工仿真操作步骤（重点）
拓展	现代设计技术和加工技术的发展和趋势
任务	独立完成手摇四杆机中部分零件的建模、加工程序和仿真过程

8.1　二维 CAD 软件

在特种加工技术实训中，线切割、激光雕刻、雕铣机等实训项目使用的设备多采用 CAXA 系列软件绘图。本节以绘制手摇四杆机中齿轮零件图为例讲解 CAXA 电子图板的应用。

（1）创建图纸模板

打开 CAXA 电子图板，在"文件"菜单中选择"新建"菜单项，弹出"新建"对话框（图 8.1），在"系统模板"下拉列表框中选择"MECHANICAL-A4（CHS）"模板，单击"确定"按钮，在绘图区创建 A4 图纸模板。

（2）齿轮建模

在"绘图"菜单中选择"齿形"菜单项，弹出"渐开线齿轮齿形参数"对话框（图 8.2a）。依次输入相应的参数，单击"下一步（N）"按钮后，打开"渐开线齿轮齿形预显"对话框（图 8.2b），设定相关参数，单击"完成"按钮，将创建齿轮放置在绘图框中。

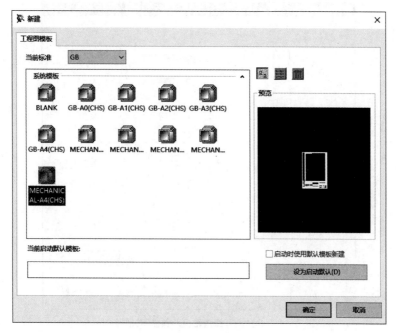

图 8.1 "新建"对话框

(3) 绘中心孔

在"绘图"菜单中选择"圆"菜单项,在绘图区左下角信息栏中显示"圆心点"提示信息,此时单击齿轮中心位置,信息栏显示"输入直径或圆上一点:",输入"8"后按回车键,创建直径为 8 mm 的中心孔,如图 8.3 所示。

(a)"渐开线齿轮齿形参数"对话框

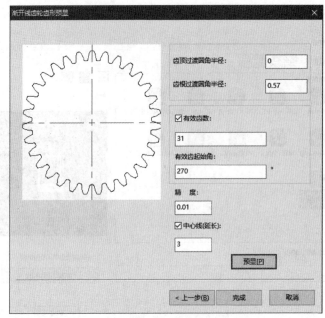

(b) "渐开线齿轮齿形预显"对话框

图 8.2　"渐开线齿轮齿形参数"设置

（4）绘键槽

在"绘制"菜单中选择"直线①"菜单项,结合绘图区左下角信息栏提示绘制键槽,在"修改"菜单中选择"修剪""延长""过渡"等菜单项对中心孔和键槽进行修改,如图 8.4 所示。

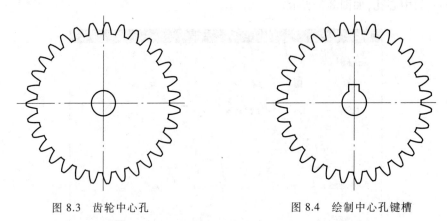

图 8.3　齿轮中心孔　　　　　　　　图 8.4　绘制中心孔键槽

（5）创建齿轮参数

在"图幅"菜单的"参数栏"区域选择"调入参数栏",弹出"读入参数栏文件"对话框

---

① 直线是无限长的,无限长的直线在有限的图中无法全部表示。因此,本书中"直线"一词既指空间上无限长的直线,也指某一线段,具体所指由语境决定。

（图 8.5），在"系统参数栏"列表框中选择"Spur_Gear(CHS)"，单击"导入（M）"按钮，在图样中插入圆柱齿轮参数表，如图 8.6 所示。

图 8.5　读入参数栏文件

圆柱齿轮参数表		
法向模数	m_n	
齿数	z	
齿形角	α	20°
齿顶高系数	h_a^x	1
齿顶隙系数	c^x	0.25
螺旋角	β	0
旋向		
径向变位系数	x	0
全齿高	h	
精度等级	887FH GB/T 10095—2022	
齿轮副中心距及其极限偏差	$a \pm f_a$	
配对齿轮	图号	
	齿数	
齿圈径向跳动公差	F_r	
公法线长度变动公差	F_q	
齿形公差	f_r	
齿距极限偏差	f_{Ql}	
齿向公差	F_β	
公法线	公法线长度	W_{ko}	
	跨测齿数	k	

图 8.6　圆柱齿轮参数表

　　用鼠标点选圆柱齿轮参数表，再双击，弹出"填写参数栏"对话框，修改齿轮参数，修改完后单击"确定"按钮，如图 8.7 所示。

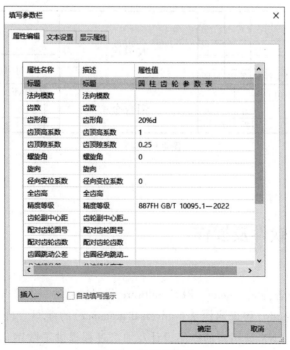

图 8.7　填写参数栏

（6）填标题栏

在"图幅"菜单的"标题栏"中，选择"填写"菜单命令，弹出"填写标题栏"对话框，包括"属性编辑""文本设置"和"显示属性"三个选项卡（图 8.8）。可在"属性编辑"选项卡中的"属性名称"列中选择对应项目进行参数或信息的编辑，完成标题栏信息填写，如图 8.9 所示。

图 8.8　填写标题栏

标记	处数	更改文件名	签字	日期	大齿轮	(单位名称)		
						SGJG_05_04		
	设计	机小白			铝合金	图样标记	质量	比例
							0.1	1:1
			日期	2021.9.1		共 1 张	第 1	张

图 8.9　标题栏

8.2　三维 NX 软件及操作

UG（unigraphics）曾经是 Siemens PLM Software 公司出品的一个产品工程解决方案，同时也是用户指南（user guide）和普遍语法（universal grammar）的缩写。自 UG19 版以后更名为NX（unigraphics NX）。NX 为用户的产品设计及加工过程提供了数字化造型和验证手段，更是一个交互式 CAD/CAM(计算机辅助设计/计算机辅助制造)系统,功能强大,可以轻松实现各种复杂实体及造型的建构。

NX 开发始于 1969 年,是基于 C 语言开发实现的。NX 是使用自适应多重网格方法开发,在无结构网格二维和三维空间具有数值求解偏微分方程的软件工具。可以有效地模拟一个给定过程的应用(自然科学或工程)、数学(分析和数值数学)及计算机科学。它不但提供了工业设计、产品设计、CNC 加工、模具设计等方面的工程应用,也提供了 Open Grip 开放性的二次开发工具。

8.2.1 NX 文件操作

在桌面上双击 NX 10 快捷方式图标,即可打开 NX 软件,此时计算机弹出欢迎界面。在欢迎界面的不同位置布置了一些区域,主要用于操作、显示、提醒、反馈信息等作用。

1. 新建文件

单击"新建",弹出"新建"对话框(图 8.10),在"模型"选项卡中可以选择"模型""装配""外观造型设计"等文件,还可以对文件的"名称"和保存位置的"文件夹"进行设置,如图 8.11 所示。

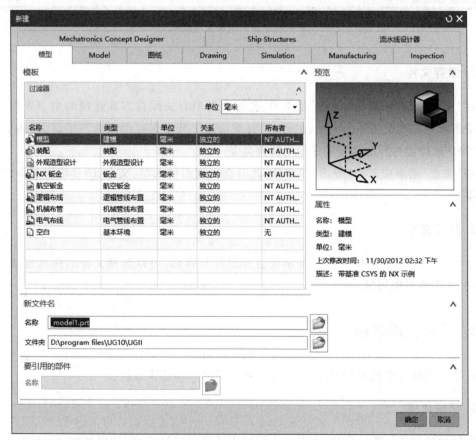

图 8.10 "新建"对话框

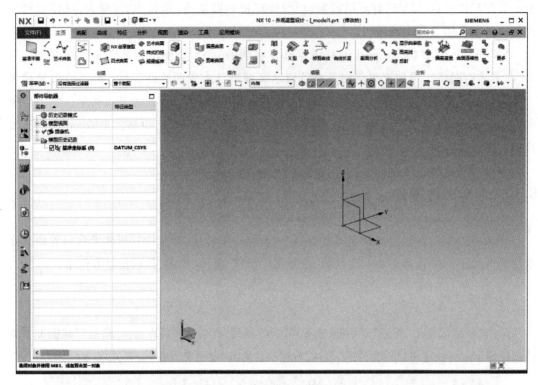

图 8.11　建立模型文件界面

2. 保存文件

在"文件"菜单中选择"保存"菜单项,此时会弹出有关保存方式选择的命令界面,用户可根据需求再次改变文件的类型、名称、位置等信息。其中保存类型非常丰富,包括了几乎所有 CAD 软件能打开的类型或者中间转换类型。

在"文件"菜单中选择"导出"菜单项,此时会出现多种模型、文本、图片输出类型的选项命令条。

3. 打开文件

在"文件"菜单中选择"打开"菜单项会弹出打开界面,可以选择文件的存放位置、名称和类型,并在预览框预览。

8.2.2　零件三维建模

以手摇四杆机中的典型零件为例,介绍该产品的三维建模过程。

1. 销轴建模

销轴的外形特征为回转体,由若干个圆柱体或圆台特征组成,如图 8.12 所示,因此可采用草图加旋转的方法建模,也可以通过多个特征组合的方法建模,如图 8.13 所示。

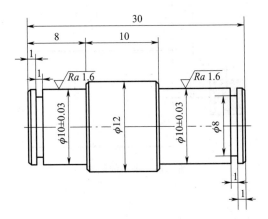

图 8.12　销轴零件图

图 8.13　销轴的建模方法

（1）草图旋转建模

1）绘制草图

"新建"并命名模型为"XiaoZhou.prt",进入模型创建界面,在"主页"选项卡单击"草图"图标,弹出"创建草图"对话框(图 8.14)。"草图平面"选项区域中"选择平的面或平面(1)"栏为橙色,表示此时为编辑状态。鼠标在绘图区选择坐标系的 XOY 平面,"创建草图"对话框中其他选项为默认,单击"〈确定〉"按钮,进入草绘界面。

在"主页"选项卡"直接草图"区域单击"直线"图标,然后在 XOY 平面上绘制直线。在绘图区坐标系附近单击,此时出现"长度和角度"编辑框,"长度"栏输入 30,"角度"栏输入 0,按回车键,就绘制了一条水平线,如图 8.15 所示。单击这条水平线会弹出若干个命令选项,选择"转化为参考"图标,将水平线改为参考线,即零件图的中心线。按照水平线方法绘制零件中心线一侧轮廓,最后单击"完成草图"图标,如图 8.16 所示。

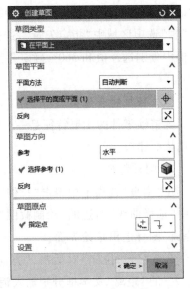

图 8.14　创建草图界面

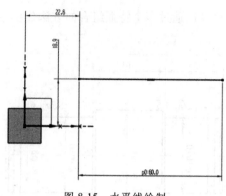

图 8.15 水平线绘制

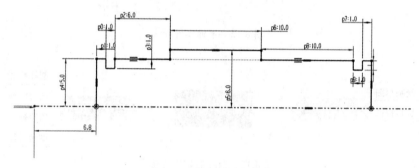

图 8.16 销轴一侧轮廓草图

2）旋转特征

将绘制的零件一侧形状轮廓沿中心线旋转 360°形成一个回转体,即完成销轴零件的建模。

在"主页"选项卡中单击"拉伸"图标下面黑三角符号,再单击"旋转"图标,弹出"旋转"对话框(图 8.17)。单击"截面"选项区域中"选择曲线",选取绘制好的一侧形状轮廓线,单击"轴"选项区域中"指定矢量",选择中心线,在"限制"选项区域的"结束"和"角度"下拉列表框中分别选择值和 360°,确定并完成旋转,如图 8.17 所示。

（2）**特征组合建模**

此销轴零件的主要特征是一个圆柱体和两个凸台,两端两个凸台各有割槽和倒角,可以采用特征建模。

1）圆柱特征

在"主页"选项卡中单击"拉伸"图标,弹出"拉伸"对话框(图 8.18),单击"截面"选项区域中"选择曲线"右边的"绘制截图"图标,进入"草图"界面,绘制直径为 12 mm 的圆,单击"完成"图标退出草绘界面。

重新回到"拉伸"对话框,"方向"选项已经默认选择,在"限制"选项区域的"开始"和"结束"的"距离"文本框分别输入销轴中间圆柱体轴向的起始点和终止点,即 0 和 10 mm,完成圆柱体特征建模。

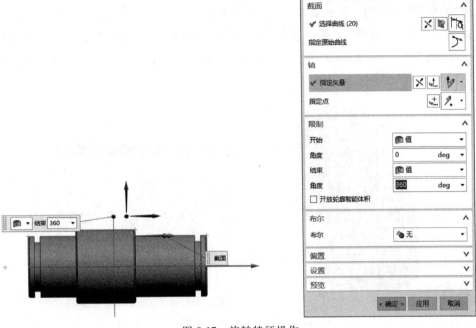

图 8.17 旋转特征操作

图 8.18 圆柱体特征建模

2）凸台特征

在"主页"选项卡"特征"区域单击"更多"，再单击"凸台"图标，进入"凸台"对话框，如图 8.19 所示。在"过滤器"下拉列表框中选择"面"，鼠标点选圆柱体顶面，"直径"设置为 10 mm，"高度"设置为 10 mm，"锥角"设置为 0°，单击"应用"按钮，弹出"定位"对话框，如图 8.20 所示。

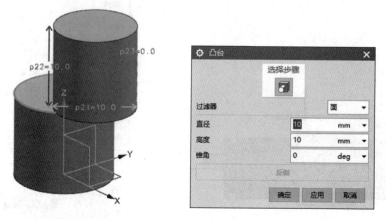

图 8.19 "凸台"对话框

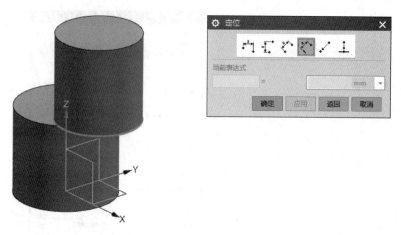

图 8.20 "定位"对话框

在"定位"对话框中单击"点落在点上"图标，鼠标点选圆柱体顶端圆边线，在弹出的"设置圆弧的位置"选项中点选"圆弧中心"，此时凸台与圆柱体接触并且同轴。用同样方法完成圆柱体另一端凸台特征建模，如图 8.21 所示。

3）槽特征

在"主页"选项卡"特征"区域单击"更多"，再单击"槽"图标，弹出"槽"对话框，如图 8.22 所示。单击"矩形"按钮，单击槽所在的圆柱面，弹出"矩形槽"对话框，"槽直径"设置为 8 mm，"宽度"设置为 1 mm，单击"确定"按钮，如图 8.23 所示。单击刀具边和轴端边线，出现"创建表达式"，此数据为槽到轴端的距离，设置为 1 mm，完成槽特征，如图 8.24 所示。用同样方法创建轴另一端的槽,如图 8.25 所示。

图 8.21 凸台特征建模

图 8.22 "槽"对话框

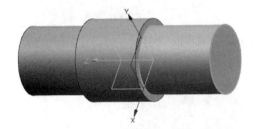

图 8.23 "矩形槽"对话框

图 8.24 创建表达式

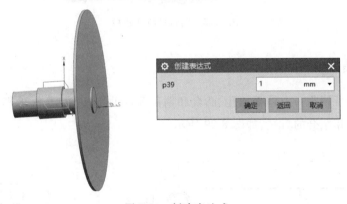

图 8.25 槽特征建模

4)倒斜角特征

在"主页"选项卡"特征"区域单击"倒斜角",弹出"倒斜角"对话框,如图 8.26 所示。单击销轴两端面边线,"横截面"下拉列表框中选择"对称","距离"设置为 0.2 mm,单击"〈确定〉"按钮完成倒斜角特征建模,如图 8.27 所示。

图 8.26　"倒斜角"对话框

图 8.27　倒斜角特征建模

2. 连杆建模

连杆的特征可视为长方体叠加孔、凸台和倒角等辅助特征,如图 8.28 所示,可采用草图建模和特征建模相结合的方法,如图 8.29 所示。

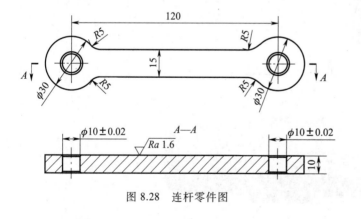

图 8.28　连杆零件图

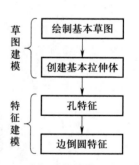

图 8.29　连杆零件建模过程示意图

（1）连杆草图建模

1）绘制基本草图

在"主页"选项卡中单击"草图"图标,弹出"创建草图"对话框,"草图平面"选项中"选择平的面或平面(0)"栏显示为橙色,表示此时为编辑状态,再在绘图区单击坐标系中 XOY 平面,

"创建草图"对话框中的其他选项一律默认,最后单击"确定",进入草绘界面,利用"圆"草绘命令在绘图区绘制两个直径为 30 mm 的圆形,两个圆心在水平方向共线且圆心距为 120 mm,然后利用"直线"草绘命令在圆心两侧各绘制一条直线,并与圆相交,如图 8.30 所示。

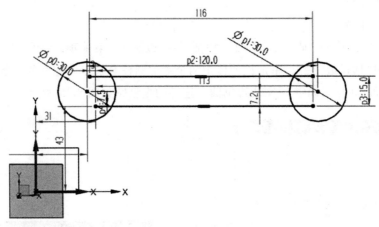

图 8.30 绘制草图

在"主页"选项卡中单击"直接草图"选项卡,再单击"快速修建"命令,对圆和直线相交的部分进行修剪,最后单击"完成草图"图标,如图 8.31 所示。

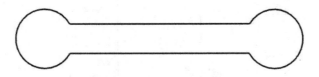

图 8.31 修剪后的草图

2)创建拉伸体

在"主页"选项卡"特征"区域单击"拉伸"命令,弹出"拉伸"对话框,"截面"中的"选择曲线"栏选择绘制的草图,"限制"的"开始"的"距离"和"结束"的"距离"选项中分别设置为 0 和 10 mm,最后单击"〈确定〉"按钮得到基本拉伸体,如图 8.32 所示。

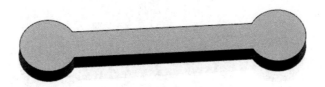

图 8.32 创建基本拉伸体

（2）连杆的特征建模

1）创建孔特征

依次单击"菜单"→"插入"→"设计特征"→"孔"菜单项,弹出"孔"对话框（图 8.33）。

在"类型"栏单击"常规孔";"位置"中"指定点"栏单击基本拉伸体两头的圆柱体边线后选择圆心;"形状"下拉列表框中选择"简单孔";"尺寸"的"直径"设置为 10 mm;"深度限制"下拉列表框中选择"贯通体";"布尔"下拉列表框中选择"求差";最后单击"〈确定〉"创建孔特征,如图 8.33 所示。

2）建立圆角特征

依次单击"菜单"→"插入"→"细节特征"→"边倒圆"菜单项,打开"边倒圆"对话框（图 8.34）。在"选择边"栏内,单击拉伸体中两个端部圆柱与长方体相交的 4 条边,"半径 1"栏设置为 5 mm,单击"〈确定〉"完成边倒圆。连杆的模型图如图 8.35 所示。

图 8.33　"孔"对话框

图 8.34　"边倒圆"对话框

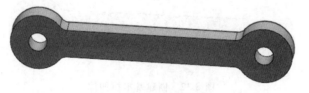

图 8.35　连杆的模型图

3. 创建底板零件

手摇四杆机的底板的基本拉伸体为长方体结构,辅助特征为螺纹孔,如图 8.36 所示。

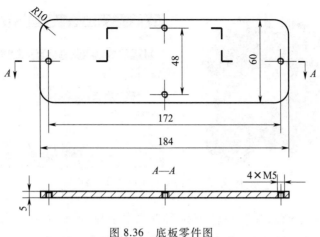

图 8.36 底板零件图

8.2.3 模型装配

在 NX 中,模型装配只是模型的虚拟连接关系,装配模型中只保留各个零件之间的连接关系,并不包括实体模型。装配体中的实体模型都是以单个零件模型存储和编辑。手摇四杆机的装配体按照功能分解为四个组件,依次是基座组件、曲柄组件、连杆组件和摇杆组件。首先对四个组件分别装配,然后将四个组件整体装配。组件划分时,也可以将重复装配的多个零件作为一个单独组件进行装配。

1. 基座组件装配

基座组件包括底板、肋板、立板、手柄轴、手柄、小齿轮轴、轴承端盖、轴用挡圈、孔用挡圈、键和螺钉等,其中手柄轴、手柄、小齿轮轴和轴承端盖等回转体特征零件可参照销轴建模方法完成三维建模过程,肋板、立板、轴用挡圈和孔用挡圈等可参照连杆或底板建模方法完成三维建模过程,轴承、键和螺钉为标准件,装配过程中可根据尺寸参数直接从标准库中调出,无需单独建模。

在装配模型界面中"组件"区域单击"添加",弹出"添加"对话框,再单击"打开"栏后面文件夹选择基座组件包含的模型文件,最后单击"确定"按钮,上述零件即可成功导入界面。

(1) 齿轮传动装配

单击"主页"选项卡"组件"区域中"装配约束",弹出"装配约束"对话框,如图 8.37 所示。"类型"下拉列表框中选择"同心",然后分别单击小齿轮内孔边线和小齿轮轴阶梯圆柱边线,在"装配约束"对话框"类型"下拉列表框中选择"平行"后,单击小齿轮键槽顶面和小齿轮轴平面,单击"〈确定〉"按钮。

图 8.37　小齿轮和小齿轮轴装配

单击"装配约束"图标,在"类型"下拉列表框中选择"接触对齐",用鼠标分别单击小齿轮键槽侧面和平键侧面,然后再单击小齿轮轴平面和平键底面,最后单击平键后面和小齿轮轴阶梯圆柱侧面,此时就完成了平键的 6 个自由度约束,单击"〈确定〉"按钮,如图 8.38所示。

图 8.38　平键装配

在"装配约束"对话框的"类型"下拉列表框中选择"同心"完成小齿轮轴套装配,如图 8.39所示。

图 8.39　小齿轮轴套装配

（2）**小齿轮轴、手柄、轴承、手柄轴和键装配**

在"装配约束"对话框的"类型"下拉列表框中选择"同心"，依次将手柄、轴承和手柄轴装配在小齿轮轴上，如图 8.40 所示。

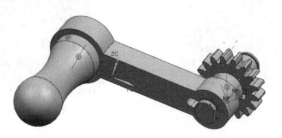

图 8.40　同心类型零件装配

在"装配约束"对话框的"类型"下拉列表框中选择"接触对齐"，分三次将平键的三个平面分别与手柄键槽侧面、小齿轮轴平面和小齿轮轴阶梯圆柱侧面进行约束，完成平键的 6 个自由度约束，最后选择"同心"将轴用挡圈装配在小齿轮轴上，单击〈确定〉按钮，如图 8.41 所示。

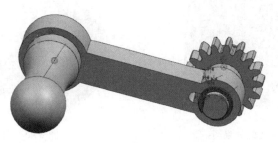

图 8.41　平键和轴用挡圈装配

（3）**立板、轴承、肋板和底板装配**

在"装配约束"对话框的"类型"下拉列表框中选择"同心"，参照孔内槽边线、轴承边线和轴承孔边线位置，依次将孔用挡圈和轴承装配在立板上，如图 8.42 所示。

同样选择"同心"类型，参照立板、肋板两端通孔和底板四个螺纹孔边线，完成立板、肋板和底板装配，如图 8.43 所示。

将组装好的小齿轮组件通过"同心"类型装配在底板零部件上，并在小齿轮的轴端以"同心"类型装配轴用挡圈和轴承端盖，完成基座所有零部件的装配，如图 8.44 所示。

2. 曲柄组件装配

曲柄组件主要包括曲柄杆、曲柄轴、轴承端盖、轴用挡圈、孔用挡圈、轴承、曲柄轴套、大齿轮和平键等零件。

由于曲柄轴装配在立板上，且曲柄轴两端均有零件，因此先装配曲柄杆一侧，而大齿轮侧要在曲柄杆侧装配在立板后才能装配，故在装配模型界面中只需导入曲柄杆侧零件。

图 8.42　轴承、孔用挡圈和立板装配

图 8.43　立板、肋板和底板装配

曲柄杆侧的零件除了平键外，其余大部分为圆柱形零件，因此在"装配约束"对话框的"类型"下拉列表框中选择"同心"并依次在曲柄轴上装配曲柄杆、轴用挡圈、孔用挡圈和轴承，如图 8.45 所示。

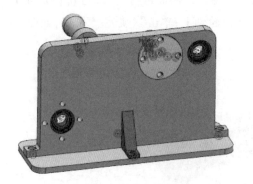
图 8.44　基座装配效果图

图 8.45　曲柄杆侧装配

3. 连杆组件装配

连杆组件包括两个连杆销、连杆和轴用挡圈，零件之间均用"同心"类型装配，如图 8.46 所示。

图 8.46　连杆组件装配

4. 摇杆组件装配

摇杆组件包括摇杆、摇杆销、轴承端盖、轴用挡圈、孔用挡圈、轴承和螺钉等零件。

在装配模型界面的"组件"区域选择"添加"，弹出"添加"对话框，单击"打开"栏后面文件夹选项,选择摇杆、摇杆销、轴承端盖、轴用挡圈和孔用挡圈模型文件,最后单击"确定"按钮,即可完成零件的导入。

(1) 摇杆和摇杆销装配

单击"主页"选项卡"组件"区域中"装配约束",在弹出的"装配约束"对话框的"类型"下拉列表框中选择"同心"类型,分别点选摇杆和摇杆销连接位置圆,单击"〈确定〉"按钮,完成摇杆和摇杆销装配,如图 8.47 所示。

图 8.47 摇杆和摇杆销装配

(2) 摇杆销和轴用挡圈装配

在"装配约束"对话框的"类型"下拉列表框中选择"同心",然后依次选择摇杆销槽边线和轴用挡圈内径边线,单击"〈确定〉"按钮,如图 8.48 所示。

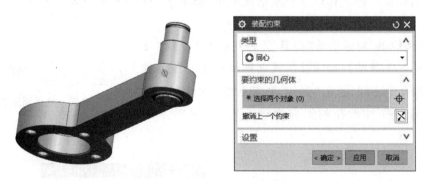

图 8.48 摇杆销和轴用挡圈装配

(3) 摇杆和孔用挡圈装配

在"装配约束"对话框的"类型"下拉列表框中选择"同心",然后依次选择摇杆轴承孔中槽边线和孔用挡圈内径边线,单击"〈确定〉"按钮,如图 8.49 所示。

(4) 摇杆和轴承装配

在"资源条"中选择"重用库",依次选择"GB Standard Parts""Bearing""Angular Ball",

图 8.49　摇杆和孔用挡圈装配

在"成员选择"栏双击第一个"KE Part"弹出"添加可重用组件"对话框,"主参数"区域"Inner Diameter"栏设置为 10,"Outer Diameter"栏设置为 22,"Width"栏则默认为 6,如图 8.50 所示。

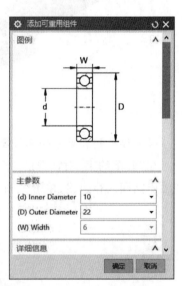

在"装配约束"对话框的"类型"下拉列表框中选择"同心",依次选择孔用挡圈侧面和轴承侧面,单击"确定"按钮,如图 8.51 所示。

(5) 摇杆和轴承端盖装配

在"装配约束"对话框的"类型"下拉列表框中选择"同心",依次选择摇杆轴承孔边线和轴承端盖边线,单击"确定"按钮,如图 8.52 所示。

在"装配约束"对话框的"类型"下拉列表框中选择"接触对齐",依次选择摇杆轴承孔的周向螺纹孔中心线和轴承端盖连接孔中心线,单击"确定"按钮,此时轴承挡圈四个连接孔与摇杆轴承孔的周向螺纹孔对齐,如图 8.53 所示。

图 8.50　轴承调用参数

图 8.51　摇杆和轴承装配

图 8.52　同心装配

图 8.53　接触对齐装配

（6）轴承端盖和螺钉装配

在"资源条"中选择"重用库"，依次选择"GB Standard Parts""Bolt""Hex Head"，在"成员选择"栏双击第二个"KE Part"，弹出"添加可重用组件"对话框，在"主参数"区域"Size"下拉列表框中选择 M5，在"Length"下拉列表框中选择 10，调出螺钉，如图 8.54 所示。

在"装配约束"对话框的"类型"下拉列表框中选择"接触对齐"，然后依次选择摇杆轴承端盖螺纹孔中心线和螺钉中心线，单击"确定"按钮，在"类型"下拉列表框中选择"接触对齐"，最后依次选择轴承端盖平面和螺钉头部下平面，完成螺钉装配，如图 8.55 所示。在"装配"选项卡"组件"区域中选择"阵列组件"，对螺钉沿轴承孔周向阵列出其余螺钉，如图 8.56 所示。

5. 总体装配

以基座组件为基础，依次将已经装配的曲柄组件、连杆组件、摇杆组件进行组件装配。

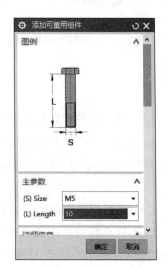

图 8.54　螺钉调用参数

图 8.55 螺钉装配

图 8.56 螺钉组件阵列

（1）基座组件和曲柄组件装配

在基座组件上,将曲柄组件中大齿轮轴通过"同心"类型装配在基座轴承内孔中,然后在大齿轮轴的另一端利用"同心"类型装配曲柄轴套和大齿轮,接着通过"接触对齐"类型装配平键,最后用"同心"类型装配轴用挡圈,如图 8.57 所示。

(a) 曲柄轴和基座组件装配   (b) 大齿轮端零件装配

图 8.57 曲柄组件和基座装配

（2）基座组件和摇杆组件装配

将摇杆组件中摇杆轴通过"同心"类型装配在基座轴承内孔中,继续采用"同心"类型装配摇杆轴上的轴用挡圈和曲柄轴承端盖,如图 8.58 所示。

（3）连杆组件和曲柄、摇杆组件装配

将连杆组件中两个连杆销通过"同心"类型分别装配在曲柄和摇杆轴承内孔中,继续采用"同心"类型装配连杆销上的轴用挡圈、曲柄轴承端盖和摇杆轴承端盖,如图 8.59 所示。

(a) 摇杆轴和基座组件装配　　　　　　　　　(b) 轴承端盖侧零件装配

图 8.58　基座组件和摇杆组件装配

(a) 连杆销和曲柄摇杆装配　　　　　　　　　(b) 轴承端盖侧零件装配

图 8.59　连杆组件和曲柄、摇杆组件装配

8.2.4　构建零件工程图

（1）创建零件基本视图

在"文件"菜单中选择"新建"菜单项,弹出"新建"对话框(图 8.60),选择"图纸"选项卡,"过滤器"选项区域中"关系"选择"全部","名称"栏选择"A4-无视图",单击"要创建图纸的部件"选项区域中的"文件夹"图标按钮,弹出"选择主模型部件"对话框,如图 8.61 所示。

在"选择主模型部件"对话框中单击"打开"按钮,选择将要创建零件图的模型,点击"确定"按钮进入"视图创建向导"对话框,按照提示说明选择相应参数,单击"下一步",最后单击"确定"按钮完成零件图创建过程,如图 8.62 所示。

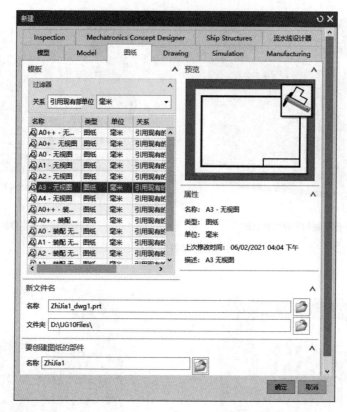

图 8.60 新建工程图

图 8.61 "选择主模型部件"对话框

(2) 创建局部特征剖视图

在"主页"选项卡"视图"区域单击"剖视图"图标,弹出"剖视图"对话框,"方法"栏选择"简单剖/阶梯剖","截面线段"栏选择轴承端盖几何体旋转中心位置,然后光标移动到正下方位置,单击"确定"创建半剖俯视图,如图 8.63 所示。

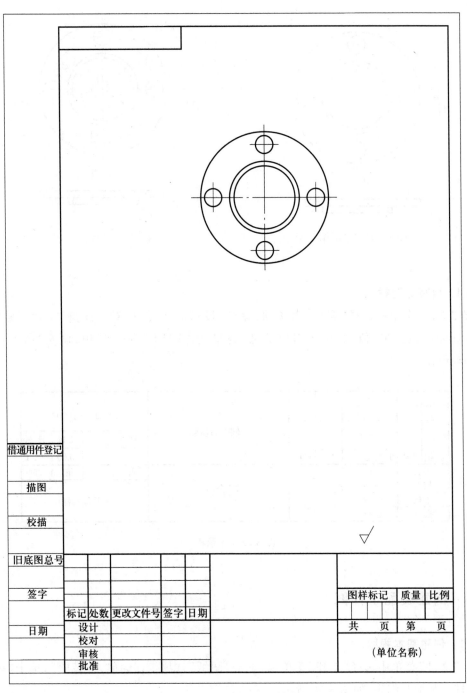

图 8.62 创建零件图

（3）标注尺寸

在"布局"选项卡"尺寸"区域依次单击"线型""径向"等尺寸类型图标，然后对零件图中的结构特征进行尺寸标注，如图 8.64 所示。双击尺寸数值，可添加前缀或后缀。

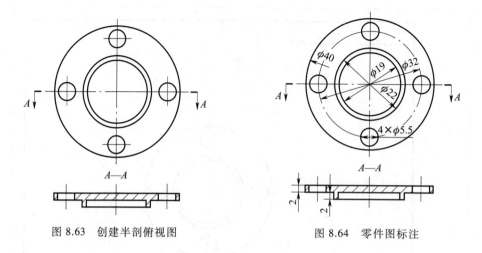

图 8.63　创建半剖俯视图　　　　图 8.64　零件图标注

（4）填写标题栏

在"文件"菜单中选择"属性"菜单项,弹出"显示部件属性"对话框,在"标题/别名"中选择相应的标题,在"值"栏输入对应信息,例如,选择"DESIGNER"项,输入"白＊＊",如图 8.65所示。

					轴承端盖		SGJG_01_008		
						图样标记		质量	比例
								0.05	2∶1
标记	处数	更改文件号	签字	日期					
设计	白**				铝合金	共 1 页		第 1 页	
校对	李**								
审核	张**					（单位名称）			
批准	赵**								

图 8.65　标题栏

8.2.5　构建装配工程图

（1）创建基本视图

在"文件"菜单中选择"新建"菜单项,单击"图纸"选项卡,选择"A4 装配",单击"确定"按钮,打开装配明细表,如图 8.66 所示。

在"主页"选项卡"视图"区域选择"基本视图",弹出"基本视图"对话框,"模型视图"中"要使用的模型视图"下拉列表框中选择"前视图","比例"设置为 1∶1,鼠标移动到图纸区域,模型相应的视图会随光标移动,然后单击合适位置生成装配主视图,光标竖直向下移动生成俯视图,如图 8.67所示。

描图	3	SGJG_0.2_0.02	连杆	1	铝合金			
	2	SGJG_0.2_0.01	连杆销	2	45			
校描	1	68894-217d18	轴用弹性挡圈10_1	4				
	序号	代号	名称	数量	材料	单件	总计	备注
						质量		
旧底图总号								
签字						图样标记	质量	比例
	标记	处数	更改文件号	签字	日期	共 页	第 页	
日期	设计							
	校对					(单位名称)		
	审核							
	批准							

图 8.66　创建装配图纸

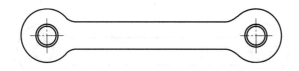

图 8.67　装配基本视图

（2）创建局部剖视图

选择主视图边框，单击右键在弹出的菜单中单击"展开"，在"命令查找器"中搜索"样条曲线"，选择"Studio Spline"，弹出"艺术样条"对话框，在"类型"下拉列表框中选择"通过点"，选中"封闭"复选框，光标在俯视图连杆销和连杆孔位置创建四个点连成的一条封面曲线，如图 8.68 所示。

 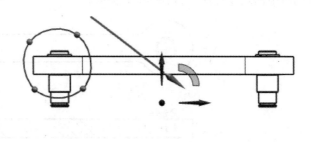

图 8.68　创建局部剖位置

在绘图区单击鼠标右键取消"扩大",在"主页"选项卡"视图"区域选择"局部剖视图",弹出"局部剖"对话框,选择"创建"菜单项,然后选择"ORTHO@8",或者直接在绘图区选择俯视图,然后在主视图中选择连杆孔中心,单击"矢量反向"确保剖视视角指向俯视图,最后在"局部剖"对话框中单击"选择曲线",点选刚绘制的样条曲线,并单击"确定"按钮。如图 8.69 所示。

图 8.69 "局部剖"对话框

(3) 创建半剖视图

在"主页"选项卡"视图"区域选择"剖视图",弹出"剖视图"对话框,"方法"栏选择"简单剖/阶梯剖",在"设置"中"非剖切"单击"选择对象",然后在模型特征树中选择连杆销,单击"指定位置",鼠标选择连杆孔中心,光标竖直下移,单击创建半剖视图,如图 8.70 所示。

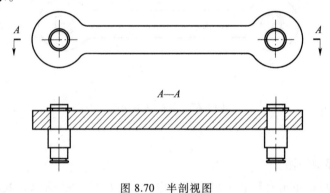

图 8.70 半剖视图

(4) 零件标注

在"部件导航器"中的"零件明细表"上单击鼠标右键,在弹出的快捷菜单中选择"自动符号标注"菜单项,弹出"零件明细表自动符号标注"对话框,选择俯视图,单击"确定"按钮,装配图中出现零件序号,如图 8.71 所示。

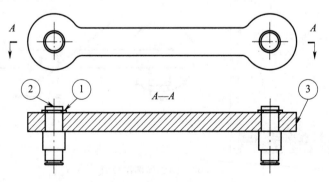

图 8.71 零件序号

8.3 数控仿真及操作

手柄轴数控车削时,通常采用两次装夹来完成全部切削过程。首先,在毛坯棒料一端车削手柄轴曲面端的圆柱面、圆弧面和球面特征。然后,按照工件总长度截断毛坯,反向装夹,加工轴承配合段。此节内容仅对第一次装夹后,手柄轴曲面端的车削过程进行数控仿真。

8.3.1 加工程序的生成

1. 绘制加工图形

打开 CAXA CAM 数控车软件,在绘图区参照手柄轴零件图,绘制出手柄轴外轮廓和毛坯外轮廓线条。绘图时应注意手柄轴端部和毛坯端部重合,而且两者端部圆心与坐标原点重合,如图 8.72 和图 8.73 所示。

图 8.72 CAXA CAM 数控车软件

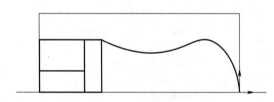

图 8.73 手柄轴和毛坯轮廓图

2. 设置加工参数

由于手柄轴曲面要求的加工精度较低,可直接通过粗加工完成全部切削过程。

在"数控车"标题栏中单击"轮廓粗车",弹出"粗车参数表"对话框,根据编程和加工相关技术要求设置各参数,如图 8.74 所示。

3. 选取加工轮廓

设置完加工参数后,单击"确定"按钮,界面左下角提示"拾取被加工工件表面轮廓",选择"单个拾取",单击选择零件外轮廓曲线,然后按回车键拾取毛坯轮廓,如图 8.75 所示。

拾取相关轮廓后,按回车键,继续按照提示选择切入点,如输入点坐标(2,16),则自动生成加工路径示意图,如图 8.76 所示。

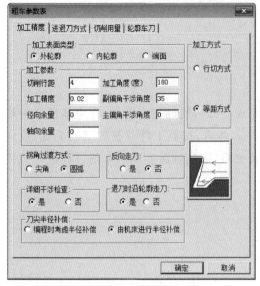

(a) 加工精度参数

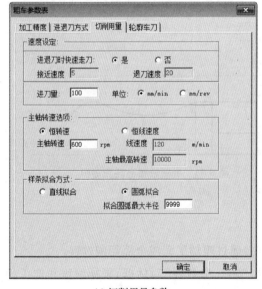

(c) 切削用量参数

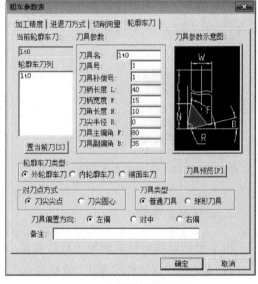

(d) 轮廓车刀

图 8.74　设置轮廓粗车参数

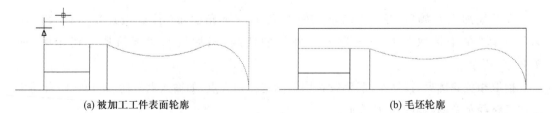

(a) 被加工工件表面轮廓　　　　　　　　　　(b) 毛坯轮廓

图 8.75　拾取工件和毛坯表面轮廓

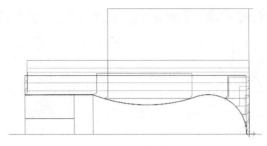

图 8.76　加工路径示意图

4. 导出加工程序

在标题栏"数控车"中选择"代码生成",弹出"生成后置代码"对话框,数控系统选择"FANUC",单击"确定(O)"按钮,再单击选择已经生成的加工轨迹,自动弹出记事本,里面的内容即为加工路径的程序,如图 8.77 和图 8.78 所示。

图 8.77　生成后置代码对话框

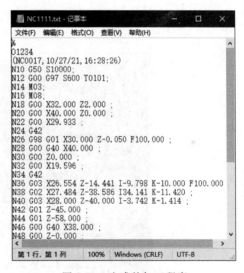

图 8.78　生成的加工程序

8.3.2　加工仿真

1. 加工前期准备

(1) 选择机床类型和数控系统

应用宇龙数控加工仿真软件对程序进行仿真加工,验证程序的合理性。

打开宇龙数控加工仿真软件,在标题栏"机床"中单击"选择机床",选择 FANUC 0i Mate 系统和车床类型中的大连机床厂 CKA6136i,如图 8.79 和图 8.80 所示。

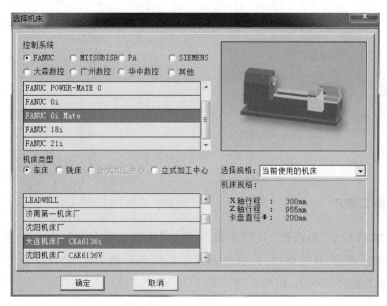

图 8.79　选择机床数控系统和生产厂家

图 8.80　数控系统界面

（2）装夹毛坯

在标题栏"零件"中定义毛坯，设置毛坯的名称、材料和外形尺寸等参数，如图 8.81

所示。

在标题栏"零件"中单击"放置零件"按钮,选择已定义的毛坯1,单击"安装零件",通过三爪自定心卡盘完成工件装夹,并使工件伸出合适的长度,如图8.82所示。

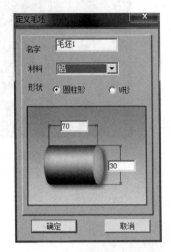

图 8.81 "定义毛坯"对话框

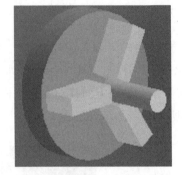

图 8.82 三爪自定心卡盘装夹毛坯料

(3) 选择刀具

在标题栏"机床"中单击"选择刀具"按钮,根据毛坯的材料和加工参数对刀具进行定义,如图8.83所示。

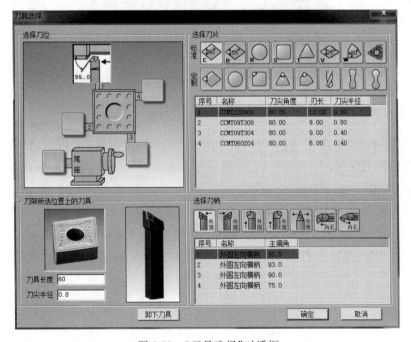

图 8.83 "刀具选择"对话框

（4）导入程序

在数控系统界面中，工作方式选择"编辑"，单击"PROG"按钮，在屏幕下方依次单击"操作""→""READ"，输入程序名称"O0001"，然后单击"EXEC"按钮，最后在标题栏"机床"中选择"DNC 传送"，在弹出的对话框中依据保存路径找到前面自动生成的程序，如图 8.84 所示。

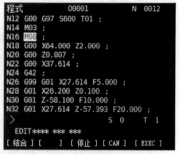

```
程式              O0001          N 0012
N12 G00 G97 S600 T01 ;
N14 M03 ;
N16 M08 ;
N18 G00 X64.000 Z2.000 ;
N20 G00 Z0.807 ;
N22 G00 X37.614 ;
N24 G42 ;
N26 G99 G01 X27.614 F5.000 ;
N28 G01 X26.200 Z0.100 ;
N30 G01 Z-58.100 F10.000 ;
N32 G01 X27.614 Z-57.393 F20.000 ;
>                            S 0    T 1
EDIT**** *** ***
[ 结合 ] [    ] [ 停止 ] [ CAN ] [ EXEC ]
```

图 8.84　导入数控系统的程序

2. 对刀

工作方式选择"手动"，单击主轴"正转"按钮，设置"速度变化-X10"，控制刀具向毛坯移动，在毛坯端部车外圆，然后刀具沿 Z 轴正方向移动远离工件，主轴停止转动，如图 8.85所示。

图 8.85　Z 轴方向切削

在标题栏"测量"中选择"剖面图测量"，弹出"车床工件测量"对话框，将测量位置设置为毛坯端部的切削位置，在下方信息栏中可显示 X 轴方向坐标为 28.056，则此时毛坯已切削位置直径为 28.056 mm，如图 8.86 所示。

在数控系统界面，依次选择"编辑""OFFSET"，在屏幕下方选择"形状"，移动光标到编号"01""X"位置，输入"X28.056"，单击"测量"按钮，完成 X 轴方向的对刀。

以同样的步骤，刀具沿毛坯端面切除一刀，此位置为 Z 轴原点，输入"Z0"，完成 Z 轴方向的对刀。

3. 加工仿真

工作方式选择"编辑"，单击"PROG"按钮，找到程序 O0001，单击"循环-启动"，执行整个加工程序,最终毛坯加工出预想的形状轮廓,如图 8.87 所示。

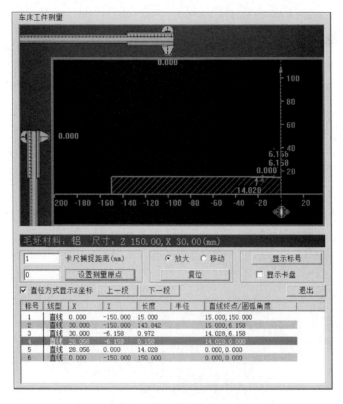

图 8.86　测量切削位置尺寸

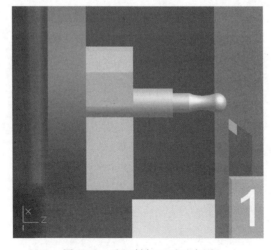

图 8.87　毛坯料加工后示意图

思考与练习题

8-1　简述手摇四杆机中任一零件的建模过程。

8-2　举例说明数控仿真过程步骤。

8-3　在数控仿真中，若加工后工件测量结果尺寸不正确，则该如何修改？

第九章
数控车削

实训要求	实训目标
预习	普通车削技术及其操作,机床工具、夹具、量具的使用,坐标系的分类
了解	数控车床分类、型号、结构、工艺范围、工作原理和特点
掌握	数控车床操作,数控加工指令(难点)、编程(重点)
拓展	现代数控车削加工工程意识,培养创新能力
任务	独立完成手摇四杆机中轴类零件的数控车削

9.1 数控车削技术及设备

数控技术(numerical control,NC)简称"数控",它的产生依赖于数据载体和二进制形式数据运算的出现。穿孔的金属薄片互换式数据载体问世于1908年。第一台数控机床产生于1952年,这是世界机械工业史上划时代的事件,由此推动了自动化技术的大发展。现在,数控技术又称计算机数控技术,它采用计算机实现数字程序控制,由计算机执行事先存储的控制程序实现对设备控制的功能。采用计算机代替原先的硬件逻辑电路组成的数控装置,通过计算机软件来实现输入数据的存储、处理、运算、逻辑判断等。

因此,数控技术是指用数字、文字和符号组成的数字指令实现一台或多台机械设备的自动控制技术。它通过控制位置、角度、速度等机械量和与机械能量流向有关的开关量,驱动控制机床的运动部件,实现既定的加工运动。

9.1.1 数控车床

数控车床是数控车削机床的简称,主要用于车削轴类或盘类零件的内、外圆柱面,任意锥角的内、外圆锥面,复杂回转内、外曲面和圆柱、圆锥螺纹等,并能实现切槽、钻孔、扩孔、铰孔及镗孔等加工。

1. 数控车床的组成

数控车床的组成如图 9.1 所示。

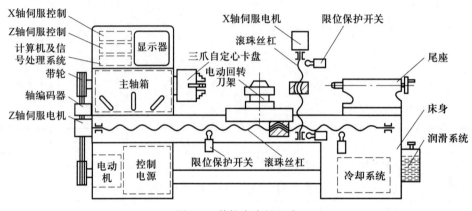

图 9.1 数控车床的组成

(1)数控车床本体

主要由床身、导轨、主轴部件、机械传动部件、电动回转刀架、自动安全门,以及布置在机床内部的冷却和润滑系统等组成。

1)床身

数控车床床身是整个机床的基础支承件,是机床的主体,一般用来放置导轨、主轴箱等重要部件。

2)导轨

数控车床导轨可分为滑动导轨和滚动导轨两种。滑动导轨具有结构简单、制造方便、接触刚度大等优点。滚动导轨具有摩擦系数小,动、静摩擦系数接近,不会产生爬行现象,可以使用油脂润滑等优点。

3)主轴部件

数控车床主轴部件的回转精度直接影响加工零件的精度,而且它的功率、回转速度也影响车床的加工效率。有级自动变速功能的数控车床主轴箱的传动结构已经完全简化。有手动操作和自动控制双重功能的改造式数控车床,基本保留了原有的主轴箱。全功能数控车床的主传动系统大多采用无级变速。

目前,数控车床的无级变速系统主要有变频主轴系统和伺服主轴系统两种,一般采用直流或交流主轴电机,通过带传动带动主轴旋转,或通过带传动和主轴箱内的减速齿轮带动主轴旋转。由于主轴电机变速范围广,又可无级变速,使得主轴箱的结构大幅简化。主轴电机在额定转速时可输出全部功率和最大转矩。

4) 机械传动部件

数控车床在原普通车床传动链的基础上做了部分简化,取消了挂轮箱、进给箱、溜板箱及其绝大部分传动机构,而仅保留了纵、横向进给的螺旋传动机构——丝杠螺母副,并在驱动电机与丝杠螺母副之间增设了可消除其侧隙的齿轮副。

5) 电动回转刀架

电动回转刀架是数控车床的重要组成部分,用于夹持车削用的刀具,可以夹持多把刀具,在数控车削过程中可以实现自动换刀,其结构和换刀、对刀精度直接影响数控车床的加工精度和车削效率。

6) 自动安全门

数控车床的自动安全门有内侧安全门和外侧安全门之分。内侧安全门上装有安全区和刀库安全门装置,作用是在发生故障和危险时,整个装置可以自动提示并在第一时间切断电源,将车床停机。内侧安全门的最大优点是不需要人工操作而且结构简单、安全性高和执行效率高。

数控车床的自动安全门内部结构复杂,主要包括自动安全门的框体、可以向框体靠近的自动活动门,还有活动门的驱动机构。活动门的驱动机构包括气缸、电磁阀、调压过滤器和气源等。

(2) **数控系统**

1) CNC 装置

CNC 装置是数控车床数控系统的核心,由中央处理单元(CPU)、存储器、各种 I/O 接口及外围逻辑电路等组成,主要作用是存储和处理输入的数控程序及相关数据,通过插补运算等形成运动轨迹指令,控制伺服单元和驱动装置实现刀具与工件的相对运动。对于离散的开关控制量,可以通过可编程逻辑控制器进行逻辑控制。

随着 CPU 性能的提升,CNC 装置的功能越来越丰富,除了上述基本控制功能外,还有图形功能、通信功能、诊断功能、生产统计和管理功能等。

2) 数控车床操作面板

数控车床通过数控车床操作面板实现操作加工,数控车床操作面板由数控面板和机床面板组成。

数控面板是数控系统的操作面板,由显示器和手动数据输入(manual data input, MDI)键盘组成,又称为 MDI 面板。显示器的下部设有菜单选择键,用于选择操作。键盘除各种符号键、数字键和功能键外,还预留用户定义键。操作人员通过键盘和显示器,实现对系统管理,输入、存储和编辑数控程序和有关数据。加工过程中,显示器可以动态地显示系统状态和故障报告等。

机床面板主要用于对机床的手动方式操作,以及自动方式下对机床的操作或干预。机床面板有各种按钮与选择开关,用于启停机床及辅助装置、选择加工方式和速度倍率等,还有数码管及信号显示灯。中、小型数控车床的操作面板常和数控面板为一个整体,在二者之间设置有明显界限。

此外,数控系统设置有串行通信接口,数控程序及数据还可以通过磁盘或串行通信接口输入,串行通信接口通常设置在机床操作面板上。

3)可编程逻辑控制器

可编程逻辑控制器(programmable logical controller,PLC)又称为可编程控制器(programmable controller,PC)或可编程机床控制器(programmable machine controller,PMC),是一种以微处理器为基础的通用型自动控制装置,用于完成数控机床的各种逻辑运算和顺序控制,如机床启停、工件装夹、刀具更换、冷却液开关等辅助动作。

PLC还接受机床面板的指令:一方面直接控制机床的动作;另一方面将有关指令送往CNC装置来控制加工过程。CNC装置中的PLC有内置型和独立型。内置型PLC与CNC装置集成在一起;独立型PLC由专业厂家生产独立封装,又称外装型。

4)进给伺服系统

进给伺服系统主要由进给伺服单元和伺服进给电机组成。对于闭环或半闭环控制的进给伺服系统,还包括位置检测装置。进给伺服单元接收来自CNC装置的运动指令,经变换和放大后,驱动伺服电机运转,实现刀架或工件的运动。CNC装置每发出一个控制脉冲机床刀架或工件所移动的距离,称为数控车床的脉冲当量或最小设定单位,脉冲当量的值直接影响数控车床的加工精度。

在闭环或半闭环控制的伺服进给系统中,位置检测装置安装在机床(闭环控制)或伺服电机(半闭环控制)上,其作用是将机床或伺服电机的实际位置信号反馈给CNC装置,并与位移指令信号比较,通过差值来修正机床运动控制指令,达到消除运动误差、提高定位精度的目的。

通常,数控车床的功能取决于CNC装置的性能,而数控车床性能的优劣主要取决于伺服进给驱动系统的运动速度与精度。数控技术的不断发展,对伺服进给驱动系统的要求也越来越高。一般要求定位精度为 10 μm 至 1 μm,高精设备要求达到 0.1 μm。为了保证系统的跟踪精度,一般要求动态过程在 200 μs 内,甚至在几十微秒内,同时要求超调要小。为了提高加工效率,车削时进给速度高达 24 m/min;此外,要求伺服电机低速时输出转矩较大。

5)主轴驱动系统

与伺服进给驱动系统相比,数控车床的主轴驱动电机的输出功率更大,一般应为 2.2 kW 至 250 kW;除了具有较大范围的恒转矩调速外,还要有较大范围的恒功率调速。数控车床为了加工螺纹和恒线速度控制,要求主轴和伺服进给驱动同步控制。经济型数控车床的主轴驱动系统与普通车床类似,仍需要手动机械变速,其CNC装置仅对主轴进行启停控制。

2. 数控车床的工作原理

将编制好的加工程序输入数控车床的数控系统中,由数控程序控制车床 X、Z 坐标的伺服电机,实现车床的进给运动部件的顺序动作、移动量和进给速度,再配以主轴转速和转向,便能车削不同形状的轴类和盘套类零件。

数控车床的组成及工作原理如图 9.2 所示。

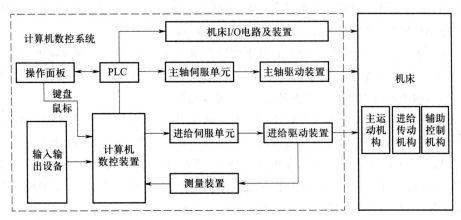

图 9.2　数控车床组成及工作原理

数控车床由多台电机驱动,主轴回转由主轴电机驱动,主轴电机采用变频无级变速方式进行调速。进给系统采用伺服电机(或步进电机)驱动,经过滚珠丝杠副传动到机床拖板和刀架,以连续控制的方式,实现刀架的纵向(Z 向)和横向(X 向)进给运动。数控车床主运动和进给运动的同步信号来自于安装在主轴上的脉冲编码器。主轴旋转时,脉冲编码器向数控系统发出检测信号,数控系统对检测信号进行处理后传给伺服控制器,由伺服控制器驱动伺服电机运动,从而实现主轴运动与刀架进给运动的同步。

3. 数控车床的分类

随着数控技术的发展,数控车床种类、结构不断丰富和完善,和其他数控机床一样,数控车床按其不同特征分为不同类型,如图 9.3 所示。

图 9.3　数控车床的分类

通常数控车床的分类方法如下:

1)按刀架的位置不同,数控车床可分为水平刀架型数控车床、垂直刀架型数控车床和倾斜刀架型数控车床等。

水平刀架型数控车床与普通车床的形式基本相同,刀架水平放置在床身上,刀架主要有四方和六角等形式。

垂直刀架型数控车床的刀架布置在工件上方,车削时切屑直接落到床身底部,排屑效果最好。

倾斜刀架型数控车床是目前数控车床中应用最广泛的一种,车床床身与水平面成一个夹角,床身刚性较好,排屑容易,顶尖与主轴轴线一致,操作性好。

2) 按功能不同,数控车床可分为高效率数控车床、高精度数控车床和车削加工中心等。

高效率数控车床通过配备比常见数控车床更多的功能组件实现提高效率目的,其主要有一个主轴、两个回转刀架和两个主轴、两个回转刀架等形式。

高精度数控车床主要用于需要镜面加工并且形状、尺寸精度都要求很高的零件,甚至可以代替磨削加工。这种车床在各个方面均采取了很多特殊措施,以保证高精度加工。

车削加工中心除了进行一般的车削加工外,还可以进行铣削、钻削等,采用转盘式可换刀的刀架,并且有刀库,主轴可以进行回转轴的径向进给控制(C 轴控制)。车削加工中心可进行四轴(X、Y、Z、C)进给控制,而一般的数控车床只能进行两轴(X、Z)进给控制。

另外,按控制系统的功能不同,数控车床可分为经济型数控车床、多功能型数控车床和车削加工中心。按总体布局形式不同,数控车床可分为立式数控车床、倾斜卧式数控车床、水平卧式数控车床等。

4. 数控车床的主要功能

不同的数控车床的功能也不尽相同,但都具备以下主要功能:

(1) 直线插补功能
控制刀具沿直线进行切削,在数控车床中利用该功能可加工圆柱面、圆锥面和倒角等。

(2) 圆弧插补功能
控制刀具沿圆弧进行切削,在数控车床中利用该功能可加工圆弧面和曲面。

(3) 固定循环功能
固定车床常用的一些功能有粗加工、车螺纹、切槽、钻孔等,使用该功能可简化编程。

(4) 恒线速度车削
通过控制主轴转速保持切削点的切削速度恒定,可获得一致的加工表面。

(5) 刀具半径自动补偿功能
对运动轨迹进行刀具半径补偿,具备该功能的车床在编程时可不考虑刀具半径,直接按零件轮廓进行编程,使编程变得简单。

此外,数控车床还具有一些拓展功能,如 C 轴功能、Y 轴控制和加工模拟等。

5. 数控车床的特点

与普通车床相比,数控车床具有以下特点:

1）采用全封闭或半封闭防护装置。

2）采用自动排屑装置。

3）主轴转速高,工件装夹安全可靠。

4）可自动换刀。

数控车床的优点主要体现在"数控"上,加上各种完善的机械结构,使之具有高精度、质量稳定、高难度、高效率、自动化程度高等优点。因此,数控车床一般用于精度较高、批量生产的零件以及各种形状复杂的轴类和盘套类零件加工。

9.1.2 数控车床刀具

1. 数控车床对刀具的要求

由于数控车床适于高速、高精度和批量生产加工,因而数控车床对刀具的要求比普通车床高。为了适应标准化生产与自动化加工,提高生产效率与加工质量,数控车床常采用带有可转位涂层刀片的机夹车刀。这种刀具具有以下优点:

1）高的硬度和耐磨性。

2）足够的强度和韧性。

3）高的耐热性和良好的导热性。

4）化学性能稳定。

5）良好的抗黏结性能。

6）无须刃磨,工件质量高,生产效率高。

2. 数控车床常用的刀具

数控车床使用的刀具称为车刀。车刀是金属切削加工中使用最广泛的刀具之一,可以加工各种内、外回转体的表面和切断、切槽等。为了满足数控车削加工时生产效率、质量精度、加工模式和附件更换等具体要求,数控车床的车刀种类非常多,市场上数控车刀因功能、结构、材料、成本和使用方法等特点多样而导致分类方法不同。按用途不同,数控车刀可分为外圆车刀、端面车刀、切断刀、内孔车刀、切内槽刀、车螺纹刀,见表9.1;按结构不同,数控车刀可分为整体式、焊接式、机夹式、可转位式,见表9.2。

表 9.1 数控车刀按用途分类

类型	示意图	适用范围
外圆车刀		外圆粗、精车

续表

类型	示意图	适用范围
端面车刀		端面粗、精车
切断刀		外圆切槽、工件切断等
内孔车刀		内孔粗、精车
切内槽刀		内孔槽及内螺纹的越程槽等
车螺纹刀		车削内、外螺纹

表 9.2　数控车刀按结构分类

类型	示意图	特点	适用范围
整体式		高速钢制造,可进行修磨,也称"白钢刀"	适用于小型车刀和有色金属加工
焊接式		以铜作焊剂将硬质合金刀片和刀杆焊为一体,结构紧凑,制造方便	适用于中、小型刀具
机夹式		刀片用机械夹固定在刀杆上,刀片可更换,刀杆可重复利用	多用于数控车床

续表

类型	示意图	特点	适用范围
可转位式		刀片可转位,无焊接刃磨缺陷,切削性能好,种类多	能承受较大负荷和冲击,切削连续且平稳

3. 数控车刀的选用原则

数控车刀的选用会直接影响工件的加工质量,因此在实践中必须慎重选用数控车刀。通常数控车刀的选用原则为数控车刀与机床相匹配原则、数控车刀与被加工材料相匹配原则、合理选择数控车刀规格原则、数控车刀选取经济性原则等。

9.1.3 数控车床的坐标系

数控车床采用笛卡儿坐标系,通常有机床坐标系和工件坐标系两类。

1. 机床坐标系

机床坐标系由数控车床的结构决定,是机床厂家在设计机床时确定的,是机床上固有的坐标系,通常在机床设计、制造和调整后便被确定下来。但机床坐标系的原点也称为"零点",常被厂家作为商业机密而鲜为人知,有时机床坐标原点被设在主轴装夹法兰盘的端面中心点。通常,机床坐标系是其他坐标系的基准坐标系。

数控车床一般采用两轴联动,与主轴轴线平行的方向设为 Z 轴,并规定刀具远离主轴的方向为正方向;在水平面内与车床主轴线垂直的方向设为 X 轴,并规定刀具远离主轴旋转中心的方向为正方向。

2. 工件坐标系

工件坐标系是用户编程时根据工艺要求或者工艺基准需要而建立的坐标系,主要用于确定工件几何形状的点、直线、圆弧等几何要素相对位置,通过对刀或者指令设定而确立坐标系,工件坐标系的 X 轴和 Z 轴与机床坐标系中坐标轴方向一致。工件坐标系原点的设置原则是应尽可能选择工件的设计基准和工艺基准,通常设定在工件左端面或右端面与主轴交点位置,如图 9.4 所示。

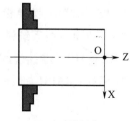

图 9.4　工件坐标系

9.1.4　数控车床的基本操作

1. 数控车床操作面板功能简介

通过数控车床控制面板上的键盘操作实现车床的功能。数控车床配备的数控系统不同,其控制面板 CRT/MDI 的形式不同。大连机床厂生产的数控车床 CKD6140i 采用 FANUC 0i Mate 数控系统,其系统操作面板如图 9.5 所示。

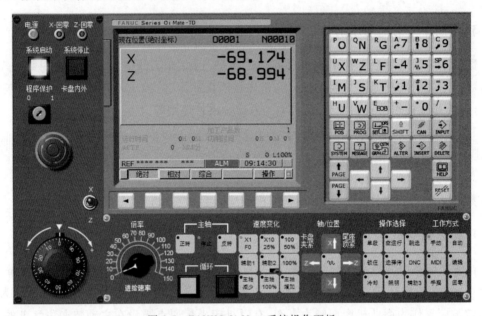

图 9.5　FANUC 0i Mate 系统操作面板

操作面板中各控制键及其功能如下:

（1）主功能键

主功能键位于控制面板显示屏右侧,可通过选择主功能键,进入主功能状态后,结合子功能键（软键）实现具体功能。

"POS"键:位置显示键,在显示屏上显示刀具当前位置。

"PROG"键:程序键,在编辑方式下,可以编辑和显示内存程序,显示 MDI 数据。

"OFS SET"键:菜单设置键,刀具偏置数值的显示和设定。

"SYSTEM"键:系统键,按此键显示系统画面。

"MESSAGE"键:信息键,显示信息画面。

"CSTM GRAPH"键:图像显示键,显示用户宏画面或图形画面。

（2）数据输入键

用来输入英文字母、数字及符号。常见功能有 G、M——指令;F——进给量;S——主轴转速;X、Y、Z——坐标;I、J、K——圆弧的圆心坐标;R——圆弧半径;T——刀具号或换刀指令;O——程序名;N——程序段号;0~9——数字;EOB——程序段结束键等。

(3) 编辑键

"ALTER"键:修改键,在程序当前光标位置修改指令代码。

"INSERT"键:插入键,在程序当前光标位置插入指令代码。

"DELETE"键:删除键,删除光标所在位置的数据、程序段。

(4) 复位键

"RESET"键:复位键,按下此键,复位 CNC 装置,也可用于消除报警状态。

(5) 输入键

"INPUT"键:输入键,与外部设备通信时,按下此键,才能启动输入设备,将数据输入到 CNC 装置内,也有将缓冲器中数据复制到寄存器的功能。

(6) 取消键

"CAN"键:取消键,按下此键,可删除已输入到缓冲器数据的最后一个字符或符号。

(7) 换挡键

"SHIFT"键:换挡键,用于切换地址键和数字键顶部小字体的字符或符号输入。

(8) 软键

软键即子功能键,位于屏幕正下方,各软件含义显示于屏幕下边缘对应软键的位置,主功能状态不同各子功能键含义不同。在主功能下可能有若干子功能,可通过软键切换各子功能。

(9) 帮助键

"HELP"键:帮助键,显示车床操作、功能介绍和报警信息等。

(10) 翻页键

"PAGE↑"键:上翻页键。向前翻一页。

"PAGE↓"键:下翻页键。向后翻一页。

(11) 光标移动键

光标移动键为分别指向上、下、左、右四个方向的四个箭头,分别表示光标向对应的指向移动。

2. 数控车床基本操作

当加工程序编制完成之后,就可操作车床对工件进行加工。下面介绍数控车床的基本操作方法。

(1) 车床开机、关机操作

在开机前,检查电源柜上的车床电源开关是否接通闭合。在车床侧面将主电源切换开关推至"ON"位置,控制面板上"电源指示灯"常亮,表示车床电源已接通,然后按下操作面板上的"系统启动"按钮,显示屏显示开机信息,待显示屏显示出 X、Z 坐标位置,说明数控系统已经开机,但此时的数控系统处于操作保护状态,即无法进行操作,可按照"急停"按钮上标识的箭头方向旋转使其完全弹出,此时车床完成全部开机操作过程。

当加工结束需要关机时,必须等车床运动部件停止运动后,才能按下"急停"按钮,接着按下操作面板上的"系统停止"按钮,然后将主电源切换开关推至"OFF"位置,最后切断电源柜上的车床电源开关,即完成车床关机操作过程。

(2) 回零操作

当车床出现下列情况时,操作者必须进行返回机床坐标系原点(回零)操作:车床电源接通完成开机操作后;车床断电后再次接通数控系统的电源;车床紧急停止或超程报警后再次恢复工作。

返回参考点的操作步骤:先按下"回零"键,接着按下"Z"或"X"键,刀具将自动移动至机床坐标系原点后停止运动,此时相对应"Z−回零"或"X−回零"指示灯常亮,然后另一个坐标轴按照同样的操作回零,直至两个"回零"指示灯常亮为止,即表示 Z 轴和 X 轴均已完成回零操作。

(3) 手摇方式操作

按下"手摇"按钮,在"速度变化"选项中根据刀具与工件加工位置的距离选择步长"X1""X10"或"X100",将刀具进给方向转换开关拨至"X"或"Z",旋转手轮就可实现刀具沿相对应坐标轴的移动操作。当顺时针旋转手轮时,刀具沿坐标轴正方向移动;而当逆时针旋转手轮时,刀具沿坐标轴负方向移动。"速度变化"选项中步长为手轮每转动一格的刀具移动量,步长单位为 μm。

在"手摇"方式下,按下"主轴−正转"或"主轴−反转"钮可开启主轴旋转运动,此时的主轴转速为上一次主轴转速,若按下"主轴减少"或"主轴增加"键,主轴转速以 10% 的幅度减少或增加。当按下"主轴−停止"键时,主轴停止旋转。

(4) 手动进给操作

按下"手动"按钮,旋转"倍率"旋钮选择对应的进给速度,根据刀具与工件待加工位置选择"Z←""→Z""X↑"或"X↓"键,刀具可在对应的坐标轴上朝指定方向移动。"倍率"旋钮周围的数值为百分比,表示设定进给速度的百分值,

(5) 手动数据输入方式(MDI)

通过手动输入程序段进行循环启动,可控制主轴启动、换刀、打开冷却液等动作,该输入方式输入的程序不能自动保存,当循环启动后,输入的程序会自动清屏。

按下"MDI"键,接着连续快按几下"PROG"键直至显示屏出现"程序(MDI)O0000"界面,此时输入将要执行的程序段,最后按下"循环-启动"白色按钮就可执行相应动作。例如在"程序(MDI)O0000"界面内输入 T0101,表示回转刀架更换 1 号刀具为工作刀具;输入M03 S700,表示主轴以 700 r/min 的速度保持连续正转状态。

(6) 加工程序编制

选择"编辑"方式,连续快按几下"PROG"键直至显示屏出现"程序",此时通过各功能键依次输入程序代码,输入的程序会自动保存,无须再次人工保存。

"编辑"方式下还可进行创建、修改、调用、删除程序等。依次按下"编辑"键、"PROG"键,输入要创建的新程序名称,按下"INSERT"键可创建一个新程序;若输入已经创建好的程序名称,按下向下光标移动键可调出目标程序。在已打开的程序界面里,将光标移动到需要修改代码位置处,通过"DELETE"键或"ALTER"键可实现程序字符的修改和覆盖操作。

(7) 自动运行操作

车床的自动运行也称自动循环,能够执行自动运行的数控程序必须结构完整,否则将出现报警界面且无法运行。首先按下"编辑"键,然后连续快按几下"PROG"键直至显示屏出现"程序"界面,接着输入将要执行的程序名称,调出所需要的程序,再移动光标或按下"RE-SET"键使光标移动到程序初始位置,然后选择"自动"工作方式,最后按下"循环-启动"白色按钮,程序即可自动运行,加工过程实现自动运行,直至程序运行结束,车床自动停止。

(8) 车床急停操作

车床在手动或自动运行中,一旦发现异常情况,应立即停止车床的运动,迅速按下红色的急停按钮,车床进给运动和主轴运动会立即停止工作。待排除故障重新执行程序恢复车床的工作时,依按钮上箭头所示方向旋转该按钮使其弹出,按下"RESET"键,则恢复正常状态。

(9) 刀具偏置设定

刀具偏置包括刀具长度偏置量和半径偏置量。在"编辑"方式下按功能键"OFS SET"键进入偏置菜单,按"偏置"键,接着选择"磨损"栏,移动光标到对应的刀具号和坐标轴位置,输入对应的偏置量,按"测量"键完成刀具偏置设定。刀具偏置设定是否精准直接影响加工件的尺寸精度。

3. 数控车床的操作步骤

数控车床操作步骤如图 9.6 所示。

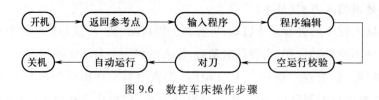

图 9.6　数控车床操作步骤

（1）**开机**

一般是先开车床再开数控系统，车床电源接通后，打开数控系统，数控系统中的显示屏会显示相关信息。

（2）**返回参考点**

对于增量控制系统（使用增量式位置检测元件）的车床，必须先执行这一步，以建立车床各坐标的移动基准。

（3）**输入程序**

输入程序有多种方法，根据工件的具体要求灵活选择：

1）若加工过程比较简单，且为单件加工，则可采用 MDI 方式输入。

2）若程序不长，需要批量加工，则可用键盘在 CNC 控制面板上进行输入操作。

3）若加工过程烦琐或加工形状复杂的零件，人工编程有难度且需要多次修改，则可通过 CAM 软件自动生成程序，再将其以 DNC 方式输入数控系统。

（4）**程序编辑**

若输入的程序需要修改，则在"编辑"工作方式下，利用"DELETE"键和"ALTER"键进行增加、删除和更改等操作。

（5）**空运行校验**

车床锁住，车床空载运行程序。此步骤是对程序进行检查，若有错误，则需重新进行编辑。

（6）**对刀**

对刀的目的是建立工件坐标系，一般将毛坯端面的圆心位置设置为工件坐标系原点，实际加工中多采用试切法对刀原理。在手动方式下，主轴带动毛坯旋转，移动刀具逐渐靠近毛坯端面，当刀具刚好切入端面时，此处为 Z 轴零点，当刀具将毛坯外圆面薄薄切去一层，停机测量已加工面直径，此值为 X 轴坐标值。若加工中需要多把刀具，则其他刀具也采用相同的方法完成对刀。

（7）自动加工

选择"自动"工作方式,加工开始后,车床将自动执行程序直至加工结束,车床自动停机。

（8）关机

一般应先关闭数控系统,最后关闭车床电源。首先按下急停按钮,然后按下"系统停止"按钮,接着在车床侧面关闭主电源。

4. 数控车床的对刀操作

为了简化编程,允许在编程时不考虑刀具的实际位置,以 FANUC 系统为例,介绍两种对刀方法,通过对刀操作来获得刀具偏置数值,换言之,也就是确立工件坐标系。数控车床的对刀通常有定点对刀、试切对刀两种方法。

（1）定点对刀

1）首先确定 X、Z 轴向的刀补初值为零,如果不为零,则必须把所有刀具号的刀补清零,即刀具中的偏置号为 00(如 T0100,T0300)。

2）选择其中一把刀具,将刀具移到对刀点(即定点),如图 9.7 所示。

3）在录入方式、程序状态页面下用 G50 X_Z_指令来设定工件坐标系。

4）使用相对坐标(U,W)的坐标值清零。

5）将刀具移至安全位置,选择另一把刀具,并移动到对刀点。

6）按"刀补"按钮,进入刀补界面,选择该号刀具,分别按地址键"U""W",输入"0"即清零,该刀具的偏置即被设定。

重复 1）~6）,可对其他刀具进行对刀。

（2）试切对刀

1）选择一把刀具,沿毛坯棒料表面径向切平端面,在保持 Z 坐标不动的情况下,沿 X 轴退出刀具,如图 9.8 所示。

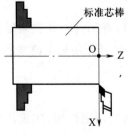 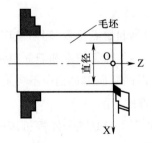

图 9.7 定点对刀   图 9.8 试切对刀

2）按"OFS SET"键,进入"偏置"界面,选择"形状",在该号刀具编号后面输入"Z0",按"测量"软键,设定该刀具工件坐标系 Z 轴。

3）沿工件轴向即 Z 轴方向,试切一段外圆,在保持 X 坐标不变的情况下,即沿工件 Z 向将刀具退至安全位置,停止主轴转动。

4）用量具(游标卡尺、千分尺等)测量试切后的工件外圆直径数值 D。

5）按"OFS SET"键,进入"偏置"界面,选择"形状",在该号刀具编号后面输入"X+外圆直径数值 D",按"测量"软键,设定该刀具工件坐标系 X 轴。

重复 1）~5），可完成对其他刀具对刀操作。

9.2 数控车削工艺及加工指令

9.2.1 数控车削工艺

数控车床是随着现代化工业发展的需求在普通车床的基础上发展起来的,其加工工艺与普通车床的加工工艺设计过程和原则有许多相同之处,但在数控车床上加工零件比在普通车床上加工零件的工艺规程要复杂得多,在数控编程前要对所加工零件进行工艺分析。工艺分析的基本内容是选择适合数控加工的零件,确定数控加工的内容,拟订加工方案,确定加工车床、加工路线和加工内容,选择合适的刀具和切削用量,确定合理的装夹方式和方法,对刀点、刀具轨迹路线设计等,因此工艺分析是数控加工和编程的关键工作。

1. 数控车削工艺内容

数控车削工艺设计的内容和顺序如下:

1）分析零件图,明确加工要求和加工内容

2）确定工件坐标系原点位置

为了便于测量和计算,可将数控车床 Z 坐标轴与工件回转中心重合,X 坐标轴在工件的左端面或右端面上。

3）确定工艺路线

首先确定刀具起始点位置,起始点应便于安装和检查工件。其次确定粗、精车路线,基本原则为在保证零件加工精度和表面粗糙度的前提下尽可能使加工路线最短。最后确定自动换刀点位置,以确保换刀过程中不会发生碰刀意外。

4）选择合理的切削用量

合理选择切削用量是充分发挥机床的潜力与刀具的切削性能,实现优质、高产、低成本和安全操作的关键要素。具体参数与刀具、工件材料、热处理等因素相关,可参照切削用量手册进行选择,以硬质合金车刀为例,切削不同材料的切削用量见表 9.3。

表 9.3 硬质合金车刀切削不同材料的切削用量

工件材料	热处理类型	背吃刀量 a_p/mm		
		0.3~2	2~6	6~10
		进给量 f/(mm/r)		
		0.08~0.3	0.3~0.6	0.6~0.1
		切削速度 v_c/(m/min)		
低碳钢	热轧	140~180	100~120	70~90
中碳钢	热轧	130~160	90~110	60~80
	调质	100~130	70~90	50~70
合金钢	热轧	100~130	70~90	50~70
	调质	80~110	50~70	40~60
工具钢	退火	90~120	60~80	50~70
灰铸铁		80~120	50~80	40~70
铝合金		300~600	200~400	150~200
铜合金		200~250	120~180	90~120

5）选择合适的刀具

科学合理地选择刀具是提高加工质量和加工效率的重要保障。零件材料的切削性能、毛坯余量、尺寸精度和表面粗糙度要求以及车床的自动化程度等都是选择刀片的重要依据。数控车床能兼作粗车、精车，可根据零件的形状和精度要求进行选择。粗车时要选强度高、耐用度好的刀具，以满足粗车时大背吃刀量、大进给量的要求；精车时要选精度高、耐用度好的刀具，以保证加工精度的要求。

6）编制和调试加工程序

7）完成零件加工

2. 对刀点的确定

对于数控机床来说，在加工开始时，确定刀具与工件的相对位置十分重要，该相对位置可通过确定对刀点的方式实现。对刀点是指加工起始时刀具与工件相对位置的基准点。对刀点可以设置在被加工零件上，也可以设置在零件上与定位基准有一定尺寸联系的某一位置。

选择对刀点位置的原则如下：

1）应使程序编制过程简单，加工时不会碰刀。

2）便于确定工件加工原点的设置。

3）在加工时有利于检验和测量。

4）有利于提高加工精度，减小加工误差。

3. 数控车削加工工序设计原则

数控加工过程中,由于加工对象复杂多样,加上材料、批量等多方面因素的影响,在确定具体工序时,可按先基准后其他、先粗后精、先近后远、刀具集中、走刀路线最短等原则综合考虑。

(1) 先基准后其他

先加工定位面,即前道工序的加工能够为后面的工序提供精加工基准和合适的装夹表面。

(2) 先粗后精

对于零件精度要求高,粗、精加工需要分开的零件,须先进行粗加工,待粗加工完成后,再接着进行半精加工和精加工。当粗加工后所留余量的均匀性满足不了精加工要求时,可通过数次半精加工使精加工余量变小而均匀。精加工时,零件的轮廓应由最后一刀连续加工而成。精加工刀具的进、退刀位置要考虑妥当,尽量沿轮廓的切线方向切入和切出,以免因切削力突然变化而造成弹性变形,致使光滑连接轮廓上产生表面划伤、形状突变或滞留刀痕等缺陷。当回转体零件既有内孔、又有外圆时,内、外表面的粗加工或细加工必须同时加工,先进行内、外表面粗加工,再进行内、外表面精加工,不可待内表面或外表面加工完成后,再加工其他表面,否则将对形位精度产生较大影响。

(3) 先近后远

所谓远与近,是指加工部位相对于对刀点的距离大小而言。先近后远原则具有保持毛坯或半成品件的刚度,改善其切削条件,缩短刀具移动距离,减少空行程时间等优点。

(4) 刀具集中

即用同一把刀具加工完相应加工面,再换另一把刀,加工相应的其他加工面,以减少空行程和换刀时间。

(5) 走刀路线最短

在保证加工质量的前提下,尽量让加工程序保持最短的进给路线,不仅有利于简化程序,还可以节省加工过程的运行时间和减少进给机构的磨损。

4. 确定工件的装夹方式与设计夹具

由于加工零件的形状多样性和尺寸特殊性,需根据工件的加工部位、定位基准和夹紧要求,选用或重新设计夹具。数控车床多采用三爪自定心卡盘夹持轴类工件,四爪单动卡盘夹持偏向工件,对于细长杆特征的工件可采用尾架顶尖夹持方式,减小受力变形,提高加工精度。加工带孔轴类工件内孔时,可采用液压自定心中心架,定心精度可达 0.03 mm。当数控车床主轴转速非常高时,改用液压高速动力卡盘,由于液压机构抗压缩性强,可以克服离心力,因此便于将工件更好更稳地夹紧。液压高速动力卡盘在出厂时已通过严格的平衡检验,具有高转速、高夹紧力、高精度、调爪方便、使用寿命长等优点。

9.2.2 数控车削的加工指令

数控车削加工指令有进给功能指令、主轴功能指令、刀具功能指令、辅助功能指令和准备功能指令等,见表9.4。

表 9.4 数控车削加工指令

类别	功能	示例	备注
F	进给功能指令	G98 F100 表示每分钟进给 100 mm; G99 F0.5 表示每转进给 0.5 mm	切削螺纹时,F 表示螺距,例如 F1.5 表示螺距为 1.5 mm
S	主轴功能指令	M03S600 表示主轴正转 600 r/min	
T	刀具功能指令	T0303 表示使用 3 号刀具和刀偏补偿	前两位是刀具号,后两位是刀具补偿号
M	辅助功能指令	见表 9.5	
G	准备功能指令	见表 9.6	

1. M 功能指令

M 功能指令一般用于辅助功能,M 功能指令用两位数表示,有 M00~M99 共 100 种,常用 M 功能指令见表 9.5。

表 9.5 常用 M 功能指令

指令字	功能	指令字	功能
M00	程序暂停	M08	冷却液打开
M03	主轴正转	M09	冷却液关闭
M04	主轴反转	M30	程序结束返回
M05	主轴停转	M98	调用子程序

2. G 功能指令

G 功能指令为控制数控车床实现某种操作的指令,主要用于坐标系设定,定义插补类型,选择刀具及其补偿,调用固定循环类型等。G 功能指令用两位数字表示,有 G00~G99 共 100 种,FANUC 数控系统常用 G 功能指令见表 9.6。有时 G 指令带有小数位,属于特殊指令。

表 9.6 FANUC 数控系统中常用 G 功能指令

指令字	功能	指令字	功能
G00	快速移动(定位)	G71	轴向粗车循环
G01	直线插补(切削进给)	G72	径向粗车循环
G02	圆弧插补(顺时针)	G73	封闭切削循环
G03	圆弧插补(逆时针)	G90	轴向切削循环
G04	暂停	G92	螺纹切削循环
G28	返回机床原点	G96	周速恒定进给
G32	螺纹切削	G97	周速恒定关闭
G40	取消刀尖半径补偿	G98	每分进给
G70	精加工循环	G99	每转进给

下面重点介绍 G 功能指令。

(1) 快速定位指令 G00

指令格式:G00 Xx Zz;

快速定位指令 G00 是刀具从当前位置快速运动并定位于工件坐标系的(x,z)处的目标位置的定位指令。快速进给速度由车床预先设定。

如图 9.9 所示,刀具从点 A 快速移动到点 B,其程序为 G00 X35 Z48。

(2) 直线插补指令 G01

指令格式:G01 Xx Zz Ff;

直线插补指令 G01 是直线运动指令,用来指定刀具以进给速度 f 在坐标系中以插补联动方式进行直线插补运动,即刀具以直线切削方式进给。

如图 9.10 所示,刀具从点 A 以直线插补方式移动到点 B,其程序为 G01 X30 Z55。

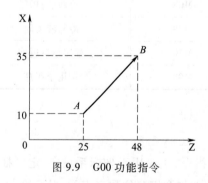

图 9.9　G00 功能指令

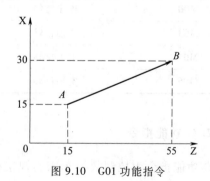

图 9.10　G01 功能指令

（3）**圆弧插补指令 G02、G03**

圆弧插补指令 G02、G03 都是圆弧运动指令，用来指定刀具在给定平面内以 F 值为进给速度进行圆弧插补运动。其中，G02 为刀具进行顺时针圆弧切削的指令、G03 为刀具进行逆时针圆弧切削的指令。

指令格式：

G02 Xx Zz Rr Ff;

G03 Xx Zz Rr Ff;

在指令格式中 r 为圆弧半径。当圆心角小于 180° 时，r 值为正；当圆心角大于 180° 时，r 值为负。

如图 9.11 所示，刀具从 A 点移动到 B 点，其程序为 G02 X15 Z50 R25；刀具从 B 点移动到 A 点，其程序为 G03 X40 Z25 R25。

（4）**螺纹加工指令 G32**

螺纹加工指令 G32 是等螺距螺纹加工指令，可加工直线螺纹、锥度螺纹和旋涡形螺纹，如图 9.12 所示。

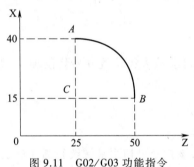

图 9.11 G02/G03 功能指令

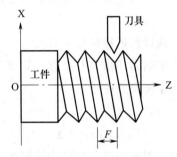

图 9.12 G32 螺纹加工指令

直线螺纹加工指令格式为 G32 Xx Zz Ff:

其中，Xx Zz 为螺纹终点坐标，Ff 为螺纹导程。

（5）**精加工循环指令 G70**

G70 为精加工循环指令，用来直接调用程序中已有的程序，不需要再次重复编写相关程序，可使程序更简洁，避免了总程序繁冗，多应用于精加工过程。

指令格式

G70 Pns Qnf;

其中，ns 为精加工程序开始段顺序号；nf 为精加工程序结束段顺序号。

（6）**轴向粗加工循环指令 G71**

轴向粗加工循环指令 G71 适用于圆柱棒料粗车阶梯轴的外圆或内孔需切除较多余量时

的情况。

指令格式：

G71 UΔd Re;

G71 Pns Qnf UΔu WΔw（F_S_T_）;

其中,Δd 为每次切削背吃刀量;e 为每次切削结束的退刀量;ns 为精加工程序开始段的顺序号;nf 为精加工程序结束段的顺序号;Δu 为 X 轴向的精加工余量（直径值）;Δw 为 Z 轴向的精加工余量。要注意的是,顺序号 ns 第一步程序不能有 Z 轴移动指令。

（7）径向粗加工循环指令 G72

径向粗加工循环指令 G72 适用于圆柱棒料粗车时直径方向的切除余量较大的情况。

指令格式：

G72 UΔd Re;

G72 Pns Qnf UΔu WΔw（F_S_T_）。

其中,Δd 为每次切削 Z 轴方向的背吃刀量;e 为每次切削结束的退刀量;ns 为精加工程序开始段的顺序号;nf 为精加工程序结束段的顺序号;Δu 为 X 轴向的精加工余量（直径值）;Δw 为 Z 轴向的精加工余量。要注意的是,顺序号 ns 第一步程序不能有 X 轴移动指令。

（8）**螺纹切削循环指令 G92**

螺纹切削循环指令 G92 在已知螺纹小径后可自动从大径位置开始切削加工,然后逐层切削直至小径位置停止。

指令格式：

G92 Xx（UΔu）Zz（WΔw）Ii Ff;

螺纹切削循环指令 G92 为简单螺纹循环指令,该指令可切削锥螺纹和圆柱螺纹,其循环路线与前述的单一形状固定循环基本相同,只是 F 后的进给量 f 改为螺距值即可。

圆柱螺纹切削循环如图 9.13 所示。刀具从循环点开始,按 A、B、C、D 进行自动循环,最后又回到循环起点 A。其中,AB、CD 和 DA 段为快速移动,BC 段按指定的工作进给速度移动。x、z 为螺纹终点（C 点）的坐标值;Δu、Δw 为螺纹终点坐标相对于螺纹起点的增量坐标值;i 为锥螺纹起点和终点的半径差。加工圆柱螺纹时 i 为零,通常可省略。

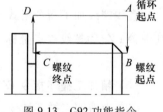

图 9.13　G92 功能指令

（9）子程序

在主程序中,当某一程序反复出现（即工件上相同的切削路线重复）时,可以把这类程序作为子程序,以简化程序。

调用子程序格式：

M98 P_ L_;

格式中,P 为要调用的子程序标识符,P 后面的数字为被调用的子程序编号,即子程序号中 O 后面的四位数字,L 后面的数字为重复调用次数,若只调用一次时,可省略该数字。

当主程序执行到 M98 P_ L_时,数控系统将保存主程序断点信息,转而执行子程序。在子程序中遇到 M99 指令时,子程序结束,返回主程序断点处继续执行。

3. 绝对坐标和增量坐标

绝对值编程和增量值编程是对坐标尺寸的两种不同的度量方式。绝对值编程时,无论刀具运动到哪一点,各点的坐标均以工件坐标系原点为基准读取。增量值编程时,刀具当前的坐标是以前一点的坐标值为基准而读取的。即绝对值指令是用轴移动的终点位置的坐标值进行编程的方法。增量值指令是用轴移动量直接编程的方法。两者在应用地址字时有区别:X、Z 为绝对值指令,U、W 为增量值指令。绝对值和增量值指令在一个程序段内可以混用。但当 X 和 Z 或者 U 和 W 在一个程序段中混用时,后面指令值有效。

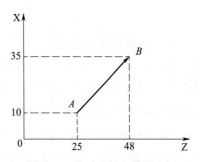

图 9.14 绝对坐标和增量坐标

图 9.14 所示的移动用绝对值指令和增量值指令,其编程的情况如下:

X35 Z48;或 U25 W23;

9.3 数车车削加工实例

利用数控车床加工手摇四杆机中回转体零件,采用大连机床厂生产的型号为 CKD6140i 的数控车床,其数控系统为 FANUC 0i Mate 系列。手摇四杆机中可在数控车床上加工的零件主要有轴和手柄。

9.3.1 轴的数控车削

(1) 零件结构分析

如图 9.15 所示,该零件表面由外圆柱面和槽组成。零件图轮廓描述清晰完整,尺寸标注完整,符合数控加工尺寸标注要求,零件材料为铝合金,无热处理和硬度要求,切削加工性能较好。

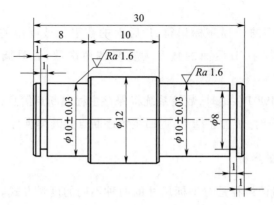

图 9.15 轴的零件图

（2）装夹与定位的选择

此零件不属于细长轴,装夹方式选用车床自带的三爪自定心卡盘装夹,如图 9.16 所示。根据零件图尺寸选择毛坯为直径 15 mm,长 50 mm 的棒料,夹毛坯外圆并使其伸出 35 mm。该零件为阶梯轴,需要两次装夹,分别以两侧端面为加工基准,先以右侧端面为基准车削 φ10 mm 圆柱面、φ12 mm 圆柱面、倒角和槽,再对工件切断、调头装夹,进行车削零件图中左侧 φ10 mm 圆柱面、倒角和槽,如图 9.17 所示。

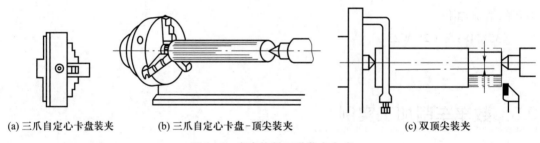

(a) 三爪自定心卡盘装夹　　(b) 三爪自定心卡盘-顶尖装夹　　(c) 双顶尖装夹

图 9.16 车床棒料三种装夹方式

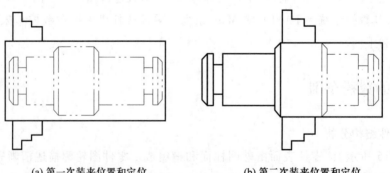

(a) 第一次装夹位置和定位　　(b) 第二次装夹位置和定位

图 9.17 两次装夹位置和定位示意图

（3）加工顺序的确定

根据数控车床的工序划分原则,零件的加工顺序如下:

1）粗车。

2）车削倒角 *C*0.5。

3）精车 ϕ10 mm 圆柱面、ϕ12 mm 圆柱面。

4）加工 1×ϕ8 mm 槽。

5）调头装夹毛坯,粗车 ϕ10 mm 圆柱面。

6）车削倒角 *C*0.5。

7）精车 ϕ10 mm 圆柱面。

8）车削加工 1×ϕ8 mm 槽。

（4）加工刀具的选择

选用 2 把刀具:T01 为外圆车刀,用于粗车和精车圆柱面,可选用 95°左偏刃组合式外圆车刀,刀片为 55°DNMG 刀片;T02 为宽 1 mm 的外圆方头切槽刀,用于切 1×ϕ8 mm 槽。

（5）工艺卡片

根据工件的材料、表面粗糙度和加工精度等因素,参考机械加工手册以及切削用量计算公式确定加工过程中背吃刀量、进给速度、主轴转速等相关工艺参数。

将前文确定的各参数内容整理形成加工工艺卡片,见表9.7。

（6）操作步骤

在操作前,准备量具、工具、刀具等,见表9.8。整个操作过程步骤如图9.18所示。

表 9.7 轴数控加工工艺卡片

零件名称	手柄	工序号	车 1	程序编号	O0001/O0002	夹具名称	三爪自定心卡盘
设备名称	CKD6140i	数控系统	FANUC-0i	毛坯尺寸	ϕ15 mm×50 mm	毛坯材料	铝合金

工步	工步内容	刀具	主轴转速/($r \cdot min^{-1}$)	进给速度/($mm \cdot r^{-1}$)	背吃刀量/mm	备注
1	粗车 ϕ12 mm、ϕ10 mm 圆柱面	T01 95°外圆车刀	600	0.3	1	
2	加工 C0.5 倒角	T01 95°外圆车刀	800	0.08	0.5	
3	精车 ϕ10 mm、ϕ12 mm圆柱面	T01 95°外圆车刀	800	0.08	0.5	
4	加工 C0.5 倒角	T01 95°外圆车刀	800	0.08	0.5	
5	切 1×ϕ8 mm 槽	T02 1 mm 切槽刀	800	0.05		自动换刀

续表

工步	工步内容	刀具	主轴转速/ (r·min⁻¹)	进给速度/ (mm·r⁻¹)	背吃刀量/ mm	备注
6	粗车 φ10 圆柱面	T01 95°外圆车刀	600	0.1	2	调头装夹
7	加工 C0.5 倒角	T01 95°外圆车刀	800	0.08	0.5	
8	精车 φ10 圆柱面	T01 95°外圆车刀	800		0.5	
9	加工 C0.5 倒角	T01 95°外圆车刀	800	0.08	0.5	
10	切 1×φ8 mm 槽	T02 1 mm 切槽刀	800	0.05		自动换刀

表 9.8　车削准备工作

物件类别	名称	要求
量具	钢直尺	长度 300 mm,精度 1 mm
	游标卡尺	长度 150 mm,精度 0.02 mm
工具	卡盘松紧扳手	
	刀具拆装扳手	
刀具	95°外圆车刀	
	1 mm 切槽刀	
毛坯	铝合金	直径 15 mm,长度 50 mm

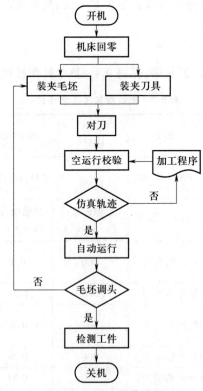

图 9.18　整个操作步骤

(7) 编制数控加工程序

根据工艺卡片信息对加工顺序中每一工步逐步编程,刀具走刀路径如图 9.19 所示。

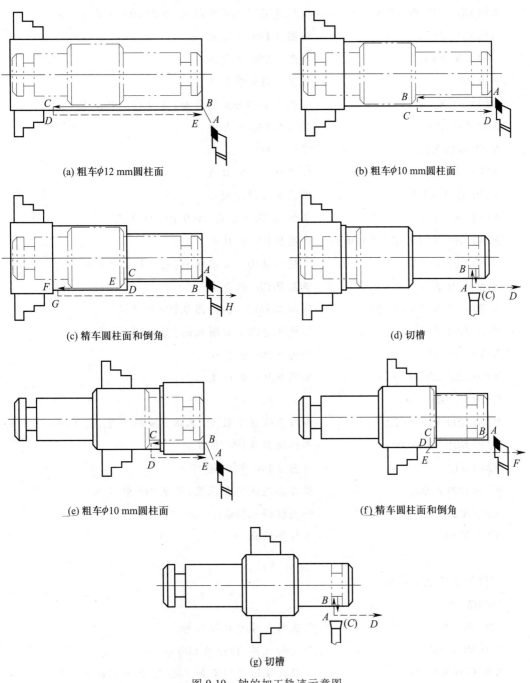

(a) 粗车 φ12 mm 圆柱面

(b) 粗车 φ10 mm 圆柱面

(c) 精车圆柱面和倒角

(d) 切槽

(e) 粗车 φ10 mm 圆柱面

(f) 精车圆柱面和倒角

(g) 切槽

图 9.19 轴的加工轨迹示意图

轴的加工程序:

O0001

N10 T0101; %选用 1 号刀具和 1 号刀补

N20 M03 S600;	%主轴正转,转速为 600 r/min
N30 G00 X20 Z5;	%刀具快速定位至加工起点,图 9.19a 中 A 点
N40 G01 X13 Z0 F0.3;	%粗车 ϕ12 mm 圆柱面,图 9.19a 中 B 点
N50 G01 Z-24;	%图 9.19a 中 C 点
N60 G00 X15;	%图 9.19a 中 D 点
N70 Z0;	%图 9.19a 中 E 点
N80 G01 X11;	%粗车 ϕ10 mm 圆柱面,图 9.19b 中 A 点
N90 Z-11.5;	%图 9.19b 中 B 点
N100 G00 X15;	%图 9.19b 中 C 点
N110 G00 Z0;	%图 9.19b 中 D 点
N120 M03 S800;	%精加工转速提高
N130 G01 X9;	%加工 C0.5 倒角,图 9.19c 中 A 点
N140 G01 X10 Z-0.5 F0.08;	%图 9.19c 中 B 点
N150 G01 Z-12;	%精车 ϕ10 mm 圆柱面,图 9.19c 中 C 点
N160 G01 X11;	%图 9.19c 中 D 点
N170 G01 X12 Z-12.5;	%加工 C0.5 倒角,图 9.19c 中 E 点
N180 G01 Z-23;	%精车 ϕ12 mm 圆柱面,图 9.19c 中 F 点
N190 G00 X15;	%图 9.19c 中 G 点
N200 G00 Z200;	%图 9.19c 中 H 点
N210 T0202;	
N220 G00 X12 Z-2;	%刀具快速定位至1×ϕ8 mm 槽位置,图 9.19d 中 A 点
N230 G01 X8 F0.05;	%切槽图 9.19d 中 B 点
N240 X12;	%图 9.19d 中 C 点
N250 G00 Z100;	%刀具退回安全位置,图 9.19d 中 D 点
N260 M05;	%主轴停止转动
N270 M30;	%程序结束

工件调头后加工程序:
O0002

N10 T0101;	%选用 1 号刀具和刀补
N20 M03 S600;	%主轴正转,转速为 600 r/min
N30 G00 X20 Z5;	%刀具快速定位至加工起点,图 9.19e 中 A 点
N40 G01 X11 Z0 F0.1;	%粗车 ϕ10 mm 圆柱面,图 9.19e 中 B 点
N50 Z-7.5;	%图 9.19e 中 C 点
N60 G00 X18;	%图 9.19e 中 D 点
N70 Z0;	%图 9.19e 中 E 点

N80 G01 X9 F0.08;	%加工 C0.5 倒角,图 9.19f 中 A 点
N90 G01 X10 Z−0.5 F0.08;	%精车 φ10 mm 圆柱面,图 9.19f 中 B 点
N100 G01 Z−8;	%图 9.19f 中 C 点
N110 G01 X11;	%图 9.19f 中 D 点
N120 G01 X13 Z−9;	%加工 C0.5 倒角,图 9.19f 中 E 点
N130 G00 Z200;	%图 9.19f 中 F 点
N140 T0202;	
N150 G00 X12 Z−2;	%刀具快速定位至 1×φ8 mm 槽位置,图 9.19g 中 A 点
N160 G01 X8 F0.05;	%切槽图 9.19g 中 B 点
N170 X12;	%图 9.19g 中 C 点
N180 G00 Z100;	%刀具退回安全位置,图 9.19g 中 D 点
N190 M05;	%主轴停止转动
N200 M30;	%程序结束

9.3.2 手柄的数控车削

(1) 零件结构分析

如图 9.20 所示,该零件表面由圆柱面、圆弧面、倒角和槽组成。零件图轮廓描述清晰完整,尺寸标注完整,表面粗糙度要求低,左端无精度要求,零件材料为铝合金,无热处理和硬度要求,切削加工性能较好,数控车床能够满足切削要求。

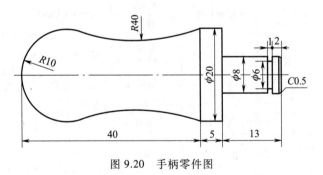

图 9.20 手柄零件图

(2) 装夹与定位的选择

此零件加工选用车床上常用的自定心卡盘。选择毛坯为 φ25 mm,长 120 mm 的棒料,夹毛坯外圆并使其伸出 70 mm,加工完成后将零件从棒料上切断。从图 9.20 上的标注尺寸看,轴向尺寸基本是以右端面为设计基准,所以加工时将右端面设置为工件原点,作为加工的基准。

(3) 加工顺序的确定

根据数控车床的工序划分原则,零件的加工顺序如下:

1）粗车 ϕ20 mm 圆柱面、ϕ8 mm 圆柱面、R40 圆弧面、R10 圆弧面。

2）循环精车 ϕ8 mm 圆柱面。

3）精车 ϕ20 mm 圆柱面。

4）加工 C0.5 倒角。

5）切 1×ϕ6 mm 槽。

6）切断毛坯,保证总长度 58 mm。

7）调头毛坯,粗车 R10 圆弧面、R40 圆弧面。

8）精车 R10 圆弧面、R40 圆弧面。

（4）加工刀具的选择

选用 3 把刀具:T01 为外圆车刀,用于粗车和精车圆柱面、圆弧面,可选用 95° 左偏刃组合式外圆车刀,刀片为 55°DNMG 刀片;T02 为宽 1 mm 的外圆方头切槽刀,用于切 1×ϕ6 mm 槽;T03 为切断刀,用于切断毛坯。

（5）工艺卡片

根据工件的材料、表面粗糙度和加工精度等因素,参考机械加工手册以及切削用量计算公式确定加工过程中背吃刀量、进给速度、主轴转速等相关工艺参数。

将前文确定的各参数内容整理形成加工工艺卡片,见表 9.9。

表 9.9　手柄数控加工工艺卡片

零件名称	手柄	设备名称	CKD6140i	程序编号	O0003/O0004	夹具名称	三爪自定心卡盘
工序号	车 2	数控系统	FANUC-0i	毛坯尺寸	ϕ25 mm×120 mm	毛坯材料	铝合金

工步	工步内容	刀具	主轴转速/(r·min^{-1})	进给速度/(mm·r^{-1})	背吃刀量/mm	备注
1	车毛坯端面	T01 外圆车刀	600	0.3		手动操作
2	粗车 ϕ8 mm、ϕ20 mm 圆柱面	T01 外圆车刀	600	0.3	1	
3	精车 ϕ8 mm、ϕ20 mm 圆柱面	T01 外圆车刀	800	0.08	0.5	
4	加工 C0.5 倒角	T01 外圆车刀	800	0.08	0.5	
5	切 1×ϕ6 mm 槽	T02 1 mm 切槽刀	800	0.05		
6	切断毛坯	T03 3 mm 切断刀	600	0.3	0.2	手动操作
7	粗车 R10、R40 圆弧面	T01 外圆车刀	600		1	调头装夹
8	精车 R10、R40 圆弧面	T01 外圆车刀	800		0.5	

(6) 编制数控加工程序

O0003

N10 T0101；	%选用 1 号刀具和刀补
N20 M03 S600；	%主轴正转，转速为 600 r/min
N30 G00 X28 Z0；	%刀具快速定位至加工起点
N40 G01 X0 F0.3；	%车削毛坯右侧端面
N50 G01 X23；	
N60 G01 Z−60；	%车削毛坯
N70 G00 X25；	
N80 Z0；	
N90 G01 X21；	
N100 G01 Z−60；	%继续车削毛坯
N110 G00 X23；	
N120 Z0；	
N130 G71 U1 R0.5；	%φ8 mm 圆柱面粗车循环
N140 G71 P150 Q170 U0.5 W0.2 F0.08；	
N150 G01 X8；	
N160 G01 Z−13；	
N170 G01 X21；	
N180 G00 Z−11；	
N190 M03 S800；	%开始精加工
N200 G70 P150 Q170；	%外圆精加工循环
N210 G01 X20；	%精车 φ20 mm 圆柱面
N220 Z−18；	
N230 G00 X22；	
N230 Z0；	
N240 G01 X7；	%加工 C0.5 倒角
N250 G01 X8 Z−0.5；	
N260 G00 X25；	%车刀退回换刀点
N270 Z200；	
N280 T0202；	
N290 G00 X12 Z−4；	%刀具快速定位至 1×φ6 mm 槽位置
N300 G01 X6 F0.05；	%切槽
N310 X10；	
N320 G00 Z100；	%刀具退回安全位置
N330 M05；	%主轴停止转动

N340 M30；　　　　　　　　　　　　　%程序结束

调头后加工程序
O0004
N10 T0101；　　　　　　　　　　　　%选用 1 号刀具和刀补
N20 M03 S600；　　　　　　　　　　　%主轴正转，转速为 600 r/min
N30 G00 X22 Z0.5；　　　　　　　　　%刀具快速定位至加工起点
N40 G01 X0 F0.3；　　　　　　　　　　%车削毛坯右侧端面
N50 G03 X21 Z−10 R10；　　　　　　　%粗车 $R10$ 圆弧面
N60 G02 X21 Z−40 R40；　　　　　　　%粗车 $R40$ 圆弧面
N70 G00 Z0；
N80 G03 X20 Z−10 R10；　　　　　　　%精车 $R10$ 圆弧面
N90 G02 X20 Z−40 R40；　　　　　　　%精车 $R40$ 圆弧面
N100 G00 X30；
N110 Z100；
N120 M05；
N130 M30；

9.3.3　葫芦的数控车削

为了激发学生编程和加工的兴趣，增加葫芦工件（图 9.21）的切削编程过程。葫芦可选用有色金属材质，材质偏软易于切削，表面光洁度好、外观有色泽，整体尺寸较小。葫芦加工完成后可用丝带进行装饰，深受学生的喜爱。

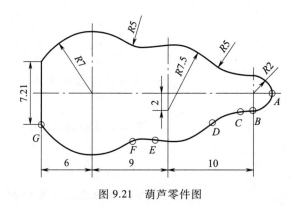

图 9.21　葫芦零件图

葫芦选用直径为 20 mm 的铜棒作为毛坯，且采用较小的切削用量和常用刀具。在整个加工过程中，工件坐标系以工件右端面回转中心为原点建立坐标系，加工路线可采用外圆粗加工切削去除毛坯余料，精加工切削一次获得较高的表面质量。本小节主要列举葫芦的加工程序,其加工过程和机床操作可参考本章其他相关内容。

由于葫芦外表面为圆弧,各交点位置坐标计算复杂,各交点分别为图 9.21 中 A 点、B 点、C 点、D 点、E 点、F 点和 G 点,可利用计算机绘图软件直接测量各交点具体位置坐标。以葫芦顶端中心点为工件坐标原点,分别测量出各交点坐标为 $A(0,0)$,$B(4,2)$,$C(4,3.5)$,$D(6.8,6.8)$,$E(10.6,13.6)$,$F(10.9,16.3)$ 和 $G(7.21,27)$。

数控车床加工程序如下:

O0005

N10 T0101;	%选用 1 号刀具和刀补
N20 M03 S600;	%主轴正转,转速为 600 r/min
N30 G00 X25 Z0;	%刀具快速定位至加工起点
N40 G01 X18 F0.1;	%车削毛坯右侧端面
N50 G01 Z-30;	%去除毛坯表面氧化层
N60 G01 X25;	%车刀退离工件表面
N70 G00 Z0;	%车刀移到安全位置
N80 G71 U1 R0.5;	%调用精加工程序完成粗加工
N90 G71 P100 Q170 U0.5 W0.2 F0.08;	
N100 G01 X0 Z0;	%车刀移到 A 点位置
N110 G03 X4 Z-2 R2;	%车刀切削 AB 段圆弧
N120 G01 Z-3.5;	%车刀切削 BC 段圆弧
N130 G02 X6.8 Z-6.8 R5;	%车刀切削 CD 段圆弧
N140 G03 X10.6 Z-13.6 R7.5;	%车刀切削 DE 段圆弧
N150 G02 X10.9 Z-16.3 R5;	%车刀切削 EF 段圆弧
N160 G03 X7.21 Z-27 R7;	%车刀切削 FG 段圆弧
N170 G01 X25;	%车刀离开工件表面
N180 G70 P100 Q170;	%精加工工件表面
N190 G00 Z100;	%车刀移到换刀位置
N200 M05;	%主轴停止转动
N210 M30;	%程序结束

调头后切断加工程序

O0006

N10 T0303;	%选用 3 号切断刀和刀补
N20 M03 S800;	%主轴正转,转速为 800 r/min
N30 G00 X20 Z-27;	%刀具快速定位至 G 点位置
N40 G01 X0 F0.05;	%切槽
N50 G01 X30;	%切断刀离开工件表面

N60 G00 Z100；　　　　　　　　%刀具退回安全位置

N70 M05；　　　　　　　　　　%主轴停止转动

N80 M30；　　　　　　　　　　%程序结束

思考与练习题

9-1　简述数控车床的基本工作原理。

9-2　结合手柄加工过程，说明数控车床的操作步骤和注意事项。

9-3　在加工轴零件时，当轴的直径和长度变化之后，数控车削程序应如何修改？

9-4　试列举几种常见的数控指令含义和格式。

9-5　参考轴和手柄的加工工艺和程序，对葫芦程序进行加工工艺详细解释说明。

第十章
数控铣削

实训要求	实训目标
预习	数控铣削技术及其操作,数控铣床工具、夹具、量具和坐标系
了解	数控铣床或加工中心机床的工作原理、组成、加工特点及应用范围
掌握	数控铣床编程和操作的基本方法,能够根据图样要求,独立完成简单零件的加工工艺安排、轨迹计算、程序编制和零件的数控铣削
拓展	现代数控铣削加工工程意识,培养创新能力
任务	独立完成手摇四杆机中摇杆、连杆、立板等零件的数控铣削

10.1 数控铣削及设备

数控铣削(numerical control milling,NCM)是数控加工中最常用的方法之一,主要包括平面铣削和轮廓铣削两种类型,也可以在零件上实现钻、扩、铰、锪及螺纹加工等。

数控铣床适合于各种平面类、曲面类、变斜角类零件的铣削加工。数控铣床的机械结构除基础部件外,还包括主传动系统和进给传动系统,实现工件回转、定位的装置和附件,实现某些部件动作和辅助功能的系统和装置(液压、气动、冷却等系统,排屑、防护装置),特殊功能装置(刀具破损监控系统,精度检测和监控装置等,为完成自动化控制功能的各种反馈信号装置及元件)。

1. 数控铣床的组成

数控铣床由数控系统、主传动系统、进给传动系统、冷却润滑系统、辅助装置等组成。

(1)主传动系统的结构

主传动系统包括主轴电动机、传动系统和主轴部件。主传动系统采用变频或交流伺服电动机实现变速功能,通过同步齿形带传动带动主轴旋转。对于功率较大的数控铣床,为了实现低速大转矩,增加一级、二级或多级的齿轮减速。经济型数控铣床的主传动系统,采用 V 带、塔轮、手动齿轮变速箱带动主轴旋转,通过改变电动机的接线形式或者手动换挡的方式进行有级变速。

主轴配有刀具自动锁紧和松开机构,用于主轴和刀具之间的连接。刀具的自动锁紧和松开机构由碟形弹簧、拉杆和气缸或液压缸组成。主轴还有吹气功能,通常在刀具松开后向主轴锥孔吹气,实现清洁主轴锥孔的目的。

(2) 进给传动系统的结构

进给传动系统又称进给驱动装置。进给传动系统是将伺服电动机的旋转运动变为工作台直线运动的整个机械传动链,主要包括减速装置、丝杠螺母副及导向元件等。在数控铣床中,一般采用双螺母的滚珠丝杠螺母副实现回转运动与直线运动的相互转换。进给传动系统的 X、Y、Z 轴的传动结构是将伺服电动机固定在支承座上,通过弹性联轴器带动滚珠丝杠旋转,从而使与工作台连接螺母移动,实现 X、Y、Z 轴的进给。

(3) 数控系统

数控系统(numerical control system,NCS)是数控铣床的运动控制中心,执行数控加工程序,控制机床进行铣削加工。

(4) 辅助装置

数控铣床的辅助装置包括液压、气动、润滑、冷却和排屑、防护等系统装置。

(5) 基础件

数控铣床的基础件包括铣床底座、立柱、横梁、工作台等,它们是数控铣床的基础和框架。基础件起支承和导向作用,特点是尺寸大(俗称大件)、刚度好。

2. 数控铣床的分类

(1) 按主轴布置形式分类

按数控铣床主轴的布置形式及铣床的结构特点,可分为数控立式铣床、数控卧式铣床和数控龙门铣床等。

1) 数控立式铣床

目前,三坐标数控立式铣床占数控铣床总量的大多数,可实现三坐标联动加工。如图 10.1 所示,数控立式铣床的主轴轴线与机床工作台面垂直,装夹工件方便,加工时便于观察,但是排屑不方便。一般采用固定式立柱结构,工作台仅在水平面内做直线进给运动,主轴箱带动刀具做竖直方向的进给运动。为了保证铣床的刚性,主轴中心线和立柱导轨面之间的距离不能太大。因此,数控立式铣床主要用于中、小尺寸零件的数控铣削加工。

此外,数控立式铣床的主轴可以绕 X、Y、Z 坐标轴中的一个或两个做回转运动,实现四坐标或五坐标数控立式铣削。通常,数控立式铣床控制的坐标轴越多,尤其是要求联动的坐标轴数越多,铣床的功能、加工范围及可选择的加工对象也越多。但也造成了铣床结构复杂,对数控系统的要求高,编程的难度加大,设备的价格也更高。

数控立式铣床也可以附加数控转盘,采用自动交换台或增加靠模装置等措施增加铣床的功能、扩大加工范围,进一步提高生产效率。

图 10.1　数控立式铣床

2) 数控卧式铣床

数控卧式铣床的结构与普通卧式铣床相近,如图 10.2 所示。数控卧式铣床的主轴轴线与铣床工作台面平行,加工时不方便观察,但是排屑顺畅。

图 10.2　数控卧式铣床

同时,为了扩大数控卧式铣床的加工范围和扩充功能,一般配备数控回转工作台或万能数控转盘实现四坐标或五坐标数控铣削。不但可以铣削工件侧面上的连续轮廓,而且通过转盘改变工位,实现一次装夹之后的“四面加工”。尤其是万能数控转盘可以把工件不同角度的加工面调整到水平面内进行加工,避免使用很多专用夹具或专用角度成形铣刀。虽然在数控卧式铣床增加了数控转盘后很容易做到对工件的“四面加工”,扩大铣床的加工范围,但是从制造成本角度考虑,单纯的数控卧式铣床实际需求较少,而更多采用配备自动换刀装置(automatic tool changer,ATC)的卧式加工中心。

3) 数控龙门铣床

数控龙门铣床用于大、中型尺寸和质量的各种基础件,如铣床床身、板件、盘类件、壳体件和模具等铣削加工,采用对称的双立柱结构,保证铣床的整体刚性和强度,如图 10.3 所示。数控龙门铣床包括工作台移动式和龙门架移动式两种结构形式。一次装夹工件后,可自动、高效、高精度地连续完成铣、钻、镗、铰等多种工序,适用于航空、重机、机车、造船、机床、印刷、轻纺和模具等机械制造行业。

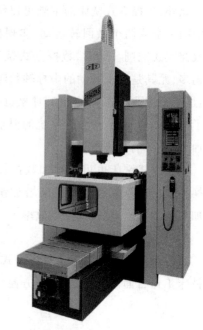

图 10.3　数控龙门铣床

(2) 按数控系统的功能分类

按数控系统的功能分类,数控铣床可分为经济型数控铣床、全功能数控铣床和高速数控铣床等。

1) 经济型数控铣床

经济型数控铣床如图 10.4a 所示。通常采用如 SIEMENS 802S 等开环控制的经济型数控系统,可以方便地实现三坐标联动。这种数控铣床的成本较低、功能简单、加工精度不高,适用于铣削加工中等复杂的零件。一般有工作台升降式和床身式两种类型。

(a) 经济型数控铣床

(b) 全功能数控铣床

图 10.4　数控铣床

2) 全功能数控铣床

全功能数控铣床如图 10.4b 所示。采用半闭环控制或闭环控制系统,数控系统的功能丰富,可以实现四坐标以上的联动,加工适应性更强,应用更广泛。

3) 高速数控铣床

高速铣削是数控铣削加工发展方向之一,到目前已经比较成熟,并得到广泛应用。如图

10.5 所示,高速数控铣床采用全新的铣床结构、功能部件和功能强大的数控系统,并配备加工性能优越的刀具系统。高速铣削加工时,主轴转速为 8 000~40 000 r/min,进给速度为 10~30 m/min,大面积曲面铣削效率高、质量好。但是,这种铣床的价格昂贵,使用成本高。

图 10.5　高速数控铣床

3. 数控铣床的特点

1) 能加工轮廓形状特别复杂或难以控制尺寸的零件,如模具类零件、壳体类零件等。

2) 能加工普通铣床很难加工甚至无法加工的零件,如用数学模型描述的复杂曲线零件以及三维空间曲面类零件。

3) 能加工一次装夹定位后需要多道工序连续加工的零件。

4) 加工精度高、加工质量稳定可靠,一般数控系统的脉冲当量为 0.001 mm,而高精度数控系统的脉冲当量为 0.1 μm。

5) 生产自动化程度高,有利于实现生产管理自动化。可以减轻操作者的劳动强度,避免操作人员的操作失误。

10.1.1　数控铣削刀具

1. 数控铣削的刀具与选用

数控铣削刀具的基本要求是硬度高、刚性好、耐高温、耐用度高。此外,铣刀的切削刃几何参数选择及排屑性能优劣也需要综合考虑。

2. 数控铣刀的种类

(1) 面铣刀

面铣刀的圆周表面和端面上都有切削刃,圆周表面的切削刃为主切削刃,端部切削刃为副切削刃。由于面铣刀的直径一般较大,为 50~500 mm,故采用套式镶齿结构,即将刀齿和刀体分开,刀齿选用高速钢或硬质合金钢,刀体选用 40Cr 制作,使用寿命长。按国家标准规定,高速钢面铣刀的直径 $d = 80 \sim 250$ mm,螺旋角 $\beta = 10°$,刀齿数 $Z = 10 \sim 26$。

　　与高速钢面铣刀相比,硬质合金面铣刀的铣削速度高,加工效率高,加工表面质量好,可直接加工带有硬皮和淬硬层的工件,故应用广泛。硬质合金面铣刀按刀片和刀齿的安装方式不同,可分为整体焊接式、机夹-焊接式和可转位式三种,如图 10.6 所示。

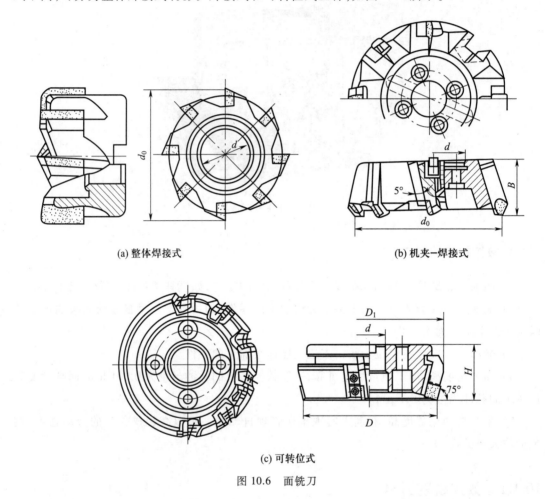

(a) 整体焊接式　　　　　　　　　　(b) 机夹-焊接式

(c) 可转位式

图 10.6　面铣刀

　　面铣刀主要以端齿为主加工各种平面,主偏角为 90° 的面铣刀还能加工出与平面垂直的直角面,但这个面的高度受到刀片长度的限制。

　　面铣刀的齿数直接影响铣削生产率和加工质量。齿数越多,同时参与工作的齿数也多,生产率高,铣削过程平稳,加工质量好。

　　根据直径和齿数不同,可转位式面铣刀的刀齿分为粗齿、细齿和密齿三种。粗齿面铣刀主要用于粗加工;细齿面铣刀主要用于平稳条件下的铣削加工;密齿面铣刀的每齿进给量较小,主要用于薄壁铸铁件的铣削。

　　(2) 立铣刀

　　立铣刀是数控铣床上用得最多的一种刀具,分为高速钢立铣刀和硬质合金立铣刀两种,其结构如图 10.7 所示。

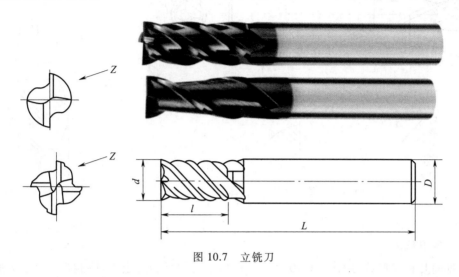

图 10.7　立铣刀

立铣刀的圆柱表面和端面上都有切削刃,可同时参与铣削,也可单独进行铣削。立铣刀主要用于铣削凸轮、台阶面、凹槽和箱口面等。为了能加工较深的沟槽,并保证有足够的备磨量,立铣刀的轴向长度一般较长。为了使切屑卷曲,增大容屑空间,防止切屑堵塞,立铣刀的齿数比较少,容屑槽的圆弧半径则较大。一般粗齿立铣刀的齿数 $Z = 3 \sim 4$,细齿立铣刀的齿数 $Z = 5 \sim 8$,套式结构 $Z = 10 \sim 20$。容屑槽的圆弧半径 $r = 2 \sim 5$ cm。

（3）模具铣刀

模具铣刀由立铣刀演化而来,按照刀刃形状不同,模具铣刀可分为圆锥形铣刀、圆柱形球头铣刀和圆锥形球头铣刀三类;按照柄部形状不同,模具铣刀分为直柄铣刀、削平型直柄铣刀和莫氏锥柄铣刀三类。

（4）键槽铣刀

键槽铣刀有两个刀齿,圆柱面和端面都有切削刃,端面刃延至中心,可以短距离地轴向进给。键槽铣刀螺旋角小、槽深,既有立铣刀的功能又有钻头的功能,如图 10.8 所示。铣削键槽时,铣刀先轴向进给达到键槽深度,然后沿键槽长度方向铣削键槽全长。

按国家标准规定,直柄键槽铣刀的直径 $d = 2 \sim 22$ mm,锥柄键槽铣刀的直径 $d = 14 \sim 50$ mm,螺旋角 $\beta = 20°$。

（5）鼓形铣刀

如图 10.9 所示,鼓形铣刀的切削刃分布在半径为 R 的圆弧上,端面无切削刃。采用鼓形铣刀加工时,须控制刀具的轴向进给量,相应改变切削刀刃的部位,可以在工件上铣削从负到正的不同斜角。R 越小,能加工的斜角范围越广,所获得的表面质量越差。鼓形铣刀的缺点是刃磨困难,切削条件差。

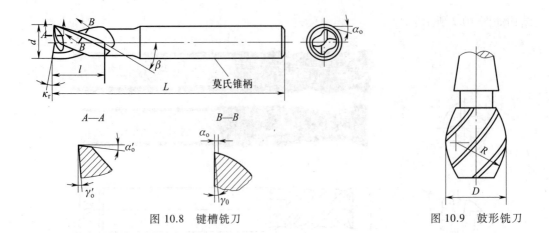

图 10.8　键槽铣刀　　　　　　　　　图 10.9　鼓形铣刀

（6）成形铣刀

常见的几种成形铣刀如图 10.10 所示。成形铣刀都是为特定工件的特殊结构或加工表面,如角度面、凹槽、特形孔或特形台等专门设计制造的。

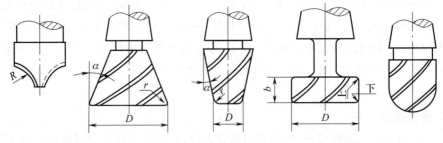

图 10.10　成形铣刀

除了上述几种典型的铣刀类型外,数控铣刀的结构还在不断发展和更新中,例如,刀尖有圆弧角的立铣刀(俗称牛鼻铣刀),其圆弧部分的长度大于 1/4 圆,如图 10.11 所示。牛鼻铣刀的刚度、刀具耐用度和切削性能都较好。

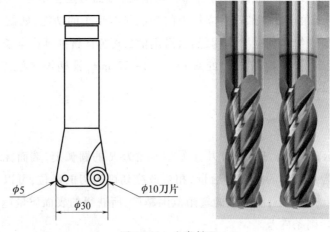

图 10.11　牛鼻铣刀

3. 数控铣刀的选择

（1）铣刀的类型选择
根据被加工工件的表面形状与尺寸选择不同的铣刀类型,基本原则如下:

1) 加工较大的平面应选用面铣刀。

2) 加工凹槽、较小的台阶面及平面轮廓应选用立铣刀。

3) 加工空间曲面、模具型腔或凸模成形表面等应选用模具铣刀。

4) 加工封闭的键槽应选用键槽铣刀。

5) 加工变斜角零件的变斜角面应选用鼓形铣刀。

6) 加工各种直的或圆弧的凹槽、斜角面、特殊孔等应选用成形铣刀。

（2）面铣刀的主要参数选择
根据铣削宽度和铣削深度选择面铣刀的直径,标准可转位面铣刀的直径范围为 $16 \sim 630$ mm。精铣工件时,铣刀的直径选大些,尽量包容工件整个加工面的宽度,减小相邻两次进给之间的接刀痕,以提高加工精度和生产效率。

铣刀的齿数应根据工件材料和加工要求进行选择,一般铣削塑性材料或粗加工时,选用粗齿铣刀;铣削脆性材料或半精加工、精加工时,选用中、细齿铣刀。

面铣刀的几何角度标注如图 10.12 所示。根据工件的材料和刀具的材料选择铣刀的前角值。铣刀的前角选择原则与车刀基本相同,由于铣削时产生冲击,故前角数值一般比车刀略小,尤其是硬质合金铣刀的前角数值更小些。铣削高强度和高硬度的材料时可以选用负前角。

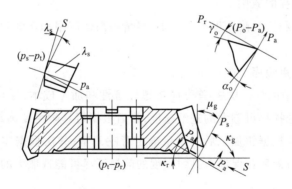

图 10.12　面铣刀几何角度

铣刀磨损主要发生在刀具后面上,可适当增大后角以减缓铣刀磨损。

铣刀后角 α_0 选取范围为 $5° \sim 12°$,工件材料较软时取大值,工件材料硬时取小值。

铣削时冲击力较大,为了保护刀尖,硬质合金面铣刀的刃倾角 $\lambda_s = -5° \sim -15°$,铣削低强度材料时,取 $\lambda_s = 5°$。

主偏角 κ_r 的选取范围为 45° ~ 90°。铣削铸铁时，取 κ_r = 45°；铣削一般钢材时，取 κ_r = 75°；铣削带凸肩的平面或薄壁零件时，取 κ_r = 90°。

（3）立铣刀的参数选择

立铣刀主切削刃的前角在法平面内测量，而后角在端平面内测量，前、后角都为正值，且根据工件材料和铣刀直径选取，其具体数值请查询相关手册。

4. 切削用量的选择

切削用量又称为切削三要素，包括切削速度、进给量、背吃刀量，在铣削中再加入侧吃刀量。背吃刀量和侧吃刀量在数控加工中通常称为切削深度和切削宽度，如图 10.13 所示。

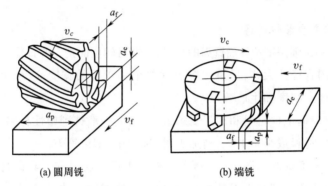

(a) 圆周铣　　　　　　　　(b) 端铣

图 10.13　铣削切削用量

（1）切削用量选择的原则

在保证加工质量和刀具耐用度的前提下，尽量提高生产率和切削效率。

（2）切削用量选用顺序

粗加工时，以提高生产率为主，首先应考虑经济性和加工成本，尽可能选取大的背吃刀量或侧吃刀量；其次选择尽可能大的进给速度；最后根据刀具耐用度确定最佳切削速度。

精加工时，首先应根据粗加工后的余量确定背吃刀量；其次根据零件表面粗糙度要求，选取较小的进给速度；最后在保证刀具耐用度的前提下尽可能选取大的切削速度。

（3）背吃刀量或侧吃刀量

背吃刀量 a_p 为平行于铣刀轴线测量的切削层尺寸。如图 10.14 所示，端铣时，a_p 为切削层深度，d 为铣刀的直径；圆周铣削时，a_p 为被加工表面的宽度。

侧吃刀量 a_e 为垂直于铣刀轴线测量的切削层尺寸。端铣时，a_e 为被加工表面宽度；圆周铣削时，a_e 为切削层深度。

背吃刀量和侧吃刀量的选取一般根据加工余量的多少和对表面质量的要求决定。背吃

刀量 a_p、侧吃刀量 a_e 和刀具直径 d 之间的关系为

$$a_p = \begin{cases} \left(\dfrac{1}{3} \sim \dfrac{1}{2}\right) d, & \left(a_e < \dfrac{d}{2}\right) \\[2mm] \left(\dfrac{1}{4} \sim \dfrac{1}{3}\right) d, & \left(\dfrac{d}{2} < a_e < d\right) \\[2mm] \left(\dfrac{1}{5} \sim \dfrac{1}{4}\right) d, & (a_e \approx d) \end{cases} \quad (10.1)$$

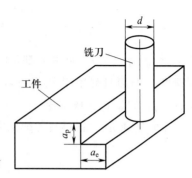

图 10.14　背吃刀量和侧吃刀量

1）当表面质量要求 $Ra = 12.5 \sim 25 ~\mu\text{m}$ 时，数控加工余量小于 5~6 mm，粗加工一次进给完成铣削，如果加工余量较大，而铣床本身刚性较差和动力不足，则可采用多次进给进行粗铣。

2）当表面质量要求 $Ra = 3.2 \sim 12.5 ~\mu\text{m}$ 时，可分粗铣和半精铣两步铣削加工，粗铣后留 0.5~1 mm 的半精铣余量，经一次半精铣完成。

3）当表面质量要求 $Ra = 0.8 \sim 3.2 ~\mu\text{m}$ 时，可分粗铣、半精铣和精铣三步铣削加工，其中半精铣的背吃刀量 $a_p = 1.5 \sim 2$ mm，精铣的背吃刀量 $a_p = 0.3 \sim 0.5$ mm。

（4）进给量和进给速度

数控铣削的进给量分为每转进给量、每齿进给量和每分钟进给量。进给量应根据零件的加工精度和表面质量要求以及刀具和工件的材料进行合理选择。

每转进给量用 f 表示，指刀具旋转一周，工件与刀具沿进给运动方向的相对位移量，单位为 mm/r。

每齿进给量用 f_z 表示，指铣刀每转过一个齿时，工件与刀具沿进给运动方向的相对位移量，单位为 mm/齿。

每分钟进给量用 v_f 表示，也称进给速度，指单位时间内工件与铣刀沿进给方向的相对位移，单位为 mm/min。进给速度的最大值受机床刚度和进给系统的性能限制。

一般铣削进给量用铣刀每齿的进给量 f_z 表示。铣刀每齿进给量 f_z 大小取决于工件和刀具材料的力学性能、工件表面粗糙度值等因素。进给量选择的一般原则如下：

1）工件材料的强度和硬度越高，f_z 应越小。

2）刀具材料的硬度越高，f_z 应越大；相比于高速钢铣刀，硬质合金铣刀的每齿进给量应选大些。

3）工件表面粗糙度 Ra 值要求越小，f_z 应越小。

4）工件刚性差或刀具强度低时，f_z 应取小值。

进给速度 v_f 与铣刀每齿进给量 f_z、每转进给量 f、铣刀齿数 Z 和主轴转速 n 之间的关系为

$$v_f = nf = nZf_z \quad (10.2)$$

（5）切削速度

铣削速度计算式为

$$v_c = \frac{C_v d^q}{T m f_z^{y_v} a_p^{x_v} a_e^{P_v} z^{x_v} 60^{1-m}} K_V \tag{10.3}$$

式中，x_v、y_v、p_v、c_v、K_v、m 和 q 都是和刀具材料相关的系数，可以从刀具手册中查找。另外，铣削速度 v_c 与刀具耐用度 T，每齿进给量 f_z，背吃刀量 a_p，侧吃刀量 a_e 以及铣刀齿数 Z 成反比，而与铣刀直径 d 成正比。

主轴转速 $n(\text{r/min})$ 与铣削速度 $v_c(\text{m/min})$ 及铣刀直径 $d(\text{mm})$ 的关系为

$$n = \frac{1\,000 v_c}{\pi d} \tag{10.4}$$

10.1.2　数控铣床的坐标系

数控铣床加工零件时，其动作由数控系统的指令控制。为了确定机床与工件之间的运动方向和运动距离，需要定义相关的机床坐标系和工件坐标系。

1. 机床坐标系

以机床为基准建立一个坐标系，称为机床坐标系（machine coordinate system，MCS），又称标准坐标系。

数控铣床坐标系 X、Y、Z 轴的相互关系由笛卡儿坐标系决定，如图 10.15 所示。X、Y、Z 轴的关系规定：右手的拇指、食指和中指三个手指互相垂直，分别代表 X、Y、Z 轴，且分别指向 X、Y、Z 轴的正方向。围绕 X、Y、Z 各轴的回转运动分别用+A、+B、+C 表示，其正方向由右手螺旋定则确定。与+X、+Y、+Z、+C 相反的方向用带"'"的+X′、+Y′、+Z′、+C′表示。

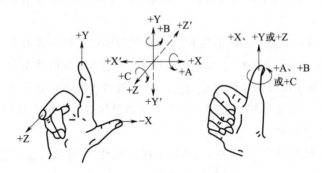

图 10.15　笛卡儿坐标系

2. 工件坐标系

工件坐标系（workpiece coordinate system，WCS）是与工件相对固定的笛卡儿坐标系，是编程人员编写程序时确定刀具和程序起点的坐标系，坐标系的原点由使用人员根据具体情况确定，但坐标轴的方向应与机床坐标系一致，并且与机床坐标系有确定的尺寸关系。当工件在机床上固定后，工件原点与机床原点也就有了确定的位置关系，即两坐标原点的偏差就已确定。这就要测量工件原点与机床原点之间的距离。这个偏差值通常是由机床操作者在手动操作下,通过工件测量头或对刀的方式测量的。该测量值可以预存在数控系统内或编写在加工程序中,在加工时工件原点与机床原点的偏差值便自动加到工件坐标系上,使数控系统按照机床坐标系确定工件的坐标值,实现零件的自动加工。

10.1.3 数控铣床的基本操作

1. 数控铣床操作面板

数控铣床提供的功能可以通过控制面板上的键盘操作得以实现。机床配备的数控系统不同,则其 CRT/MDI 控制面板的形式也不相同。XK714 数控铣床配备 FANUC 0i-MD 数控系统,其 MDI 各控制键功能如下:

(1) 主功能键

开机后先选择主功能键,进入主功能状态后,再选择下级子功能(软键)进行具体操作。

"POS"键:位置显示键,在 CRT 上显示机床现在的位置。

"PRGRM"键:程序键,可以编辑和显示内存程序,显示 MDI 数据。

"MENU OFSET"键:菜单设置键。刀具偏置数值的显示和设定。

"OPR ALARM"键:报警显示键,按此键显示报警号及报警提示。

"DGNOS PARAM"键:参数设置键,设置数控系统参数。

"AUX GRAPH"键:图像显示键,可结合空运行显示刀具路径。

(2) 数据输入键

用来输入英文字母、数字及符号。常见功能有 G、M——指令;F——进给量;S——主轴转速;X、Y、Z——坐标;I、J、K——圆弧的圆心坐标;R——圆弧半径;T——刀具号或换刀指令;O——程序名;N——程序段号;0~9——数字等。

(3) 编辑键

"ALTER"键:修改键,在程序当前光标位置修改指令代码。

"INSRT"键:插入键,在程序当前光标位置插入指令代码。

"DELET"键:数据、程序段删除键。

"EOB"键:程序段结束键,又称程序段输入键、确认键、回车键,显示为";"。

(4) 复位键

"RESET"键:复位键,按下此键,复位 CNC 装置。

（5）输入、输出键

"INPUT"键：输入键，与外部设备通信时，按下此键，才能启动输入设备，开始输入数据到 CNC 装置内。

"OUTPT START"键：输出键，按下此键，CNC 装置开始输出内存中的参数或程序到外部设备。

（6）软键

软键即子功能键，其含义显示于当前屏幕上对应软键的位置，随主功能状态不同而各异。在某个主功能下可能有若干子功能，子功能往往以软键形式存在。

（7）编辑辅助键

"CURSOR"键：光标移动键，用于在 CRT 页面上，逐步移动光标。↑光标表示向前移动，↓光标表示向后移动。

"PAGE"键：页面变换键，用于 CRT 屏幕选择不同的页面。↑光标表示向前变换页面，↓光标表示向后变换页面。

"CAN"键：取消键，按下此键，删除上一个输入的字符。

（8）运行模式选择旋钮：MODE SELECT

"HOME"：返回机床参考点模式。

"JOG"：手动连续进给模式。

"JOGINC"：手动断续进给模式。

"EDIT"：程序编辑模式。

"MDI"：手动数据输入模式。

"STEP"：单步加工模式。

"AUTO"：自动加工模式。

"HANDLE"：手摇脉冲发生器操作模式。

（9）倍率调节旋钮

进给速度倍率调节旋钮，用目前的进给速度乘上倍率得到实际进给速度。

主轴速度倍率调节旋钮，用目前的设定速度乘上倍率得到实际主轴转速。

（10）其他功能按键及旋钮

"AXIS SELECT"旋钮：手动进给轴和方向选择旋钮。在 JOG、JOGINC 运行模式时，选择手动进给轴和方向。

"ON""OFF"键：CNC 装置电源按钮，按下"ON"键接通 CNC 装置电源，按下"OFF"键断开 CNC 装置电源。

"E-STOP"键：急停按钮，当出现紧急情况时，按下此按钮，伺服进给及主轴运转将立即停止。

2. 数控铣床基本操作

当加工程序编制完成之后，就可操作机床对工件进行加工。下面介绍数控铣床的一些基本操作方法。

（1）**电源的接通与断开**

在接通机床电源之前，检查电源的柜内空气开关是否全部接通。将电源柜门关闭后，先打开机床电源，再按操作面板上的"CNC POWER ON"按钮方能打开机床主电源开关。当显示屏上显示 X、Y、Z 的坐标位置时，机床才能开始工作。

当自动工作循环结束或者机床运动部件停止运动后，按操作面板上的"CNC POWER OFF"按钮，断开数控系统的电源，然后关闭电源柜上的机床电源开关。

（2）**回零操作**

在数控铣床出现下列情况之一时，操作者必须进行回零操作，即返回机床参考点：开始工作前且机床电源接通后；机床停电后，再次接通数控系统的电源；机床在急停信号或超程报警信号解除之后恢复工作。

返回参考点的操作步骤如下：

1）旋转"MODE SELECT"方式选择开关至"HOME"位置，进入回零方式。

2）按"JOG AXIS SELECT"坐标轴选择按钮的 +X 或 +Y 或 +Z 键选择一个所需移动的坐标轴。

3）旋转快速倍率修调开关设定返回参考点进给速度。

4）按下坐标轴正向运动按钮后放开，坐标运动将自动保持到返回参考点，直到参考点指示灯亮时停止。

（3）**手动断续进给**

返回参考点的操作步骤如下：

1）旋转"MODE SELECT"方式选择开关至"JOGINC"，进入断续进给方式，并设置进给步长。

2）按"JOG AXIS SELECT"坐标轴选择按钮的 +X 或 +Y 或 +Z 键选择准备移动的坐标轴。

3）旋转快速倍率修调开关"FEEDRATE OVERRIDE"，选择点动进给速率。

4）根据坐标轴运动的方向，按正方向或负方向按钮，各坐标便可实现点动进给。点动状态下，每按一次坐标进给键，进给部件则移动一段距离。

（4）**手动连续进给**

操作步骤如下：

旋转"MODE SELECT"方式选择开关使之处于"JOG"位置，选择运动轴，按正方向或负方向按钮，运动部件便在相应的坐标方向上连续运动，直到按钮松开时坐标轴才停止运动。

（5）**主轴手动操作**

自动运行时，主轴的转速、转向等均可在程序中用 S 功能和 M 功能指定。手动操作时要使主轴启动，必须用 MDI 方式设定主轴转速。当"MODE SELECT"方式选择开关处于"JOG"位置时可手动控制主轴的正转、反转和停止。调节"SPINDLE SPEED OVERRIDE"主轴转速修调开关，对主轴转速进行倍率调整。手动操作"CW""CCW""STOP"按钮控制主轴的正转、反转和停止。

（6）**自动运行操作**

自动运行操作又称为机床自动循环，自动运行前必须使各坐标轴返回参考点，并提前备有结构完整的数控程序。

先将"MODE SELECT"方式选择开关置于"AUTO"状态，进入自动运行方式；按"PRGRM"键，屏幕显示数控程序；按"CURSOR"键，光标移动至所选程序的起始行；按下"CYCLE START"循环启动按钮，则自动操作开始执行。

（7）**机床急停操作**

机床在手动或自动运行过程中，一旦出现异常，按下急停按钮或进给保持按钮立即停止机床。

如果按下"E-STOP"急停按钮，则机床进给运动和主轴运动会立即停止工作。待故障排除重新执行程序恢复机床工作时，顺时针旋转急停按钮，按下机床复位按钮后，手动操作返回机床参考点。

如果按下"FEED HOLD"进给保持按钮后，机床立即处于保持状态。待急停故障解除之后，按下循环启动按钮恢复机床的运动状态，此时无须返回参考点的操作。

（8）**设定刀具偏置**

设定刀具偏置包括设定刀具长度的偏置量和刀具半径的偏置量。操作步骤：按"MENU OFSET"功能键进入偏置菜单；按"TOOL"软键，进入刀具偏置设定界面；移动"光标到要输入或"修改的偏置号；输入偏置量；按"INPUT"键。

（9）**输入和编辑程序**

当输入、编辑、检索程序时，先打开"PROGRAM PROTECT"程序保护开关，并将运行模式置于"EDIT"状态，显示模式置于"PRGRM"状态。

程序新建:输入程序名,按"INSRT"键完成程序新建。

程序调入:输入程序名,按"INPUT"键完成程序调入。

程序输入:输入程序单元,按"INSRT"键确认输入,按"EOB"键程序段换行。

程序编辑:按"ALTER"替换键、"DELET"删除键、"CAN"取消键等完成程序的修改编辑。

3. 数控铣床的操作步骤

(1) 开机

开机一般是先开机床再开系统,有的设计二者是互锁的,机床不通电就不能在显示屏上显示信息。

(2) 返回参考点

对于增量控制系统(使用增量式位置检测元件)的机床,必须首先执行这一步,以建立机床各坐标的移动基准。

(3) 输入数控程序

若程序简单,可直接采用键盘在 CNC 控制面板上输入;若程序非常简单、只加工一件且程序没有保存的必要时,可采用 MDI 方式输入;外部程序通过 DNC 方式输入数控系统内存。

(4) 程序编辑

若需要修改输入的程序,则要进行编辑操作。此时,将方式选择开关置于编辑位置,利用编辑键进行增加、删除、更改。编辑后的程序必须保存后方能运行。

(5) 空运行校验

此状态下机床锁住,机床在后台运行程序。此步骤是对程序进行检查,若有错误,则需要重新进行编辑。

(6) 对刀设定工件坐标系

采用手动进给,使刀具中心位于工件坐标系的原点,该点也是程序的起始点,将该点的机床坐标值写入 G54 偏置,按确定键完成。

(7) 自动加工

加工中可以按进给保持按钮,暂停进给运动,观察加工情况或进行手工测量,再按下循环启动按钮,即可恢复加工。

(8) 关机

一般应先关闭数控系统,最后关闭机床电源。

4. 数控铣床的对刀

（1）数控铣床对刀的目的

数控铣床对刀的目的是通过刀具或对刀工具确定工件坐标系的原点（又称程序原点）在机床坐标系中的位置，并通过 G92 指令设定对刀数据，或将对刀数据输入相应的存储位置。对刀是数控加工中最重要的操作内容，其准确性将直接影响零件的加工精度。

（2）数控铣床对刀方法

数控铣床对刀操作分为 X、Y 向对刀和 Z 向对刀。对刀方法要同零件加工精度要求相适应。根据对刀工具不同，对刀方法分为以下几种：

1）试切对刀法。

2）塞尺、标准芯棒和块规对刀法。

3）采用寻边器、偏心棒和 Z 轴设定器等工具对刀法。

4）顶尖对刀法。

5）百分表（或千分表）对刀法。

6）专用对刀器对刀法。

根据对刀点位置和数据计算方法不同，数控铣床对刀操作又可分为单边对刀、双边对刀、转移（间接）对刀和分中对零对刀等，而分中对零对刀要求机床必须有相对坐标及清零功能。

（3）数控铣床试切对刀

如图 10.16 所示，以对刀点（此处与工件坐标系原点重合）在工件表面中心位置为例（采用双边对刀方式）。这种方法简单方便，但会在工件表面留下切削痕迹，且对刀精度较低。

X、Y 向对刀步骤如下：

1）将工件通过夹具装在工作台上，装夹时，工件的四个侧面都应留出对刀的位置。

2）启动并保持主轴中速旋转，快速移动工作台和主轴，让刀具快速移动到靠近工件左侧有一定安全距离的位置，然后降低速度移动至接近工件左侧。

3）改用微调操作（一般用 0.01 mm），让刀具慢慢接近工件左侧，使刀具恰好接触到工件左侧表面（观察，听切削声音、看切痕、看切屑，只要出现其中一种情况即表示刀具接触到工件），再回退 0.01 mm。记下此时机床坐标系中显示的 X 坐标值，如-240.500 等。

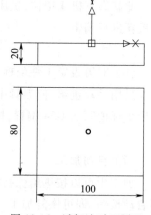

图 10.16　试切法对刀原理

4）沿 Z 向退刀至工件表面以上，用同样方法接近工件右侧，记下此时机床坐标系中显示的 X 坐标值，如-340.500 等。

5）据此可得工件坐标系原点在机床坐标系中的 X 坐标值为｛-240.500+（-340.500）｝/2 = -290.500。

6）同理可测得工件坐标系原点在机床坐标系中的 Y 坐标值。

Z 向对刀步骤如下：

1）将刀具快速移至工件上方。

2）启动并保持主轴中速旋转，快速移动工作台和主轴，让刀具快速移动到靠近工件上表面有一定安全距离的位置，然后降低速度，让刀具端面接近工件上表面。

3）改用微调操作（一般用 0.01 mm 微调），让刀具端面慢慢接近工件表面（刀具特别是立铣刀最好在工件边缘下刀，刀的端面接触工件表面的面积小于半圆，尽量不要使铣刀的中心孔在工件表面下刀），使刀具端面恰好接触工件上表面，再将 Z 轴抬高 0.01 mm，记下此时机床坐标系中的 Z 值，如 -140.400 等，即工件坐标系原点在机床坐标系中的 Z 坐标值为 -140.400。

将测得的 X、Y、Z 值输入工件坐标系存储地址 G5* 中（一般使用 G54~G59 代码存储对刀参数）。进入面板 MDI 输入模式，输入"G5*"，在"自动"模式下按下启动键，运行 G5* 使其生效。另外，需要检验对刀是否正确，这一步非常关键。

（4）数控铣床百分表（或千分表）对刀

该方法一般用于圆形工件的对刀。X、Y 向对刀步骤如下：

如图 10.17 所示，将百分表安装杆装在刀柄上，或将百分表磁性座吸在主轴套筒上，移动工作台使主轴中心线（即刀具中心）移到接近工件中心处，调节磁性座上伸缩杆的长度和角度，使百分表的触头接触工件的圆柱面，且指针转动约 0.1 mm。用手慢慢拨动主轴，使百分表触头沿着工件的圆柱面转动，观察百分表指针的偏转情况。慢慢移动工作台的 X 轴和 Y 轴，多次操作后，待转动主轴时百分表的指针基本在同一位置，这时可认为主轴中心就是 X 轴和 Y 轴的零点。

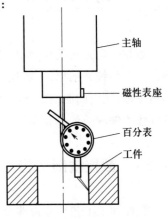

主轴
磁性表座
百分表
工件

图 10.17　百分表（或千分表）对刀原理

Z 向对刀步骤：

卸下百分表装上铣刀，用其他对刀方法如试切法、塞尺法等得到 Z 轴坐标值。

（5）数控铣床专用对刀器对刀

传统对刀法具有安全性差（如塞尺对刀刀尖易撞坏）、费时（如试切需反复切削、多次测量）及人为带来随机性误差大等缺点，不适应数控加工的节奏，非常不利于发挥数控机床的性能。用专用对刀器对刀具有对刀精度高、效率高、安全性好等优点，极大简化了烦琐的对刀过程，保证数控机床高效率、高精度的优势，专用对刀器成为刀具对刀不可或缺的一种专用机床工具。由于加工任务不同,专用对刀器千差万别,具体工作中根据不同需要设计或选用不同的专用对刀器满足加工需求。图 10.18 是一种专用对刀器的外形图,图 10.19 是专用对刀器在数控铣床中的工作图。

图 10.18　专用对刀器外形图　　　　图 10.19　专用对刀器在数控铣床中的工作图

10.2　数控铣削工艺及加工指令

数控铣削是将毛坯固定,用高速旋转的铣刀在毛坯上走刀,切出图样技术要求的形状和特征。与传统铣削相比,数控铣削可以加工外形和特征更复杂的零件,如平面轮廓零件、变斜角类零件、空间曲面轮廓零件、孔和螺纹等。因此在选择数控铣削的加工内容时,应充分发挥数控铣床的优势和作用。

10.2.1　数控铣削工艺

数控加工工艺性分析涉及很多内容,从数控加工的可能性和方便性分析,应主要考虑以下内容。

1. 零件图上尺寸的标注原则

（1）零件图的尺寸标注应方便编程

在数控铣削加工图样中,尽量采用同一基准引注尺寸或直接给出坐标值。在数控编程中,这种标注方法便于设置协调设计基准、工艺基准、检测基准和计算编程零点。

（2）构成零件轮廓的几何元素应完整

自动编程时要定义所有构成零件轮廓的几何元素。在分析零件图时,要分析几何元素的给定条件是否完整,否则无法对被加工的零件进行造型,也无法编程。

2. 符合数控铣削的工艺特点

1)应保证零件所要求的加工精度和尺寸公差。

2)尽量采用统一的几何类型和尺寸加工零件的内腔和外形,减少刀具规格和换刀次数。

3)应采用较大直径的铣刀加工零件。采用大直径铣刀能有效减少加工次数,提高加工效率和表面质量。

4)零件铣削面的过渡圆角半径不宜太大,即尽量减小槽底圆角半径或腹板与缘板相交的圆角半径 r。当铣刀直径 D 一定时,圆角半径 r 越大,铣刀端刃铣削平面接触的最大直径 $d=D-2r$ 越小,铣刀端刃铣削平面的能力越差,效率越低,工艺性也越差。

5)尽量采用统一的定位基准。数控加工过程中,若零件的定位基准不统一,会导致加工后正、反面上的轮廓对不齐或尺寸不一致。因此,尽量利用零件本身的合适孔或专门设置的工艺孔和以零件轮廓的基准边等作为统一的定位基准,保证多次装夹后的相对位置准确。

3. 确定加工方法及加工方案

(1)选择加工方法

在数控铣床加工零件,存在以下两种情况:

1)根据已有的零件图样和毛坯,选择适合加工的数控机床;

2)根据已有的数控机床,选择适合加工的零件。

因此,根据零件特征和加工内容选择合适的数控机床和加工方法,应遵循的基本原则如下:

1)平面轮廓零件的轮廓由直线、圆弧和曲线组成,一般在两坐标联动的数控铣床上加工;经粗铣的两平面之间的尺寸精度达 IT12~IT14 级,表面粗糙度 Ra 值达 12.5~50 μm。经粗、精铣的两平面之间的尺寸精度达 IT7~IT9 级,表面粗糙度 Ra 值可达 1.6~3.2 μm。

2)具有三维曲面轮廓的零件,多采用三坐标或三坐标以上联动的数控铣床或加工中心加工。

3)大直径孔可采用圆弧插补方式进行铣削加工。对于公称直径大于 30 mm 已铸出或锻出的毛坯孔加工,一般采用粗镗→半精镗→孔口倒角→精镗的加工方案。对于较大的孔加工可采用立铣刀粗铣→精铣的加工方案。

4)有空刀槽时可用锯片铣刀在半精镗之后、精镗之前铣削完成,也可用镗刀进行单刃镗削,但单刃镗削的效率低。

5)对于公称直径小于 30 mm 的无毛坯孔加工,通常采用锪平端面→打中心孔→钻→扩→孔口倒角→铰加工方案。而有同轴度要求的小孔,则采用锪平端面→打中心孔→钻→半精镗→孔口倒角→精镗(或铰)的加工方案。在钻孔工步前安排锪平端面和打中心孔工步是为了提高孔的位置精度,而在半精加工之后和精加工之前安排孔口倒角的目的是防止孔内产生毛刺。

6）应根据孔径大小确定螺纹孔的加工方案。一般情况下，对于公称直径为 5～20 mm 的螺纹，采用丝锥加工；对于公称直径小于 6 mm 的螺纹，在铣削机床上加工底孔后，通过其他手段攻螺纹，因为铣削机床攻螺纹不能随机控制加工状态，小直径丝锥容易折断；对于公称直径大于 25 mm 的螺纹，可采用镗刀片镗削加工。

加工方法选择原则：在考虑零件的形状、尺寸和热处理要求，生产效率和经济性，以及企业的生产设备情况的前提下，保证加工精度和表面质量要求。

由于获得相同精度等级及表面粗糙度的加工方法很多，例如，加工 IT7 级精度的孔采用镗削、铰削、磨削等方法都可达到精度要求，但箱体孔的加工中，小尺寸孔选择铰削，中、大尺寸孔选择镗削，而一般不采用磨削。

（2）确定加工方案

确定加工方案时，根据主要表面的尺寸精度和表面粗糙度的要求，首先确定达到精度要求所需要的加工方案，即精加工方法，再确定从毛坯到精加工之间的最终成形加工方案。

在加工过程中，按照表面轮廓不同，零件分为平面类零件和曲面类零件，其中平面类零件的斜面轮廓又分为有固定斜角和变斜角两类。外形轮廓面零件加工时，若单纯考虑技术要求，最好的加工方案是采用多坐标联动的数控机床，这样不但生产效率高，而且加工质量好。但由于中、小型企业无力购买昂贵、生产费用高的机床，因此多采用 2.5 轴和 3 轴控制的机床加工。

2.5 轴和 3 轴控制的机床加工外形轮廓面时，通常采用球头铣刀，轮廓面的加工精度主要通过控制走刀步长和加工带宽度来保证。加工精度要求越高，走刀步长和加工带宽度越小，编程效率和加工效率越低。

如图 10.20 所示，球头铣刀的半径为 R，零件的曲率半径为 ρ，行距为 S，加工后曲面表面残留高度为 H，则有

$$S = \frac{2\rho}{R \pm \rho}\sqrt{H(2R-H)} \tag{10.5}$$

式中，零件曲面在 ab 段内上凸时取"+"号，下凹时取"−"号，单位均为 mm。

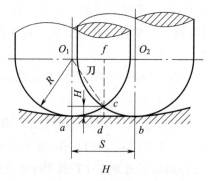

图 10.20　行距的计算图

10.2.2 数控铣削工艺设计

1. 工序和工步

数控铣削加工零件时,尽可能采用工序集中的原则,即在一次装夹后完成大部分工序。数控铣削工序的划分方法如下:

(1) 按加工内容划分

对于加工内容较多的零件,按零件结构特点将加工内容分成若干部分,每一部分可用典型刀具连续加工。例如加工内腔、外型、平面或曲面等。加工内腔时,以外侧面定位夹紧;加工外型时,以内腔或孔定位夹紧。

(2) 按所用刀具划分

把用同一把刀具加工的工序集中在一起,可以有效减少换刀次数、换刀误差、空行程和换刀时间,提高数控铣削效率。

(3) 按粗、精加工划分

加工容易发生变形的零件时,通常先进行粗加工,之后再进行精加工矫形。这时粗加工和精加工作为两道工序,即先粗加工再精加工,可选用不同的机床或不同的刀具进行加工。

为了便于分析和描述复杂工序,将一道工序分为若干工步。工步划分主要考虑加工精度和加工效率两方面,如加工中心加工零件时,同一表面按粗加工、半精加工、精加工依次完成,整个加工表面按先粗后精加工分开进行;对于既有铣平面又有镗孔的零件,可先铣平面后镗孔,以避免因铣削切削力大而造成零件变形,继而影响孔的加工精度;对具有回转工作台的加工中心,若回转时间比换刀时间短,可按刀具划分工步,以减少换刀次数,提高加工效率。

但是,数控加工按工步划分后,三检(自检、互检、专检)制度不容易执行,为了避免零件发生批次性质量问题,应采用分工步交检,而不是加工完整个工序之后再交检。

2. 选择加工余量

加工余量是指毛坯实体尺寸与零件图标注尺寸的差值。加工余量大小对零件加工质量和制造经济性有较大的影响。若加工余量过大,则会浪费原材料,增加机械加工工时,增加机床、刀具及能源的消耗;若加工余量过小,则不容易消除上道工序遗留的各种误差、表面缺陷和本工序的装夹误差等,容易产生废品。因此,应根据影响加工余量的因素合理地确定加工余量。

通常要经过粗加工、半精加工、精加工才能最终达到零件的要求,零件针对某一尺寸总的加工余量等于所有相关工序的加工余量之和。

（1）**工序间加工余量的选择原则**

1）每道工序采用最小加工余量原则,以求缩短加工时间,降低零件的加工费用。

2）应有充足的加工余量,尤其保证最后一道工序留有适当的加工余量。

（2）**选择加工余量需要考虑的因素**

1）由于零件的大小不同,切削力、内应力引起的变形也会有差异。若工件大,变形增加,加工余量也应大一些。

2）零件热处理会引起变形,应适当增大加工余量。

3）加工方法、装夹方式和机床的刚度都可能引起零件加工中的变形,加工余量过大也会造成切削力增大,从而引起零件的变形增加。

（3）**确定加工余量的方法**

1）查表法:根据工厂的生产实践和实验积累的数据,先制成各种表格,再汇集成手册。查阅手册,并结合工厂生产的实际情况进行适当修正后确定。目前我国各工厂普遍采用查表法。

2）经验估算法:根据工艺编制人员的实际经验确定加工余量。一般情况下,为了防止因加工余量过小而产生废品,经验估算法的取值偏大。经验估算法常用于单件小批生产。

3）分析计算法:根据一定的试验数据和加工余量计算公式,分析影响加工余量的各项因素,并计算确定加工余量。这种方法比较合理,但必须有比较全面和可靠的试验数据。目前,该方法只在零件材料贵重和大量生产时采用。

3. 确定加工路线

在数控铣削中,刀具刀位点相对于工件的运动轨迹称为加工路线,它是数控编程的依据,直接影响零件的加工质量和效率。确定加工路线时,要考虑如下因素:

1）保证零件的加工精度和表面质量,且效率要高。

2）减少编程时间和程序容量。

3）减少空刀时间,避免在轮廓面停刀,以免划伤零件。

4）减少零件的变形。

5）对于位置精度要求高的孔系零件加工,应尽可能避免将机床反向间隙误差带入而影响孔的位置精度。

6）复杂曲面零件的加工路线应根据零件的实际形状、精度要求、加工效率等多种因素确定,可选用行切、环切、等距切削、等高切削等方法。

10.2.3 刀具的选择

数控铣削加工刀具可根据刀具结构、刀具材料和实际用途等进行分类。

（1）根据刀具结构不同分类

根据刀具结构的不同，数控铣削加工刀具可分为整体式、镶嵌式、减振式、内冷式、特殊形式等。

1）整体式。

2）镶嵌式。包括焊接式和机夹式。其中，机夹式根据刀体结构不同，又分为可转位和不转位两种。

3）减振式。当刀具的工作臂长与直径之比较大时，为了减少刀具的振动，提高加工精度，多采用此类刀具。

4）内冷式。切削液通过刀体内部由喷孔喷射到刀具的切削刃部。

5）特殊形式。如复合刀具、可逆攻螺纹刀具等。

（2）根据刀具材料不同分类

根据刀具材料的不同，数控铣削加工刀具可分为高速钢刀具、硬质合金刀具、陶瓷刀具、立方氮化硼刀具、金刚石刀具、涂层刀具。

（3）根据刀具用途不同分类

根据刀具用途的不同，数控铣削加工刀具可分为：

1）钻削刀具。又分为小孔、短孔、深孔、攻螺纹、铰孔等刀具。

2）镗削刀具。又分为粗镗、精镗等刀具。

3）铣削刀具。又分为面铣、立铣、三面刃铣等刀具。

攻螺纹时，送给速度的选择取决于螺孔的螺距 P（单位：mm），由于使用了有浮动功能的攻螺纹夹头。一般攻螺纹时，进给速度小于计算数值，见表 10.1 与表 10.2。

$$v_f \leq P \cdot n \tag{10.6}$$

表 10.1　刀具材料与许用最高切削速度

序号	刀具材料	类别	主要化学成分	最高切削速度/$(m \cdot min^{-1})$
1	碳素工具钢		Fe	5
2	高速钢	钨系 铝系	18W+4Cr+1V+(Co) 7W+5Mo+4Cr+1V	50
3	超硬工具	P 种（钢用） M 种（铸钢用） K 种（铸铁用）	WC+Co+TiC+(TaC) WC+Co+TiC+(TaC) WC+Co	150
4	涂镀刀具 （COATING）		超硬母材料镀 Ti TiNi103　Al_2O_3	250
5	瓷金（CERMET）	TicN+NbC 系 NbC 系 TiN 系	TicN+NbC+CO NbC+Tic+Co TiN+TiC+CO	300

表 10.2   铣刀切削速度   mm/min

工件材料	铣刀材料					
	碳素钢	高速钢	超高速钢	合金钢	碳化钛	碳化钨
铝合金	75~150	180~300		240~460		300~600
镁合金		180~270				150~600
铝合金		45~100				120~190
黄铜(软)	12~25	20~25		45~75		100~180
青铜	10~20	20~40		30~50		60~130
青铜(硬)		10~15	15~20			40~60
铸铁(软)	10~12	10~20	18~25	28~40		75~100
铸铁(硬)		10~15	10~20	18~28		45~60
(冷)铸铁			10~15	12~18		30~60
可锻铸铁	10~15	20~30	25~40	35~45		75~110
钢(低碳)	10~14	18~28	20~30		45~70	
钢(中碳)	10~15	15~25	18~28		40~60	
钢(高碳)		10~15	12~20		30~45	
合金钢					35~80	
合金钢(硬)					30~60	
高速钢			12~25		45~70	

10.2.4   数控铣削的加工指令

数控铣削加工指令包括辅助功能指令、准备功能指令、坐标功能指令、进给功能指令、主轴功能指令和刀具功能指令等。

1. M 功能指令

M 功能指令又称辅助功能指令,主要用于机床辅助功能操作。M 功能指令用两位数表示,有 M00~M99 共 100 种可预设指令,数控铣削机床中常用的已定义辅助功能指令见表 10.3。

表 10.3   常用 M 功能指令

指令字	功能	指令字	功能
M00	程序暂停	M08	冷却液打开
M03	主轴正转	M09	冷却液关闭
M04	主轴反转	M30	程序结束返回
M05	主轴停转	M98	调用子程序

2. G 功能指令

G 功能指令也称准备功能指令,是使数控车床做某种操作的指令,用于坐标系设定、定义插补类型、选择刀具及其半径补偿、调用固定循环类型等。G 功能指令用两位数字表示,有 G00~G99 共 100 种可预设指令,常用的功能指令并不多,实训中主要用到以下功能指令。

(1) G00 快速定位指令

指令格式:G00 Xx Yy Zz;

G00 是使刀具从当前位置快速运动至目标位置,即工件坐标系中(x,y,z)处的定位指令。快速进给速度由机床设定。

(2) G01 直线插补指令

指令格式:G01 Xx Yy Zz Ff;

直线插补指令 G01 是直线运动指令,用来定义刀具的进给速度f,在坐标系中以插补联动方式做直线插补运动(即直线切削)的指令。

(3) G02、G03 圆弧插补指令

圆弧插补指令 G02、G03 都是圆弧运动指令,用来使刀具在给定平面内以进给速度f,做圆弧插补运动(即圆弧切削)的指令。

G02:顺时针圆弧插补。

G03:逆时针圆弧插补。

指令格式有两种形式,圆弧起点+圆弧相对圆心方式,或者圆弧起点+圆弧半径方式,如:

G17(G18、G19) G02(G03) G90(G91) Xx Yy Ii Jj Ff　　　%圆心表达

G17(G18、G19) G02(G03) G90(G91) Xx Yy Rr Ff　　　%半径表达

在指令格式中r为圆弧半径。当圆心角小于 180°时,r为正,圆心角大于 180°时,r为负。

以上指令已经满足机械工程训练中简单轮廓类程序编制,其他的功能指令不再赘述,学生可根据自己的兴趣自学。

10.3 数控铣削加工实例

在手摇四杆机中,很多零件可以在数控铣床上铣削加工完成,本节将对其中两个典型零件的加工方法进行阐述,其余零件的加工请自行参照解决。

10.3.1 连杆的数控铣削

（1）连杆的结构分析

如图 10.21 所示，连杆属于轮廓类零件，由圆弧和直线构成，且成轴对称。零件图轮廓描述清晰完整，尺寸标注完整，符合数控铣削的尺寸标注要求，零件材料为铝合金，无热处理和硬度要求，切削加工性能较好。

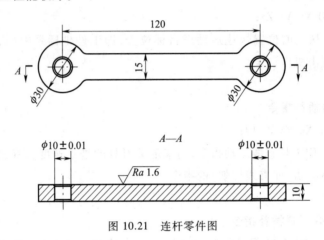

图 10.21 连杆零件图

（2）选择定位与装夹方法

如图 10.22 所示，平面类轮廓零件的加工，选取尺寸合适的铝板，将其四个角或两边中点处用压板压住即可。

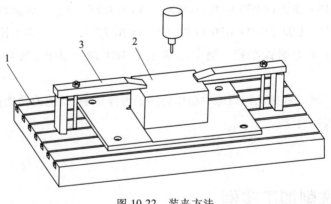

图 10.22 装夹方法

（3）确定加工顺序

工件坐标系的零点设置在连杆中心处，加工顺序是先加工连杆的两个 ϕ10 mm 孔，然后铣削连杆的外轮廓。

（4）选择加工刀具

连杆加工依次选择中心钻、ϕ7.8 mm 的麻花钻和 ϕ6 mm 的铣刀即可完成。

（5）编制数控加工程序

两个 ϕ10 mm 孔的加工工艺过程：① 采用中心钻打孔；② 采用 ϕ7.8 mm 的钻头打孔；③ 采用 ϕ6 mm 铣刀加工。

ϕ10 mm 孔的加工程序：

O0301；	
G54 G90；	％建立工件坐标系，使用绝对坐标编程
M03 S1200；	％主轴正转，转速为 1 200 r/min
G00 X-60 Y0 Z100；	％快速定位在孔中心位置
Z10；	
G01 Z-12 F100；	％铣削深度为 12 mm
X-62 Y0；	
G03 I2；	％扩孔
G01 X-60 Y0；	
G00 Z10；	
X60 Y0；	
G01 Z-12 F100；	
X58 Y0；	
G03 I2；	％扩孔
G01 X60 Y0；	
G00 Z100；	
M30；	％程序结束，并返回

外轮廓加工程序：

O0303；	
G54 G90；	％建立工件坐标系，使用绝对坐标编程
M03 S1200；	％主轴正转，转速为 1 200 r/min
G00 X45.38 Y-15.5 Z100；	
Z20；	
M98 P80304；	％循环子程序 O0304，8 次
G00 G90 Z100；	
M30；	％程序结束，并返回
O0304；	％子程序
G01 G91 Z-21.5 F100；	％相对坐标编程

G01 G90 X45.38 Y-10.5；

G01 X-45.38 Y-10.5；

G02 X-45.38 Y10.5 I-14.62 J10.5；

G01 X45.38 Y10.5；

G02 X45.38 Y-10.5 I14.62 J-10.5；

G01 X45.38 Y-15.5；

G00 G91 Z20；

M99；　　　　　　　　　%子程序调用结束

10.3.2　曲柄杆的数控铣削

（1）曲柄杆的结构分析

如图 10.23 所示，该零件属于轮廓类零件，由圆弧和直线构成。零件图轮廓描述清晰完整，尺寸标注完整，符合数控加工尺寸标注的要求，零件材料为铝合金，无热处理和硬度要求，切削加工性能较好。

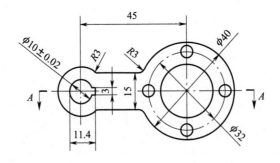

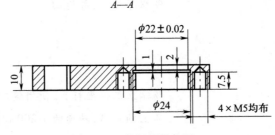

图 10.23　曲柄杆零件图

（2）选择装夹与定位方法

对于平面类轮廓零件的加工，选取尺寸大小合适的铝板，将其四个角或两边中点处用压板压住即可。

（3）确定加工顺序

工件坐标系的原点设置在 $\phi40$ mm 的圆心处，依次加工① 4×M5 mm；② $\phi10$ mm 的孔；③ $\phi22$ mm 的孔；④ 轮廓铣削。

（4）选择加工刀具

该连杆的加工选择中心钻，如 $\phi3.1$ mm 的麻花钻和 $\phi4$ mm 的铣刀即可完成。

（5）编制数控铣削程序

具体数控加工工艺及其程序如下：

1）4×M5 mm 的数控加工

工艺过程：① 采用 $\phi3.1$ mm 的钻头打孔；② 采用 $\phi4$ mm 铣刀进行扩孔；③ 采用 M5 的丝锥进行手工攻螺纹。

数控程序：

```
O0101;
G54 G90;                          %建立工件坐标系,使用绝对坐标编程
M03 S1200;                        %主轴正转,转速为 1 200 r/min
G00 X-16 Y0 Z100;
Z10;
G01 Z-12 F100;
G01 X-16.1;
G03 I0.1;
G00 Z10;
X0 Y-16;
G01 Z-12 F100;
G01 X-0.1;
G03 I0.1;
G00 Z10;
X16 Y0;
G01 Z-12 F100;
G01 X15.9;
G03 I0.1;
G00 Z10;
X0 Y16;
G01 Z-12 F100;
G01 X-0.1;
G03 I0.1;
```

G00 Z100；

M30；   %程序结束，并返回

2）φ10 mm 孔的数控程序

工艺过程：① 采用中心钻打孔；② 采用 φ7.8 mm 的钻头打孔；③ 采用 φ4 mm 铣刀加工。

数控程序：

O0102；

G54 G90；   %建立工件坐标系，使用绝对坐标编程

M03 S1200；   %主轴正转，转速为 1 200 r/min

G00 X-45 Y0 Z100；

Z10；

G01 Z-12 F100；

X-47.99 Y0；

G03 I2.99；

G01 X-37 Y0 F50；

G01 X-45 Y0 F100；

G00 Z100；

M30；

3）φ22 mm 孔的数控加工

工艺过程：① 采用中心钻打孔；② 采用 φ7.8 mm 的钻头打孔；③ 采用 φ6 mm 铣刀加工。

数控程序：

O0103；

G55 G90；   %建立工件坐标系，使用绝对坐标编程

M03 S1200；   %主轴正转，转速为 1 200 r/min

G00 X0 Y0 Z100；

Z10；

G01 Z-12 F100；

G01 X-3.9；

G03 I3.9；

G01 X-5；

G03 I5；

G01 X-6；

G03 I6；

G01 X-7；

G03 I7；

G01 X-8；

G03 I8；

G03 X0 Y0 R4；

G00 Z100；

M30；   %程序结束,并返回

4）轮廓铣削加工

工艺过程:采用 φ6 mm 铣刀铣削。

数控程序:

O0105；

G55 G90；   %建立工件坐标系,使用绝对坐标编程

M03 S1200；   %主轴正转,转速为 1 200 r/min

G00 X−20.46 Y−15.5 Z100；

Z20；

M98 P80106；   %循环调用子程序 O0106,8 次

G00 G90 Z100；

M30；   %程序结束,并返回

O0106；   %子程序

G01 G91 Z−21.5 F100；   %相对坐标编程

G01 G90 X−20.46 Y−10.5；

G01 X−37.34 Y−10.5；

G02 X−37.34 Y10.5 I−7.66 J10.5；

G01 X−20.46 Y10.5；

G02 X−20.46 Y−10.5 I20.46 J−10.5；

G01 X−20.46 Y−15.5；

G00 G91 Z20；

M99；   %子程序调用结束

思考与练习题

10-1 数控机床工件坐标系的 X、Y、Z 轴及其方向是如何确定的?

10-2 F、S、T 功能指令各自的作用是什么?

10-3 数控铣床加工连杆和曲柄杆等轮廓类零件时,有没有快速编程方式?如果有请写出相关程序并对比。（提示:利用软件编程）

10-4 参照书中的实例,完成手摇四杆机其他零件的铣削加工。

第十一章
数控雕刻

实训要求	实训目标
预习	数控雕刻机的结构、应用领域
了解	数控雕刻机的工作原理、加工特点
掌握	图形绘制(难点)、编程(重点)、建立工件坐标系
拓展	培养数控加工的工程意识、创新能力
任务	独立完成手摇四杆机中齿轮、连杆等零件的加工

11.1 数控雕刻技术

随着计算机技术、信息技术、自动化技术的高速发展,数控雕刻机应运而生,为现代雕刻加工行业提供了诸多便利。数控雕刻机在广告、家具雕刻加工、模具加工、石材雕刻、艺术玻璃雕刻等行业得到广泛应用,推动了这些行业快速发展。

数控雕刻机具有精细轻巧、灵活自如的操作特点,并融入了计算机数字自动化技术,是一种先进的数控雕刻技术。传统的手工雕刻质量难以控制,只能依靠雕刻师的经验技巧保证,所以一直制约着雕刻行业的发展,而数控雕刻机雕刻具有精度高、质量好、重复性好的特点。

数控雕刻机是利用小刀具对工件进行雕刻加工,通常用于加工文字、图案、小型精密工艺品、精细浮雕等。其雕刻出来的产品尺寸精度高、一致性好,而且整个过程都是计算机自动执行任务,极大地减轻了工人的劳动强度。

11.1.1 数控雕刻原理

数控雕刻机由计算机配置专用雕刻软件,进行图形、图案的设计和排版,并生成 NC 加工代码,计算机把代码信息传送至数控雕刻机控制器中,然后数控雕刻机控制器将代码信息转化成脉冲信号,进而控制伺服电机驱动数控雕刻机进行 X、Y、Z 三轴运动。刀具安装在数控雕刻机主轴上,主轴带动刀具高速旋转,使刀具与工件产生相对运动,即可进行切削加工,雕刻出各种平面或立体的浮雕图形及文字,实现雕刻自动化。

11.1.2　数控雕刻机的组成

数控雕刻机主要由控制计算机、电气控制柜、雕刻控制软件、数控雕刻机床四部分组成,如图 11.1 所示。

图 11.1　数控雕刻机

（1）控制计算机

控制计算机是雕刻控制软件的运行载体,用来协调控制雕刻机绘图、编程及加工等各个机构。

（2）电气控制柜

电气控制柜是驱动雕刻机的信号检测部分,计算机发送控制指令后,由电气控制柜驱动雕刻机进行机械运动,并获取雕刻机的各种运行数据,最后由控制计算机和控制软件对数据进行识别和处理。

（3）雕刻控制软件

雕刻控制软件用来处理 CAD/CAM 软件生成的 NC 加工代码,并向电气控制柜发出加工控制指令,驱动雕刻机进行加工动作,完成零件的雕刻。

（4）**数控雕刻机床**

数控雕刻机床是数控雕刻机的机械设备部分，包括机床底座、立柱、横梁、工作台等结构件，是数控雕刻机的基础和框架。

11.1.3 数控雕刻机的分类

按加工机理的不同，数控雕刻机分为激光雕刻机和机械雕刻机。

激光雕刻机主要用于雕刻亚克力、胶皮、双色板等材料制品；另外，激光雕刻机还可以在大理石、竹或双色板等材料上雕刻，雕刻各种精致美丽的图案和文字，制成工艺品。

机械雕刻机广泛用于加工木材、石材、亚克力、双色板等一些非金属的字体切割和雕刻，还可加工简单的金属模具等。

11.1.4 数控雕刻机的特点

根据雕刻机的基本结构和工作原理，数控雕刻机近似是由计算机数控钻床和计算机数控铣床组合而成。由于数控雕刻机床结构、雕刻加工工艺及 CAD/CAM 软件的功能与传统工业制造行业的数控铣床有较大差异，因此"CNC 雕刻"是一项独特的新型数控加工技术，具有以下特点：

1）加工对象的尺寸小、形状复杂，成品要求精细。

2）在工艺方面，只能且必须使用小刀具加工。

3）产品尺寸精度高，一致性好。

4）是一种高转速、小进给和快走刀的高速铣削加工，被形象地称为"少吃快跑"的加工方式。

11.1.5 数控雕刻刀具

（1）**数控雕刻机刀具的选择**

数控雕刻机刀具类型包括平底刀、锥刀、球刀、牛鼻刀、锥球刀和各种型号的成形刀等。不同类型的刀具有各自不同的雕刻特点，适用于不同的雕刻需求，如图 11.2 所示。

数控雕刻分为粗雕刻和精雕刻两种类型。

粗雕刻用于快速切除加工余量，获得产品的大致外形，背吃刀量较大，适合曲面粗雕刻的刀具类型一般为平底刀、锥刀和牛鼻刀。选择刀具时，需要综合考虑曲面的复杂程度和毛坯材料。

图 11.2 数控雕刻机常用刀具

平底刀主要用于比较简单的曲面加工;锥刀主要用于比较复杂的曲面加工和平面雕刻;牛鼻刀主要用于金属材料的粗加工。

粗雕刻时,背吃刀量较大,容易使刀具产生振动,所用刀具尺寸要比精雕刻时大,才能达到快速切除待加工材料的目的。粗雕刻刀具尺寸的选取,同样取决于雕刻对象的复杂程度和雕刻材料的性能。当模型曲面比较复杂时,需要采用直径较小的刀具,否则残留的待加工量较多,给曲面精雕刻带来一定的困难。当雕刻材料的硬度较高时,考虑刀具的强度、刚度和耐磨性,通常采用直径较大的刀具。

精雕刻用于雕刻出模型的实际形状,产品的质量主要取决于精雕刻。适合于精雕刻的刀具类型有锥刀、球刀、锥球刀。其中,球刀主要用于加工比较简单的曲面;锥球刀用于加工比较复杂的曲面。若雕刻的曲面包含水平面,有时也采用牛鼻刀或锥度牛鼻刀。精雕刻刀具的尺寸大小主要取决于曲面的复杂程度,当曲面比较简单时,一般采用直径较大的刀具;当曲面较复杂时,一般采用直径较小的刀具;当球刀的球半径较小时,考虑到刀具本身的强度,一般使用锥球刀。

(2) 数控雕刻刀具用途和使用范围

数控雕刻刀具用途和使用范围见表 11.1。

表 11.1　数控雕刻刀具用途和使用范围

刀具类型	用途	使用范围
平底刀	铣平面	轮廓切割、区域雕刻、曲面雕刻
球刀	铣曲面	曲面精雕刻
牛鼻刀	铣平面、铣曲面	曲面精雕刻
锥刀	雕刻平面	各种雕刻
锥球刀	雕刻曲面	曲面精雕刻、图像雕刻
锥度牛鼻刀	雕刻平面、雕刻曲面	曲面精雕刻
双刃直槽牛鼻刀	曲面和平面混合加工	曲面精雕刻
单刃螺纹切割刀	有机材料加工	文字雕刻
双刃直槽刻刀	铜材雕刻	模具雕刻
三棱锥刀	刻字	文字、图案雕刻

(3) 数控雕刻机刀具的安装方法

1）夹头上开有许多缝隙,装夹刀具前,必须用汽油或 WD40 清洗剂将夹头擦洗干净,并检查、清除夹头缝隙内的残渣。

2）夹头与轴的配合靠轴端锥孔接触,若接触不好,刀具不易装正,故要保证锥面接触良好。夹头与轴连接之前,必须用汽油或 WD40 清洗剂将轴锥面擦洗干净。

3）将夹头放入压帽内,轻轻转动夹簧,待压帽偏心部分凹入夹头槽内,沿箭头方向均匀用力推动夹头,即可装入压帽内。

4）夹头与压帽一起安装在机床主轴上,把刀具圆柱柄部擦拭干净后装入夹持孔内,确认夹头和刀具放正后,用手将压帽拧到位。再使用扳手均匀用力拧紧压帽,直到刀具夹牢为止。

5）松刀时,用扳手反方向旋转压帽,如需更换夹头,松开压帽带出夹头及刀具,卸下刀具,沿箭头方向用力推动夹头,使其推出,然后根据需要换上其他孔径的夹头即可。

11.1.6　数控雕刻机应用行业及加工材料

（1）木工行业

木工雕刻机在家具行业、家具装饰行业、木工装饰行业、乐器行业、木制工艺品行业应用广泛。适用于大面积板材平面雕刻、实木家具雕刻、实木艺术壁画雕刻、实木雕刻、密度板免漆门雕刻、厨窗门雕刻。

1）木制工业品行业:如缝纫机台面、电气柜面板、体育用品器材等。

2）模具行业:可雕刻各种模具、木模、航空木模、螺旋桨、汽车泡沫模具。

3）乐器行业:可雕刻乐器的三维曲面。

（2）其他行业

随着人们对广告雕刻机的认识和掌握,广告雕刻机的应用范围和应用水平逐步提高,如广告业、印章业、工艺礼品业、艺术模型业、木器加工业、模具业等。可加工的材料包括亚克力、双色板、PVC、ABS 板、石材、仿石材、金属、铝塑板等各种材料。

1）广告行业:雕刻、切割各类标牌、座标牌、大理石、铜、字模、字型、各类标志、商标等材料。

2）工艺品行业:工艺品、纪念品上刻制各类文字、图形,铁制艺术品雕刻,刻度盘。

3）模具加工:建筑模型、实物模型、烫金模、电机、高周波模、微量射出模、鞋模、徽章、压花模具,饼干、巧克力、糖果模具。

4）印章行业:可在牛角、塑料、有机板、木头、储置垫等材料上刻制印章。

11.2　数控雕刻机软件及系统分类

数控雕刻机常用的编程软件有 JDPaint、ArtCAM、文泰刻绘、Type3、Mastercam、Cimatron、Powermill、NX、Creo 等。

数控雕刻机驱动系统包括步进驱动器+步进电动机、混合伺服驱动器+电动机、交流伺服驱动器+交流伺服电动机等。

（1）步进驱动器+步进电动机

步进系统是目前市面上使用最多的驱动系统,其中最受欢迎的是三相混合式步进电动机。因价格便宜,并且配上雷赛高细分驱动器后效果良好,占90%以上的市场份额。但缺陷也比较明显,存在容易共振、噪声大、随着转速提高力矩降低、长时间工作容易丢步、电动机温升过高等问题。

（2）混合伺服驱动器+电动机

混合伺服驱动系统能够提高高速性能、减少发热,减少共振等。但在国内的使用一直没有普及。而国外做混合伺服驱动系统的厂家不多,价格相对于交流伺服驱动系统没有非常大的优势,只能在一些特殊的行业中使用。

（3）交流伺服驱动器+交流伺服电动机

交流伺服驱动系统在雕刻机中的使用还是比较少,主要原因是价格昂贵,另外交流伺服系统的应用对机床的结构、电气系统、控制系统、传动系统都有一定的要求,就像木桶原理一样,最短的那块木板决定了木桶盛水的量,因此交流伺服系统一般都是应用于高端的机型。交流伺服系统具有响应快、力矩大、高转速、高精度、发热少、工作时间长、报警系统齐全等优点。但是也存在一些不足之处,如不同的设备要用不同的伺服参数,调节参数时对技术工程师的技术水平要求较高。

11.3 数控雕刻加工实例

11.3.1 齿轮加工实例

（1）加工工艺分析

1）零件图工艺分析

齿轮主要由内部孔和外部齿轮轮廓组成,如图11.3所示。由于零件表面粗糙度没有特殊要求,因此采用粗加工便可完成。

2）确定加工顺序

在整张板材上加工该零件,首先加工齿轮内孔,然后加工齿轮外部轮廓。

3）材料及加工参数

材料及加工参数见表11.2。

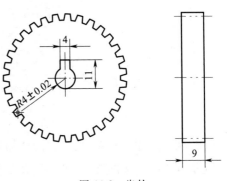

图 11.3 齿轮

表 11.2　材料及加工参数

项目	参数
材料	亚克力
型号	2 400 mm×1 200 mm×9 mm
刀具	2 mm 平底单刃铣刀
工艺参数	轮廓切割加工深度 9 mm
加工参数	主轴转速为 12 000 r/min,进给速度为 0.1 mm/rad,吃刀深度为 1 mm

（2）**绘制齿轮零件二维图形**

使用 AutoCAD、CAXA 等绘图软件,绘制零件的二维图形,并将图形保存为".dxf"格式。

（3）**编写加工程序代码**

1）打开编程软件,导入二维图形

【步骤1】双击图标按钮打开 JDPaint 软件,如图 11.4 所示。

图 11.4　JDPaint 软件

【步骤2】在 JDPaint 软件界面左上角,单击"文件（F）"按钮,如图 11.5 所示。

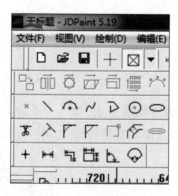

图 11.5　JDPaint 软件界面

【步骤3】单击"输入"按钮,打开"输入"对话框,如图 11.6 所示。

【步骤4】在"文件类型"下拉列表框中选择"DXF File（＊.dxf）"

【步骤5】选择相应文件,导入绘制好的零件图。

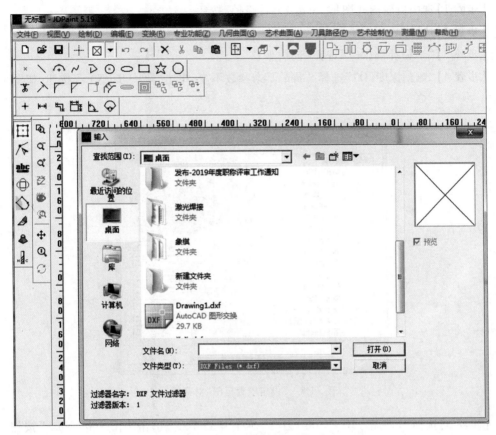

图 11.6　"输入"对话框

2）对零件图进行图形聚中

【步骤 1】选中全部所要加工的零件二维图。

【步骤 2】单击"变换"按钮。

【步骤 3】选择"图形聚中"。

【步骤 4】"X 轴方向"选择"左边聚中（-）"，"Y 轴方向"选择"下部聚中（-）"，"Z 轴方向"选择"中心聚中（0）"，然后单击"确定"按钮，如图 11.7 所示。

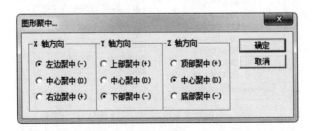

图 11.7　"图形聚中"对话框

3）加工参数设置

齿轮内孔的加工参数设置参照【步骤 1】—【步骤 7】

【步骤1】选中齿轮内孔图形,单击"刀具路径"按钮。

【步骤2】选择"轮廓切割"。

【步骤3】"半径补偿(M)"选择"向内偏移"。

【步骤4】"雕刻深度(D)"选择9 mm,其余参数不变,单击"下一步(N)>"按钮,如图11.8所示。

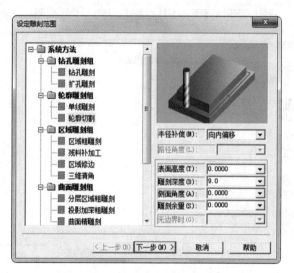

图11.8　"设定雕刻范围"对话框

【步骤5】选择"[平底]JD-2.00"刀具,其余参数不变,单击"下一步(N)>"按钮,如图11.9所示。

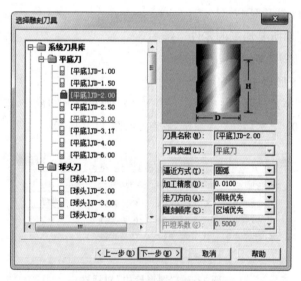

图11.9　"选择雕刻刀具"对话框

【步骤6】设置"主轴转速"为12 000 r/min,"进给速度"为0.1 mm/rad,"吃刀深度"为1 mm,然后单击"下一步(N)>"按钮,如图11.10所示。

图 11.10 "设定切削用量"对话框

【步骤 7】单击"完成"按钮,完成齿轮内孔的加工参数设置,如图 11.11 所示。

图 11.11 "雕刻路径参数"对话框

齿轮外轮廓的加工参数设置参照【步骤 1】—【步骤 7】

【步骤 1】选中齿轮的外轮廓图形,单击"刀具路径"按钮。

【步骤 2】选择"轮廓切割"。

【步骤 3】"半径补偿(M)"选择"向外偏移"。

【步骤 4】"雕刻深度(D)"选择 9 mm,其余参数不变,单击"下一步(N)>"按钮,如图 11.12 所示。

【步骤 5】选择"[平底]JD-2.00"刀具,其余参数不变,单击"下一步(N)>"按钮。

【步骤 6】设置"主轴转速"为 12 000 r/min,进给速度为 0.1 mm/rad,"吃刀深度"为 1 mm,然后单击"下一步(N)>"按钮。

【步骤 7】单击"完成"按钮,完成齿轮外轮廓的加工参数设置。

图 11.12 "设定雕刻范围"对话框

4）输出刀具路径

【步骤1】选中齿轮内、外轮廓的加工轨迹,如图11.13所示。

【步骤2】单击"刀具路径(P)"按钮。

【步骤3】选择"输出刀具路径(E)"。

【步骤4】选择文件的保存路径,设置文件名称,并单击"保存(S)"按钮,如图11.14所示。

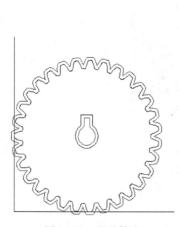

图 11.13 刀具轨迹

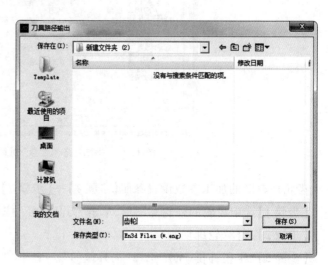

图 11.14 "刀具路径输出"对话框

【步骤5】检查刀具是否选择正确,并将文件版本改为"EN3D 4.X",单击"确定(O)"按钮,如图11.15所示。

【步骤6】设置"安全高度"为10 mm,"接近高度"为5 mm,并检查"文件头尾设置"文本框是否为空白,单击"生成(G)"按钮,如图11.16所示。

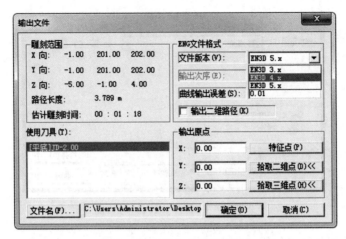

图 11.15 "输出文件"对话框

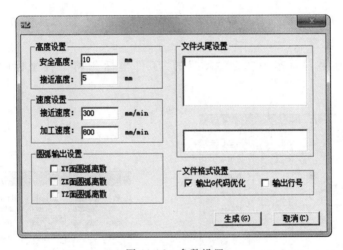

图 11.16 参数设置

(4) 加工齿轮

1) 打开加工软件,导入零件程序

【步骤 1】双击图标按钮打开 Ncstudio 软件,如图 11.17 所示。

图 11.17 Ncstudio 软件快捷方式

【步骤 2】单击"文件"按钮,选择"打开并装载",打开如图 11.18 所示的"打开并装载"对话框,选择齿轮零件的程序,导入编写好的加工程序。

图 11.18 "打开并装载"对话框

2）设置刀具工作零点位置

【步骤 1】X 轴、Y 轴对刀

在屏幕右侧单击"手动"，然后单击"X+""X-""Y+""Y-"使刀具移动至合理加工区域，如图 11.19 所示。

【步骤 2】单击数控状态中"X:""Y:"的"工件坐标"，将工件坐标归零，如图 11.20 所示。

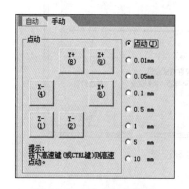

图 11.19 手动调整模式

图 11.20 "数控状态"对话框

【步骤 3】Z 轴对刀。

单击"主轴启动"按钮，然后在屏幕右侧单击"手动"，再单击"Z+""Z-"使刀具的刀尖与工件毛坯的上表面轻微接触。

【步骤 4】单击数控状态中"Z:"中的"工件坐标"，将 Z 轴的工件坐标归零。

3）加工图形仿真

单击"仿真"按钮，检查齿轮加工程序是否正确，如果正确则再次单击结束仿真，如图 11.21 和图 11.22 所示。

4）开始加工

单击"开始"按钮，开始加工齿轮，如图 11.23 所示。

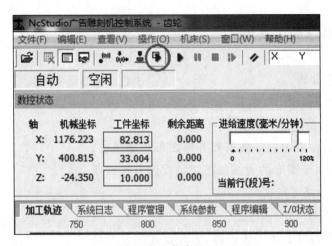

图 11.21 仿真界面

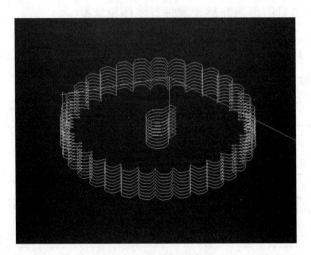

图 11.22 仿真刀具轨迹

图 11.23 开始加工

11.3.2 区域图形加工实例

(1) 加工工艺分析

本区域图形加工以图 11.24 所示的"龙猫"图形为例。

1）图形工艺分析

该"龙猫"图形主要由内部线条和外部图形轮廓组成，如图 11.24 所示。由于图形的表面加工粗糙度没有特殊要求，因此采用粗加工便可完成。

2）确定加工顺序

由于是在整张板材上加工该图形，因此首先需要先对图形的区域雕刻部分进行区域加工，然后对内部线条部分进行单线雕刻，最后再对图形的外部轮廓进行整体轮廓雕刻加工。

3）材料及加工参数选择。

材料及加工参数见表 11.3。

图 11.24 "龙猫"图形

表 11.3 材料及加工参数

项目	参数
材料	亚克力
型号	2 400 mm×1 200 mm×5 mm
刀具	2 mm 平底单刃铣刀
工艺参数	区域雕刻加工深度为 1 mm，单线雕刻加工深度为 1.5 mm，轮廓切割加工深度为 5 mm
加工参数	主轴转速为 12 000 r/min，进给速度为 0.1 mm/rad，吃刀深度为 1 mm

(2) 绘制"龙猫"的二维图形

使用 AutoCAD、CAXA 等绘图软件，导入图片采用描图方式，绘制"龙猫"的二维图形，并将图形保存为".dxf"格式文件。

(3) 编写加工程序代码

1）打开编程软件，导入二维图形

【步骤 1】双击图标按钮打开 JDPaint 软件，如图 11.25 所示。

图 11.25 JDPaint 软件

【步骤 2】单击"文件(F)"按钮,如图 11.26 所示。

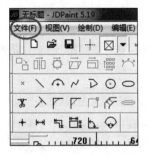

图 11.26 JDPaint 软件界面

【步骤 3】单击"输入"按钮,如图 11.27 所示。

【步骤 4】在"文件类型"下拉列表中选择"DXF Files(∗ .dxf)"。

【步骤 5】选择相应文件,导入绘制好的零件图。

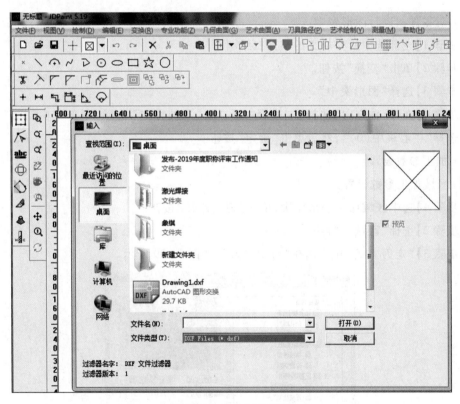

图 11.27 "输入"对话框

2) 对零件图进行尺寸设置

由于通常"龙猫"这类图形由描图所得,在画图时未设置图形的大小尺寸,因此在图形加工程序编写前,需要对图形的尺寸大小进行设置。如果在图形绘制时已经设置好图形尺寸,则可以省略掉该步骤。

【步骤1】全部勾选所要加工的零件二维图。

【步骤2】单击"变换"按钮。

【步骤3】选择"放缩"。

【步骤4】单击"放缩变换"按钮,选中"保持比例",设置"横向尺寸"或者"纵向尺寸",如图11.28所示。

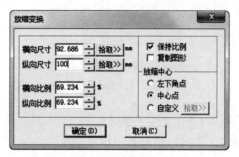

图11.28　"放缩变换"对话框

3）对零件图进行图形聚中

【步骤1】全部选中所要加工的零件二维图。

【步骤2】单击"变换"按钮。

【步骤3】选择"图形聚中"。

【步骤4】在"X轴方向"选择"左边聚中(-)","Y轴方向"选择"下部聚中(-)","Z轴方向"选择"中心聚中(0)",然后单击"确定"按钮。

4）加工参数设置

① 区域加工参数设置:

【步骤1】选中区域加工图形轮廓,单击"刀具路径"按钮。

【步骤2】选择"区域粗雕刻"。

【步骤3】"走刀方式(M)"选择"行切走刀",如图11.29所示。

图11.29　设定雕刻走刀方式

【步骤4】"雕刻深度(D)"选择 1 mm,其余参数不变,单击"下一步(N)>"按钮。

【步骤5】选择"[平底]JD-2.00"刀具,其余参数不变,单击"下一步(N)>"按钮。

【步骤6】设置"主轴转速"为 12 000 r/min,"进给速度"为 0.1 mm/rad,"吃刀深度"为 1 mm,然后单击"下一步(N)>"按钮。

【步骤7】单击"完成"按钮,完成"龙猫"区域雕刻加工参数的设置。

② 单线雕刻加工参数设置

【步骤1】选中区域加工图形轮廓,单击"刀具路径"按钮。

【步骤2】选择"单线雕刻","雕刻深度"设置为 1.5 mm,单击"下一步(N)>"按钮,如图 11.30 所示。

图 11.30 设定雕刻深度

【步骤3】选择"[平底]JD-2.00"刀具,其余参数不变,单击"下一步"(N)>。

【步骤4】设置"主轴转速"为 12 000 r/min,"进给速度"为 0.1 mm/rad,"吃刀深度"为 1 mm,然后单击"下一步(N)>"按钮。

【步骤5】单击"完成"按钮,完成"龙猫"区域雕刻加工参数的设置。

③ 轮廓切割加工参数设置

【步骤1】选中"龙猫"图案的外轮廓图形,单击"刀具路径"按钮。

【步骤2】选择"轮廓切割"。

【步骤3】"半径补偿(M)"选择"向外偏移"。

【步骤4】"雕刻深度(D)"选择 5 mm,其余参数不变,单击"下一步(N)>"按钮。

【步骤5】"选择[平底]JD-2.00"刀具,其余参数不变,单击"下一步(N)>"按钮。

【步骤6】设置"主轴转速"为 12 000 r/min,"进给速度"为 0.1 mm/rad,"吃刀深度"为 1 mm,然后单击"下一步(N)>"按钮。

【步骤7】单击"完成"按钮,完成"龙猫"图案外形轮廓的加工参数设置。

5）输出刀具路径

【步骤1】勾选龙猫内、外轮廓的加工轨迹。

【步骤2】单击"刀具路径(P)"按钮。

【步骤3】选择"输出刀具路径(E)"。

【步骤4】选择文件的保存路径,设置文件名称,并单击"保存"按钮。

【步骤5】检查刀具是否选择正确,并将文件版本改为"EN3D 4.X",单击"确定"按钮。

【步骤6】设置安全高度为 10 mm,接近高度为 5 mm,并检查"文件头尾设置"框是否为空白,单击"生成"按钮。

（4）加工图形

1）打开加工软件,导入零件程序

【步骤1】双击图标按钮打开 Ncstudio 软件,如图 11.31 所示。

【步骤2】单击"文件"按钮,选择"打开并装载",选择龙猫零件的程序,导入编写好的加工程序。

图 11.31　Ncstudio 软件

2）设置刀具工作零点位置

【步骤1】X 轴、Y 轴对刀。

在屏幕右侧单击"手动"按钮,然后单击"X＋""X－""Y＋""Y－"使刀具移动至合理加工区域。

【步骤2】单击数控状态中"X:""Y:"的"工件坐标",将 X 轴、Y 轴的工件坐标归零。

【步骤3】Z 轴对刀。

单击"主轴启动"按钮,然后在屏幕右侧单击"手动"按钮,再单击"Z＋""Z－"使刀具的刀尖与工件毛坯的上表面轻微接触。

【步骤4】单击数控状态中"Z:"的"工件坐标",将"Z"轴的工件坐标归零。

3）加工图形仿真

单击"仿真"按钮,检查"龙猫"加工程序是否正确,如果正确则再次单击结束仿真。

4）开始加工

单击"开始"按钮,开始加工"龙猫"图案。

思考与练习题

11-1　试分析数控雕刻加工与数控铣削加工的相同点与不同点。

11-2　简述数控雕刻的加工原理、特点及应用范围。

11-3　数控雕刻机的 X、Y、Z 轴及其方向是如何确定的?

11-4　简述在加工孔和外轮廓时刀具的偏移方向和原因。

实训要求	实训目标
预习	电火花技术发展史,机床工具、夹具、量具和坐标系
了解	线切割加工的工作原理、特点、线切割机床的基本组成和加工条件
掌握	线切割机床操作,数控加工指令(难点)、编程(重点)
拓展	特种加工工程意识,培养创新能力
任务	独立完成手摇四杆机中齿轮的线切割加工

12.1 线切割加工技术及设备

线切割加工是电火花线切割加工(wire electrical discharge machining,WEDM)的简称。它是在电火花加工的基础上发展起来的一种机械加工新工艺。其采用连续移动的电极丝作为电极,与工件之间产生火花放电腐蚀工件,故称电火花线切割,简称线切割。

12.1.1 线切割加工原理

如图 12.1 所示,线切割加工的基本原理是利用移动的丝状金属丝(铜丝或者钼丝)作为电极的一极,工件作为电极的另一极,在金属丝(即为电极丝)和工件之间通以脉冲电流,利用脉冲放电的腐蚀作用对工件切割加工。通过贮丝筒的转动实现金属丝正反交替移动,脉冲电源给电极丝和工件供电,电极丝和工件工作区域喷淋工作液,工作台在水平面内沿两个直角坐标方向按控制程序进给,实现平面轨迹运动,使工件切割成形。

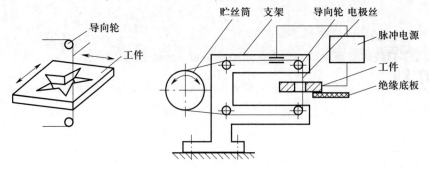

图 12.1　线切割加工原理

12.1.2　线切割加工的特点

1）直接采用丝状电极丝作电极,不用制作成形电极,可节约电极的设计和制造费用。

2）可以加工用传统切削加工方法难以加工或无法加工的形状复杂的工件。

3）利用电蚀加工原理,电极丝与工件不直接接触,两者之间基本没有作用力,因此电极丝、夹具不需要太高的强度。

4）传统的车、铣加工,刀具硬度必须大于工件硬度,而线切割机床的电极丝材料不必比工件材料硬,可节省辅助时间和刀具费用。

5）直接利用电能、热能进行加工,可以方便地对影响加工精度的加工参数(脉冲宽度、脉冲间隔、伺服速度等)进行调整,有利于加工精度的提高,便于实现加工过程自动化。

6）利用四轴或五轴联动,可加工锥体、上下异形体或回转体等零件。

7）工作液一般采用水基乳化液或去离子水,成本低,不会发生火灾。

8）由于电极丝直径较小,可方便地加工微细异形孔、窄缝和复杂截面的型柱、型孔;由于线缝很窄,实际金属去除量很少,材料利用率很高,特别对贵重金属的加工有着重要的意义。

9）采用移动的电极丝进行加工,使单位长度电极丝的损耗较少,从而对加工精度的影响较小。

12.1.3　线切割加工的应用

1）加工冷冲模,包括大、中、小型冲模的凸模、凹模、固定板和卸料板等。

2）加工镶拼型腔模、粉末冶金模、拉丝模、波纹板成形模和冷拔模等。

3）加工成形刀具、样板等。

4）加工微细孔、任意曲线、窄缝、窄槽等,如异形孔喷丝板、射流元件、激光器件、电子器件等微孔与窄缝等。

5）加工各种特殊材料、导电材料,特别是稀有贵重金属,各种特殊结构零件的切断等。

12.2 线切割加工机床

线切割加工是一种特种加工技术,与传统加工技术相比,不需要利用机械力和机械能切除材料,而是利用电能和热能加工材料。所以,线切割技术不受材料性能限制,可以加工任何硬度、强度和脆性的导电材料,在现阶段的机械加工中占有重要地位。

12.2.1 线切割机床的分类

根据电极丝运行速度的不同,线切割机床分为快走丝线切割机床、中走丝线切割机床和慢走丝线切割机床三类;根据电极丝运动轨迹控制形式的不同,线切割机床分为靠模仿形控制线切割机床、光电跟踪控制线切割机床和数字程序控制线切割机床三类。

(1) 快走丝线切割机床

快走丝线切割机床,又称往复走丝线切割机床,一般采用钼丝作为电极丝,电极丝做高速往复运动且重复使用,加工速度较高,可以达到 6~12 m/s,是我国生产和使用的主要线切割机床种类。但是,快走丝容易造成电极丝的抖动和反向时的停顿,降低加工质量。机床工作时通过电极丝接脉冲电源负极,工件接脉冲电源正极,高频脉冲电源使工作液击穿形成放电通道,粒子在电场力的作用下轰击被加工件的表面,使得工件表面被瞬间熔化。同时电极丝可以快速通过工件被加工出的凹坑,所以电极丝的蚀除量远小于工件的蚀除量,减少了电极丝的损耗。由于加工过程中电极丝是往复走丝的,而机床不能对电极丝施加恒定张力控制,所以会出现电极丝抖动等现象,造成断丝。同时,往复走丝使电极丝损耗,加工精度和工件表面质量下降。

(2) 中走丝线切割机床

中走丝线切割机床是我国独创的,属于往复高速走丝线切割机床范畴,能实现多次切割功能。所谓"中走丝",并非中等速度走丝,而是借鉴了低速走丝机床的加工工艺,实现无条纹切割和多次切割。目前中走丝控制可以实现七次切割,其中第一次切割对工件高速稳定切割,第二次切割对工件进行精修,其他几次切割则只是为了提高精度而抛磨修光工件等。中走丝线切割机床兼具快、慢走丝线切割机床的优点,但是切割过程中需要注意变形处理。在线切割加工时产生的热应力会使材料出现无规则的变形,导致切割的吃刀量不均匀,影响加工精度。所以,切割时必须根据材料属性预留合适的加工余量,充分释放切割内应力及变形。

（3）慢走丝线切割机床

慢走丝线切割机床（又称低速走丝线切割机床）的切割速度一般为 0.2 m/s，精度达 0.001 mm 级，通常以铜线作为电极丝。电极丝做低速单向运动，加工表面质量接近磨削水平，表面粗糙度 Ra 值可以达到 0.8 μm 及以上，且圆度误差、直线误差和尺寸误差都比快走丝线切割机床小。慢走丝线切割机床采取电极连续供丝方式，电极丝损耗的同时也可以得到补充，所以加工精度高，工作过程平稳、均匀、抖动小，生产效率高，可以达到 350 mm²/min。

12.2.2 线切割机床的组成

线切割机床由工作台、走丝机构、供液系统、脉冲电源和控制系统等组成，如图 12.2 所示。

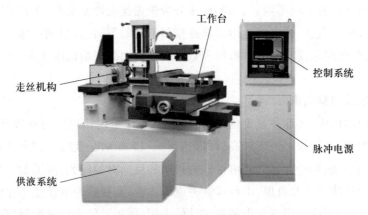

图 12.2 线切割机床组成

（1）工作台

工作台又称切割台，由工作台面、中托板和下托板组成，工作台面用于安装夹具和工件，中托板和下托板分别由步进电机拖动，通过齿轮变速及滚珠丝杠传动，实现工作台面的纵向和横向进给运动。工作台面的纵、横向运动既可以手动，又可以自动完成。

（2）走丝机构

走丝机构主要由贮丝筒、走丝电动机和导轮等组成。贮丝筒安装在贮丝筒托板上，由走丝电动机通过联轴器带动，可以正、反两个方向转动。贮丝筒的正、反旋转运动通过齿轮同时传给贮丝筒托板的丝杠，使托板做往复运动。电极丝安装在导轮和贮丝筒上，启动走丝电动机，电极丝以一定的速度做往复运动，即走丝运动。

（3）供液系统

供液系统由工作液箱、液压泵、喷嘴组成，为机床的切割加工提供足够、合适的工作液。

工作液主要有矿物油、乳化液和去离子水等。其主要作用为形成火花击穿放电通道,并在放电结束后迅速恢复间隙的绝缘状态;对放电通道产生压缩作用;利于电蚀产物的抛出和排除;对工具和工件具有冷却作用。

(4) 脉冲电源

脉冲电源是产生脉冲电流的能源装置。线切割脉冲电源是影响线切割加工工艺指标最关键的设备之一。为了满足切割加工条件和工艺指标,对脉冲电源的要求为有较大的峰值电流,脉冲宽度要窄,要有较高的脉冲频率,电极丝的损耗要小,参数设定方便。

(5) 控制系统

对整个线切割加工过程和电极丝轨迹做数字程序控制,可以根据 ISO 格式和 3B、4B 格式的加工指令控制切割。机床的功能主要是由控制系统的功能来决定。

12.2.3　线切割机床的坐标系

在数控编程时,为了描述机床的运动,简化程序编制的方法,保证记录数据的互换性,数控机床的坐标系和运动方向均已标准化。机床坐标系是以机床原点 O 为坐标系原点并遵循笛卡儿坐标系建立的由 X、Y、Z 轴组成的直角坐标系。机床坐标系是用于确定工件坐标系的基本坐标系,是机床上固有的坐标系,并设有固定的坐标原点。

1. 线切割机床坐标系的定义

线切割机床坐标系的定义与其他数控机床一样,按照国家标准进行定义。

1) 线切割机床(电极丝)相对于静止的工件而运动。

2) 标准坐标系采用笛卡儿坐标系,如图 12.3 所示。

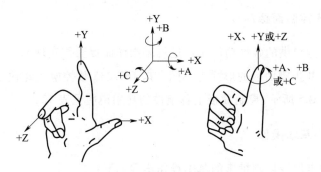

图 12.3　笛卡儿坐标系

伸出右手拇、食、中三指成垂直状,拇指指向 X 轴正向,食指指向 Y 轴正向,中指指向 Z 轴正向。

右手四指由 X 正向朝 Y 正向握拳,大拇指指向 Z 轴正向。

2. 线切割机床坐标系图文定义

1）面对工作台的左、右方向,即丝架伸出平行的方向为 X 轴,左边为负,右边为正。

2）面对工作台的前、后方向,即丝架伸出垂直的方向为 Y 轴,前为正,后为负。

四个坐标轴可以理解为 X+,X−,Y+,Y−,以丝架导轮的钼丝中心坐标为(0,0)点,如图 12.4 所示。

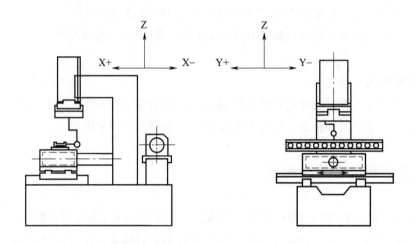

图 12.4　线切割机床坐标系图文定义

线切割机床加工锥度时,上丝架的锥度头可以做前、后和左、右移动,这是平行于 X 和 Y 轴的另一组坐标轴。与 X 轴平行的是 U 轴,与 Y 轴平行的是 V 轴,即四轴机床,如果加上 Z 轴,就可以实现五轴联动。

12.2.4　线切割机床的操作

1. 线切割机床控制面板简介

线切割数控机床提供的各种功能是通过机床操作面板操作实现的。机床配备不同的数控系统,其 CRT/MDI 控制面板的形式也不同。以 DK7735 数控电火花快走丝线切割机床为例,控制面板如图 12.5 所示,控制面板上各组件的功用说明见表 12.1。

2. 线切割机床基本操作

数控电火花快走丝线切割机床的基本操作步骤如下:

1）开机。接通电源,按下电源开关。

2）输入加工数控程序到控制器。

3）按下运丝电源开关,让电极丝滚筒空转,检查电极丝抖动情况和松紧程度。若电极丝过松,则用张紧轮均匀用力紧丝。

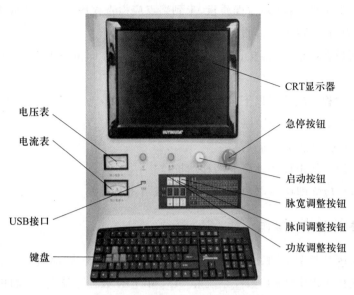

CRT显示器
急停按钮
电压表
电流表
启动按钮
脉宽调整按钮
脉间调整按钮
USB接口
功放调整按钮
键盘

图 12.5 快走丝线切割机床控制面板

表 12.1 快走丝线切割机床面板上各组件的功用说明

组件名称	功用说明
电压表	显示高频脉冲电源的加工电压
电流表	显示高频脉冲电源的加工电流
急停按钮	红色,加工中出现紧急故障应立即按此按钮关机
启动按钮	机床数控系统的电源开关
键盘	输入指令和数据
CRT 显示器	显示人机交互界面及加工中的各种信息
功放调整按钮	调整功率管数目
脉宽调整按钮	调整脉冲宽度
脉间调整按钮	调整脉冲间隙
USB 接口	与外界进行数据交换

4)开水泵,调整喷水量。开水泵时,请先把调节阀调至关闭状态,然后逐渐开启,调节上、下喷水柱包容电极丝,水柱射向切割区,水量不必太大。

5)接通脉冲电源,选择电参数。用户根据切割效率、精度、表面粗糙度的要求,选择最佳的电参数。电极丝切入工件时,把脉冲间隔拉开,等切入后稳定时再调节脉冲间隔,使加工电流满足要求。

6)开启控制机,进入加工状态。观察电流表在切割过程中指针是否稳定,要精心调节,避免短路。

7)加工结束后,先关闭水泵电动机,再关闭运丝电动机,检查 X、Y、U、V 坐标是否到终点。到终点时拆下工件,清洗并检查质量,未到终点应检查程序是否有错或控制机是否有故障,及时采取补救措施,以免工件报废。

机床控制面板有红色"急停按钮"开关,如发生意外,立即按下此开关,停机断电并进行保护。

在机床操作过程中应注意以下情况:

1) 机床运行时,禁止打开护罩,禁止用手触摸电极丝!

2) 丝筒运行时,禁止插入摇把!

3) 丝筒运行时,禁止打开丝筒上部移动护盖!

4) 突发故障,应立即切断电源停机,请专业人员进行检修。

3. 线切割机床的找正操作

线切割机床因其类型不同、不同厂家采用不同的数控系统,因此对刀方法有所区别。一般慢走丝线切割机床以 FANUC 数控系统和 SINUMERIK 数控系统为主,而中走丝线切割机床和快走丝线切割机床以国产的 HL 系统、HF 系统、WireCut 系统等控制系统为主。快走丝线切割机床对刀点的选择原则如下:

1) 对刀点可以设在被加工零件上,但注意对刀点必须是基准位或已精加工过的部位。

2) 工件坐标系的原点位置是由操作者自己设定的,它在工件装夹完毕后,通过对刀确定,它反映的是工件与机床零点之间的距离位置关系。工件坐标系一旦固定,一般不作改变。工件坐标系与编程坐标系两者必须统一,即在加工时,工件坐标系和编程坐标系是一致的。

电极丝的安装和找正是线切割机床操作的重要技能之一。

(1) 电极丝的安装步骤

1) 电极丝的上丝。电极丝的上丝操作可以自动或者手动进行,这里讲解手动上丝,自动上丝可以参考机床操作手册。

按下急停按钮,防止意外;将丝盘套在上丝螺杆上,并用螺母锁紧;用摇把将贮丝筒摇向一端至接近极限位置;将丝盘上电极丝一端拉出绕过上丝导轮,并将丝头固定在贮丝筒端部紧固螺钉上,剪掉多余丝头;用摇把匀速转动贮丝筒,将电极丝整齐地绕在贮丝筒上,直到绕满,取下摇把;待电极丝绕满后,剪断电极丝,把丝头固定在贮丝筒另一端;粗调贮丝筒左右行程挡块,使两个挡块间距小于贮丝筒上的丝距。

2) 电极丝的穿丝。用摇把转动贮丝筒,使贮丝筒上电极丝的一端与导轮对齐;取下贮丝筒相应端的丝头,进行穿丝;将电极丝从丝架各导轮及导电块穿过后,仍然把丝头固定在丝筒紧固螺钉处。

3) 调整贮丝筒行程及紧丝。上丝和穿丝完毕后,就要根据贮丝筒上电极丝的长度和位置来确定贮丝筒的行程,并调整电极丝的松紧。

（2）**电极丝的找正**

电极丝的找正是为了准确确定工件相对于电极丝的位置,找正精度决定了加工零件找正定位表面与加工零件轮廓之间的相对精度。当工件在机床上找正后,需确定电极丝与工件基准面或基准线的相对位置。

加工前必须校正电极丝垂直度,即电极丝找正。校正电极丝垂直度的方法如下:

1）保证工作台面和找正器各面干净无损坏。

2）将找正器底面靠实工作台面。

3）调小脉冲电源的电压和电流,使电极丝与工件接近时只产生微弱的放电,启动走丝,打开高频。

4）在手动方式下,移动 X 轴和 Y 轴拖板,使电极丝接近找正器,当它们之间的间隙足够小时,会产生放电火花。

5）手动调节上丝臂上的调节钮,移动小拖板,使找正器上下放电火花均匀一致,电极丝即找正。

6）校正应分别在 X、Y 两个方向进行,而且重复 2~3 次,以减少垂直误差。

（3）**工件的装夹**

工件的装夹必须保证切割部位限定在机床工作台的纵、横向进给的允许范围之内,同时考虑电极丝的运动空间。应尽可能选用标准夹具或者通用夹具,选用夹具应该便于装拆、调整位置等。工件装夹的一般要求如下:

1）待装夹的工件其基准部位应清洁无毛刺,符合图样要求。对经淬火的模件在穿丝孔或凹模类工件扩孔的台阶处,要清除淬火时的渣物及工件淬火时产生的氧化膜表面,否则会影响其与电极丝间的正常放电,甚至卡断电极丝。

2）夹具精度要高,装夹前先将夹具固定在工作台面上,并找正。

3）保证装夹位置在加工中能满足加工行程的需要,工作台移动时不得和丝架臂相碰,否则无法进行加工。

4）装夹位置应有利于工件的找正。

5）夹具对固定工件的作用力应均匀,不得使工件变形或卷曲,以免影响加工精度。

6）成批零件加工时,最好采用专用夹具,以提高工作效率。

7）细小、精密、壁薄的工件应预先固定在不易变形的辅助小夹具上才能进行装夹,否则无法加工。

工件装夹的方式很多,这里介绍一些常用的方法。

① 悬臂式支撑方式。悬臂支撑通用性强,装夹方便,如图 12.6 所示。但由于工件单端固定,另一端呈悬梁状,因而工件平面不易平行于工作台面,易出现上仰或下斜,致使切割表面与其上、下平面不垂直或不能达到预定的精度。另外,加工中工件受力时,位置容易变化。因此,只有工件的技术要求不高或悬臂部分较少的情况下才能使用。

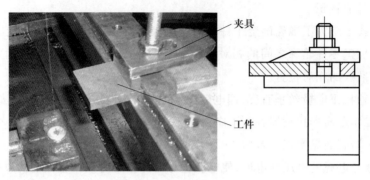

图 12.6 悬臂式支撑方式

② 垂直刃口支撑方式。如图 12.7 所示,工件装在具有垂直刃口的夹具上,此种方法装夹后工件能悬伸出一角,便于加工。装夹精度和稳定性比悬臂式支撑要好,也便于找正。

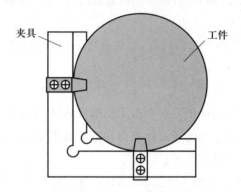

图 12.7 垂直刃口支撑方式

③ 双端支撑方式。工件两端固定在夹具上,其装夹方便,支撑稳定,平面定位精度高,如图 12.8 所示,但不利于小零件的装夹。

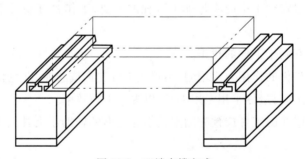

图 12.8 双端支撑方式

④ 桥式支撑方式。采用两支撑垫铁架在双端支撑夹具上,如图 12.9 所示。其特点是通用性强,装夹方便,对大、中、小工件都可以方便地装夹。

⑤ 板式支撑方式。板式支撑夹具可以根据工件的常规加工尺寸而制造,呈矩形或圆形孔,并增加 X、Y 方向的定位基准。装夹精度易于保证,适宜常规生产中使用,如图 12.10所示。

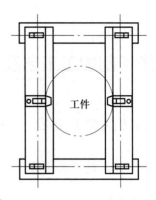

图 12.9　桥式支撑方式

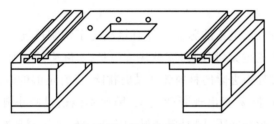

图 12.10　板式支撑方式

（4）工件的找正

在工件安装到机床工作台上后,还应对工件进行平行度校正。根据实际需要,平行度校正可以在水平、左右、前后三个方向进行。一般为工件的侧面与机床运动的坐标轴平行。工件位置校正的方法有以下几种:

1）拉表法。百分表是机械加工中应用非常广泛的一种计量仪表。拉表法是利用磁力表座,将百分表固定在丝架或者其他固定位置上,百分表头与工件基面进行接触,往复移动 X 或 Y 坐标工作台,按百分表指示数值调整工件。

2）划线法。切割图形与定位基准相互位置精度要求不高时,可以采用划线法。把划针固定在丝架上,划针尖指向工件图形的基准线或基准面,往复移动工作台,目测划针、基准间的偏离情况,将工件调整到正确位置。

3）固定基面靠定法。利用通用或专用夹具纵横方向的基准面,将夹具找正。具有相同加工基准面的工件可以直接靠定,尤其适用于批量加工。

4）电极丝法。在要求不高时,可以利用电极丝进行工件找正。将电极丝靠近工件,然后移动一个拖板,观察电极丝与工件端面的距离,如果距离发生了变化,说明工件不正,需要调整;如果距离保持不变,说明这个面与移动的方向已平行。

5）量块法。用一个具有确定角度的测量块,靠在工件和夹具上,观察量块跟工件和夹具的接触缝,这种检测工件是否找正的方法,称为量块法。根据实际需要,量块的测量角可以是直角（90°）,也可以是其他角度。使用这种方法前,必须保证夹具是找正了的。

12.3 线切割加工工艺及加工指令

12.3.1 线切割加工工艺

1. 线切割加工的工艺指标

（1）切割速度

线切割加工中,切割速度直接影响加工精度和加工效率,也是影响线切割加工精度的首要因素。

在线切割过程中,电流、电压的脉冲间隔直接决定了切割速度。相同的放电能量,脉冲间隔越小则平均放电电流越大,切割速度越快。但是,实际生产中脉冲间隔的大小有限,脉冲间隔过小会使放电过程中去除的材料无法及时排除,没有足够的时间进行电离,导致切割过程无法正常产生电火花,甚至出现断丝现象,因此不能通过减小脉冲间隔来提高加工速度。通常需要尽量减小脉冲间隔,同时要使脉冲电源的放电间隔具有一定自适应能力配合产生充足的放电间隙。

（2）线切割精度

机械加工精度是指加工后零件的实际几何参数（尺寸、形状和位置）与理想几何参数之间的符合程度,二者之间的差值称为加工误差。加工误差的大小反映了加工精度的高低。误差值越大加工精度越低,误差越小加工精度越高。

线切割精度分为机床机械精度和外在影响精度,其中机床机械精度在机床制造时已经确定了,而且不同种类的线切割机床的精度等级不同。快走丝线切割机床的精度为 0.02～0.01 mm,中走丝线切割机床的精度为 0.01～0.006 mm,慢走丝线切割机床的精度为0.006～0.002 mm。

（3）表面粗糙度

表面粗糙度是指加工表面具有的较小间距和微小峰谷的不平度,两波峰或两波谷之间的距离（简称波距）很小（在 1 mm 以下）,属于微观几何形状误差。表面粗糙度值越小,表面越光滑。

影响表面粗糙度的因素主要包括加工参数和切割速度等。快走丝切割的表面粗糙度 Ra 值为 0.8～3.2 μm,慢走丝切割的表面粗糙度 Ra 值为 0.2～0.8 μm。

（4）电极丝的磨损

电火花线切割加工脉冲放电时会击穿工作液,在放电区域产生瞬间高温将工件金属熔化或汽化。微观过程是放电产生电子或离子轰击金属表面,粒子的轰击方向与工件所处电极相关。脉宽不同时逸出的粒子种类不同,工件受到轰击会造成损耗,同样电极丝也会造成损耗。另外,加工过程中如果脉宽过小,会出现二次放电而造成拉弧,烧伤已加工表面,也会损伤电极丝。另外,加工过程中峰值电流也会造成电极丝损耗,其影响甚至高出脉宽的影响。峰值电流过高不仅加工面达不到精度要求,而且会损耗电极丝。

2. 线切割电参数的选择

(1) 选择工作电压

电压表指示值为线切割的电压值,工作电压根据工件厚度选择。厚度小于 50 mm 工件的加工电压选择 70 V,即第一挡;厚度在 50~150 mm 工件的加工电压选择 90 V,即第二挡;厚度大于 150 mm 工件的加工电压选择 110 V,即第三挡。

(2) 选择电源功率

根据加工效率选择功率管的数目,一般保证电流为 2~3 A。

(3) 选择脉冲宽度

脉冲宽度较宽时,放电时间长,单个脉冲的能量大,加工稳定,切割效率高,但表面质量较差。

(4) 选择脉冲间隔

脉冲间隙减小时,平均电流增大,切割速度加快。一般情况下脉冲间隙不能太小,需要通过多次试切割确定。

3. 线切割加工工艺

线切割一般是工件加工的最后一道工序,如果发生变形便难以弥补。因此应在线切割中采取相应措施,制订合理的切割路线,以缩小工件变形。

制订切割路线时,应注意以下几点:

1) 避免从工件端面由外向里依次切割,破坏工件的强度,引起变形。

2) 不能沿工件端面轮廓加工,否则电极丝单侧放电和运行不稳定,难以保证尺寸和表面精度。

3) 加工路线离端面距离应大于 5 mm,保证工件结构强度和减小变形量。

4) 加工路线应向远离工件夹具的方向进行加工,以避免加工过程中因内应力释放引起工件变形。待最后再转向工件夹具处进行加工。

5) 在同一坯料上切割多个零件,应该从不同的穿丝孔逐一开始切割。

6) 将工件与其夹持部分分割的线段安排在切割程序的末端执行。

12.3.2 线切割加工指令

目前,线切割机床编程主要采用手工编程和自动编程两种方法。国内线切割程序的常用代码有 3B(也可以扩充为 4B 或 5B)、ISO 和 EIA 格式。快走丝机床一般采用 3B 格式,而慢走丝机床一般采用 ISO 或者 EIA 格式。3B 格式的数控线切割程序介绍如下:

线切割加工图形可以用直线和圆弧拟合,3B 代码编程格式见表 12.2。

表 12.2　3B 代码编程格式

B	X	B	Y	B	J	G	Z
分隔符	X 坐标值	分隔符	Y 坐标值	分隔符	计数长度	计数方向	加工指令

(1) 确定 X、Y 值

直线的 X、Y 值,以直线起点作为原点,建立直角坐标系,X 和 Y 表示直线终点的坐标绝对值,单位为 μm。如果直线与 X 轴或 Y 轴重合,X 或 Y 坐标值可以写作 0 或者省略。

圆弧的 X、Y 值,以圆弧的圆心作为原点,建立直角坐标系,X、Y 表示圆弧起点的坐标绝对值,单位为 μm。

(2) 计数方向 G

分别用 GX 和 GY 表示按照 X 轴和 Y 轴方向计数。

直线的计数方向由直线终点坐标中绝对值较大者决定,如果 X 坐标绝对值大取 GX 方向,反之取 GY 方向。

圆弧的计数方向由圆弧终点坐标中绝对值较小者决定,如果 X 坐标绝对值小取 GX 方向,反之取 GY 方向。

(3) 计数长度 J

象限,是平面直角坐标系(笛卡儿坐标系)中里的横轴和纵轴所划分的四个区域,每一个区域叫做一个象限,如图 12.11 所示。象限以原点为中心,X,Y 轴为分界线。右上的称为第一象限,左上的称为第二象限,左下的称为第三象限,右下的称为第四象限。原点和坐标轴上的点不属于任何象限。

计数长度与计数方向相对应,单位为 μm。直线的计数长度是指直线在计数方向上的投影;而圆弧计数长度是指各象限内圆弧段在计数方向上投影的代数和。

(4) 加工指令 Z

按照切割轨迹的类型,加工指令分为直线和圆弧两大类。

1)按终点所在象限位置直线的加工指令分为四种,如图 12.12 所示。

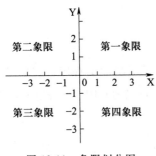

图 12.11 象限划分图

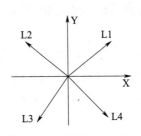

图 12.12 直线的加工指令

设 α 为直线与 X 轴的夹角,加工指令 Z 划分如下:

当 $0 \leqslant \alpha < \pi/2$ 时,Z 为 L1;

当 $\pi/2 \leqslant \alpha < \pi$ 时,Z 为 L2;

当 $\pi \leqslant \alpha < 3\pi/2$ 时,Z 为 L3;

当 $3\pi/2 \leqslant \alpha < 2\pi$ 时,Z 为 L4。

2）根据旋转方向和起点所在象限位置,圆弧的加工指令划分为八种情况,如图 12.13 所示。

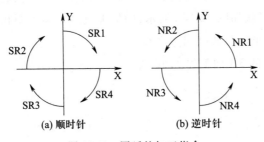

图 12.13 圆弧的加工指令

12.4 线切割加工实例

12.4.1 线切割加工的一般过程

线切割加工工件过程分为以下四个步骤:

1）工件图样的审核与分析;

2）编制加工程序;

3）工件的找正与加工;

4）工件的检验。

12.4.2 线切割加工凹型板实例

用 3B 代码编制外形呈"凹"字形的薄板零件的线切割加工程序,如图 12.14a 所示。已知线切割加工所用电极丝直径为 0.18 mm,单边放电间隙为 0.01 mm,图中 A 为穿丝点,加工方向沿 $A—B—C—D—E—F—G—H—A$ 进行。

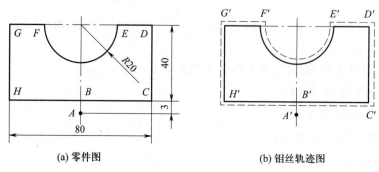

(a) 零件图　　　　　　　　(b) 钼丝轨迹图

图 12.14 "凹"字形薄板零件

分析:用线切割加工凹模状的零件图,实际加工过程中由于电极丝半径和放电间隙的影响,电极丝中心的轨迹形状如图 12.14b 所示,即加工轨迹与零件图相差一个补偿量,这个补偿量的大小等于电极丝半径与放电间隙之和。

"凹"字形薄板零件的 3B 加工程序如下:

程序号	程序	
1	BBB2900GYL2	%加工切入段 AB
2	B40100BB40100GXL1	%加工直线段 BC
3	BB40200B40200GYL2	%加工直线段 CD
4	BBB20200GXL3	%加工直线段 DE
5	B19900B100B40000GYSR1	%加工圆弧段 EF
6	B20200BB20200GXL3	%加工直线段 FG
7	BB40200B40200GYL4	%加工直线段 GH
8	B40100BB40100GXL1	%加工直线段 HB
9	BB2900B2900GYL4	%加工切出段 BA

12.4.3 线切割加工齿轮实例

用 3B 代码编制加工手摇四杆机中齿轮(图 12.15)的线切割加工程序。已知线切割加工所用电极丝直径为 0.18 mm，单边放电间隙为 0.01 mm。

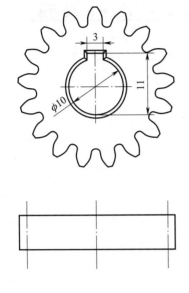

	齿轮参数	其余 ✓
模数	m	1.50
齿数	z	17
压力角	α	20°
变位系数	x	0.25
分度圆直径	d	25.50
齿顶高系数	h_a^*	-
顶隙系数	c^*	1.00
齿顶高	h_a	1.50
齿全高	h	3.38
精度等级		

图 12.15　齿轮零件图及其参数表

分析：线切割加工前需在毛坯材料上预制中心孔、穿丝孔和外轮廓加工定位孔，实际加工过程中由于电极丝半径和放电间隙的影响，电极丝中心的轨迹形状，如图 12.16 所示。即加工轨迹与零件图相差一个补偿量，这个补偿量的大小等于电极丝半径与放电间隙之和。

1. CAXA 线切割软件简介

CAXA 是中国自主研发的工业软件，包含了数字化设计（CAD）、产品全生命周期管理（PLM）、数字化制造（MES）软件。面向装备、汽车、电子电气、航空航天、教

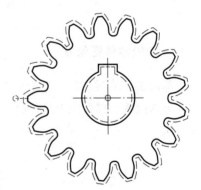

图 12.16　电极丝加工轨迹图

育等行业提供工业软件、智能制造解决方案、工业云平台等产品和服务。

CAXA 线切割是面向线切割机床研发的数控编程软件。CAXA 线切割可以为各种线切割机床提供快速、高效、高品质的数控编程代码，极大地简化了数控编程人员的工作内容；对于在传统编程方式下很难完成的工作，CAXA 线切割可以快速、准确地完成；CAXA 线切割集成了 CAXA 电子图板的功能，可以绘制需切割的图形，并生成带有复杂形状轮廓的线切割加工轨迹；可输出 G 代码和 3B/4B 代码。

CAXA 线切割主界面主要包括绘图功能区、菜单栏和状态栏三大部分，如图 12.17 所示。

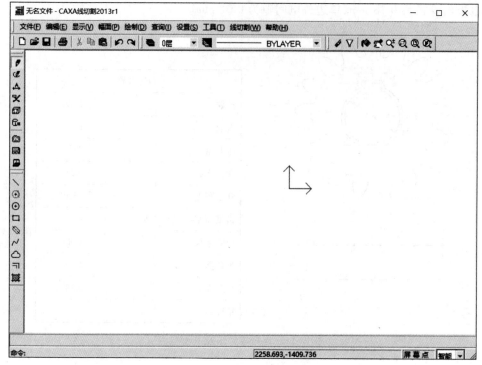

图 12.17　CAXA 线切割主界面

2. 齿轮零件图绘制

单击主菜单"绘制"→"高级曲线"→"齿轮",系统弹出"渐开线齿轮齿形参数"对话框,输入齿轮齿数、模数、压力角、变位系数、齿顶高系数、顶隙系数等参数,得到图 12.18 所示的零件图。

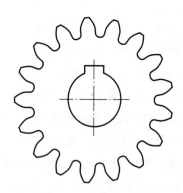

图 12.18　齿轮的零件图

3. 齿轮数控程序编制

齿轮加工应先加工内轮廓,后加工外轮廓。齿轮内轮廓加工应先预制穿丝孔,外轮廓加工应先预制定位孔。

齿轮加工轨迹可以利用 CAXA 线切割软件的"线切割"→"轨迹生成",填写"切割参数"选项卡,如图 12.19 所示。填写完毕,单击"确定"按钮。

然后根据提示,依次选择"拾取轮廓"→"加工方向"→"补偿方向"→设置"穿丝点"→输入"退出点"→按回车键→单击鼠标右键确认,生成绿色切割轨迹,如图 12.20 所示。

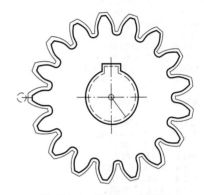

图 12.19 轨迹生成参数表   图 12.20 齿轮加工轨迹图

利用 CAXA 线切割软件的"线切割"→"轨迹仿真"进行加工轨迹仿真,校核轨迹是否正确。

利用 CAXA 线切割软件的"线切割"→"生成 3B 代码",设置数控程序名称和存储位置,如图 12.21 所示;根据左下角提示,拾取切割轨迹,并设置有关切割程序格式、停机码、暂停码以及应答传输程序等,如图 12.22 所示,并单击鼠标右键或者按回车键确认,即可得到 3B 代码,如图 12.23 所示。

图 12.21 代码生成界面

图 12.22　程序生成设置

```
gear.3b - 记事本                                          —   □   ×
文件(F)  编辑(E)  格式(O)  查看(V)  帮助(H)
B  4195 B   2532 B   4195 GX L4
B  4195 B   2532 B   12595 GX SR4
B     0 B   1204 B   1204 GY L2
B  2800 B      0 B   2800 GX L1
B     0 B   1204 B   1204 GY L4
B  1400 B   4696 B   7228 GY SR1
B  4196 B   2532 B   4196 GX L2
D
B  16065 B     0 B   16065 GX L3
D
B  1340 B      0 B   1340 GX L1
B  14725 B     0 B   476 GY SR2
B   207 B    133 B   207 GX L1
B   169 B    103 B   169 GX L1
B   175 B    100 B   175 GX L1
B   179 B     96 B   179 GX L1
B   180 B     91 B   180 GX L1
B   176 B     83 B   176 GX L1
B   171 B     74 B   171 GX L1
B   169 B     67 B   169 GX L1
B   164 B     59 B   164 GX L1
B   170 B     55 B   170 GX L1
B   177 B     51 B   177 GX L1

                        第1行，第1列      100%   Windows (CRLF)   UTF-8
```

图 12.23　齿轮加工 3B 代码

4. 程序校核

程序校核是检验数控程序和机床加工过程是否有误的重要环节。程序校核可以利用线切割加工软件或者专用的程序校核软件进行程序校核。

5. 线切割加工

导入数控程序,调整线切割加工参数,设定线切割加工定位点,开始线切割加工。加工完成后,得到加工零件。

12.4.4　线切割加工人物图像实例

1. 图像采集

图像采集一般采用数码相机或者手机等图像采集设备进行。

2. 数据处理

1）单击主菜单"绘制"→"高级曲线"→"位图矢量化"→"矢量化"，系统弹出"选择图像文件"对话框，如图 12.24 所示。

图 12.24 "选择图像文件"对话框

2）单击"打开"按钮，此时屏幕上出现图像，并弹出矢量化菜单，如图 12.25 所示。

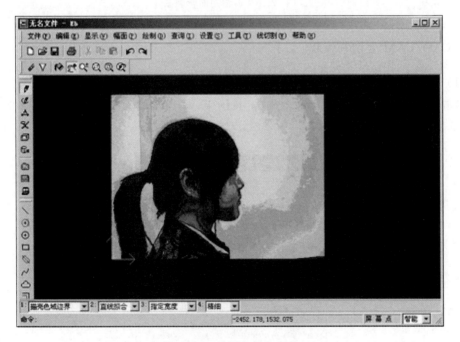

图 12.25 位图矢量化命令

3）绘制图形

学生运用所学的画图指令拟合图像轮廓，将图像线条修复成一条光滑的曲线，如图 12.26 所示，学生也可以设计自己喜欢的造型。由于最终要生成加工程序，因此图像越光滑越好，可尽量使用大的光滑曲线过渡，使最终生成的程序简洁。

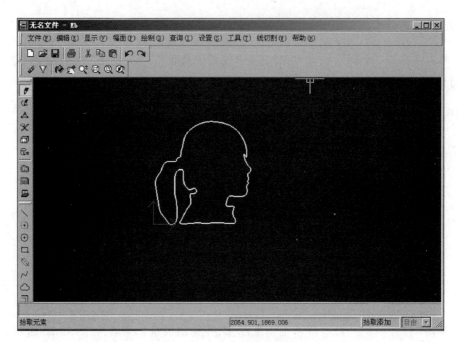

图 12.26　人物侧面轮廓图

3. CAD/CAM 线切割编程

（1）轨迹生成

单击主菜单"线切割"→"轨迹生成"。按图 12.27 所示填写"切割参数"选项卡。填写完毕，单击"确定"按钮。

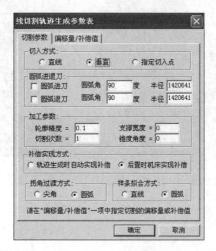

图 12.27　"线切割轨迹生成参数表"对话框

然后根据提示，依次选择"拾取轮廓"→"加工方向"→"补偿方向"→设置"穿丝点"→输入"退出点"→按回车键→单击鼠标右键确认，生成绿色切割轨迹，如图 12.28 所示。

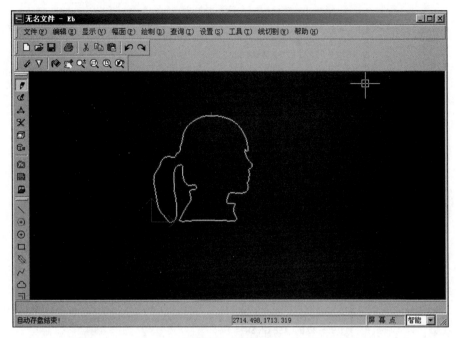

图 12.28 轨迹生成

（2）生成加工程序

单击"线切割"→"生成 3B 代码"，输入程序名称（实训学生可以输入学号作为文件名称），并单击"保存"，如图 12.29 所示。

图 12.29 "生成 3B 加工代码"对话框

根据左下角提示，拾取切割轨迹，并设置对齐指令格式、显示代码、停机码、暂停码以及应答传输等，并单击鼠标右键确认。具体设置如图 12.30 所示。

图 12.30 程序生成

生成的 3B 格式的 NC 程序，如图 12.31 所示。

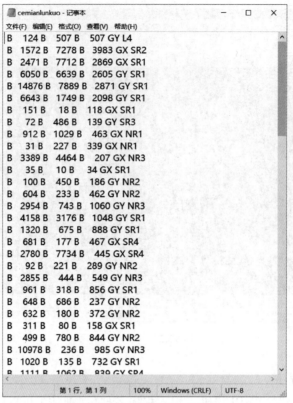

图 12.31　3B 格式的 NC 程序

4. 程序校核

程序校核是检验数控程序和机床加工过程是否有误的重要环节。程序校核可以利用线切割加工软件或者专用的程序校核软件进行程序校核。

5. 线切割加工

导入数控程序,调整线切割加工参数,设定线切割加工定位点,开始线切割加工。待加工完成后,得到加工零件。

思考与练习题

12-1　线切割机床是否可以加工非金属材料?

12-2　线切割机床是否可以调整切割速度?

12-3　线切割加工必备的条件是什么?

12-4　线切割机床加工凸模零件和凹模零件有何区别?

第十三章
3D 打印

实训要求	实训目标
预习	快速成形技术和特种加工技术基础知识、CAD 软件绘图
了解	3D 打印技术概念、基本原理及特点,3D 打印机的基本结构和常用加工工艺
掌握	3D 打印工艺过程、软硬件及基本的操作方法
拓展	3D 打印发展趋势及各领域应用;培养工程意识、创新实践能力
任务	独立完成手摇四杆机中齿轮等零件的加工

13.1 3D 打印技术

3D 打印诞生于 20 世纪 80 年代,用于将虚拟世界中复杂的 3D 数字化模型变成客观世界中真实存在的 3D 实体。从理论上讲,只要能够设计出来,就能够通过 3D 打印技术打印出来。3D 打印无需机械加工或任何模具,就可以加工任意复杂形状的物体,解决了许多过去难以制造的复杂结构零件(如航空发动机叶片)的成形问题,而且产品结构越复杂,制造效率优势越显著。目前 3D 打印在电影制作、游戏动漫、医疗、教育、建筑、文物考古、生产制造业都发挥了独特的作用。同时,3D 打印也正以一种不可思议的速度渗透进日常生活中的各个方面,比如时尚的衣服、合脚的鞋子、营养的食物、房屋、自行车、汽车、无人飞机等都能通过 3D 打印制作出来。

3D 打印,又称快速成型(rapid prototyping,RP)、增材制造(additive manufacturing,AM),是一种以 3D 数字模型文件为基础,运用粉末状金属或塑性等可黏结材料,通过逐层打印的方式来构造物体的技术。3D 打印融合了机械工程、数控技术、CAD 与 CAM 技术、计算机科学、激光技术以及新型材料技术,是一种全新概念的技术。

13.1.1　3D 打印的基本原理

3D 打印是基于"离散–堆积"原理,将复杂的三维加工转变成一系列简单的二维层片的加工组合。3D 打印直接根据产品 CAD 的三维实体模型,沿竖直方向对其进行切片分层,得到各层截面轮廓,这些轮廓都会被转化成数控程序。在选用合适的材料和工艺后,程序控制 3D 打印机执行机构和喷头工作,将这些截面轮廓逐层加工,最后叠加成实体。图 13.1 为 3D 打印基本原理示意图。

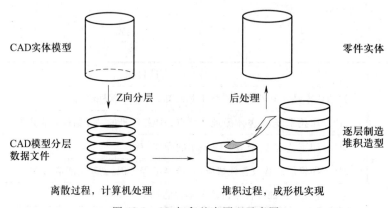

图 13.1　3D 打印基本原理示意图

13.1.2　3D 打印技术的特点

1）制造过程柔性化。由 CAD 模型直接驱动,可以快速成形任意复杂的三维几何实体,不受任何专用工具和模具的限制。

2）设计制造一体化。采用"分层制造"方法,并结合 CAD、CAM 技术,将三维加工问题转变成简单的二维加工组合,可以快速获取零件。

3）产品开发快速化。产品成形效率极高,大大缩短了产品设计、开发周期,设备为计算机控制,生产过程基本无需人工干预。

4）材料使用广泛。各种材料(金属、塑料、纸张、树脂、石蜡、陶瓷及纤维等)均在快速原型制造领域广泛应用。

5）应用领域广泛。3D 打印特别适合于新产品的开发、单件小批零件制造、复杂形状零件制造、模具设计与制造、逆向工程等。

13.1.3　3D 打印技术应用领域

1）工业制造。产品概念设计、原型制作、产品评审、功能验证;制作模具原型或直接打印模具,直接打印产品。3D 打印的小型无人机、小型汽车等概念产品已问世。3D 打印的家用器具模型,也被用于企业的宣传、营销活动中。

2)文化创意和数码娱乐。形状和结构复杂、材料特殊的艺术表达载体。

3)航空航天、国防军工。复杂形状、尺寸微细、特殊性能的零部件、机构的直接制造。

4)生物医疗。人造骨骼、牙齿、助听器、假肢等。

5)消费品。珠宝、服饰、鞋类、玩具、创意 DIY 作品的设计和制造。

6)建筑工程。建筑模型风洞实验和效果展示,建筑工程和施工(AEC)模拟。

7)教育。模型验证科学假设,用于不同学科实验、教学。在国外的一些中学、普通高校和军事院校,3D 打印机已经被用于教学和科研。

8)个性化定制。基于网络的数据下载、电子商务的个性化打印定制服务。

13.1.4　3D 打印新技术

1)太空 3D 打印技术。2020 年 5 月,中国长征五号 B 运载火箭发射的新一代载人飞船试验船上,搭载了一台 3D 打印机,飞行期间该系统自主完成了连续纤维增强复合材料的样件打印,并验证了微重力环境下复合材料 3D 打印的科学实验目标。

2)3D 打印并行模式。传统的 3D 打印遵循"串联式路线",即结构设计—材料选择—加工工艺—实现性能,这种路线需要反复试错,周期较长,成本较高。3D 打印并行模式,即材料—结构—性能一体化增材制造,这种模式在设计和打印产品结构时,考虑在零件的不同部位,哪种材料、哪种结构更适合,再确认加工工艺路线,最后打印出来,以确保产品的高性能和多功能。

3)立体打印技术。与传统的逐层打印不同,立体打印是多层打印和模型的一次整体打印。

13.2　3D 打印工艺

13.2.1　3D 打印工艺的分类

按工艺原理及材料的不同,3D 打印工艺可分为 FDM 熔融沉积成形工艺、SLA 光固化立体成形工艺、SLS 选择性激光烧结工艺、3DP 喷墨沉积工艺。

(1)FDM 熔融沉积成形工艺

将丝状的热塑性材料通过喷头加热熔化,喷头底部带有微细喷嘴,材料以一定的压力挤喷出来,同时喷头沿水平方向移动,挤出材料与前一个层面熔结在一起。一个层面沉积完成后,工作台垂直下降一个层的厚度,再继续熔融沉积,直到完成整个实体造型,如图 13.2 所示。常用的材料有 ABS、PLA、PVA、陶瓷、木塑复合材料等。

(2) SLA 光固化立体成形工艺

用特定波长与强度的激光聚焦到液态的光固化材料表面,使之由点到线,由线到面顺序凝固,完成一个层片的加工,然后升降台在垂直方向移动一个层片的高度,再固化另一个层面,这样层层叠加构建三维实体,如图 13.3 所示。

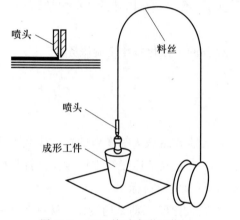

图 13.2　FDM 熔融成形工艺

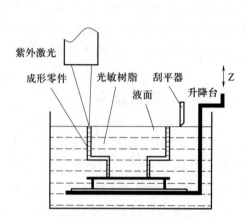

图 13.3　SLA 光固化立体成形工艺

(3) SLS 选择性激光烧结工艺

在工作台上铺一层粉末材料,激光束在计算机控制下,依据分层的截面信息对粉末进行扫描,并使制件截面实心部分的粉末烧结在一起,形成该层的轮廓。一层成形完成后,工作台下降一层高度,再进行下一层的烧结,如此循环,最终形成三维实体,如图 13.4 所示。常用的材料有塑料、金属、陶瓷等。

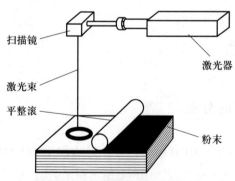

图 13.4　SLS 选择性激光烧结工艺

(4) 3DP 喷墨沉积工艺

3DP 喷墨沉积工艺与 SLS 选择性激光烧结工艺有着类似的地方,采用的都是粉末状材料,如陶瓷、金属塑料,但不同的是 3DP 喷墨沉积使用的粉末并不是通过激光烧结黏合在一起的,而是通过喷头喷射黏合剂将工件的截面加工出来并一层层堆积成形的,如图 13.5 所示。常用的材料有石膏粉、陶瓷粉、金属粉、砂、尼龙粉等。

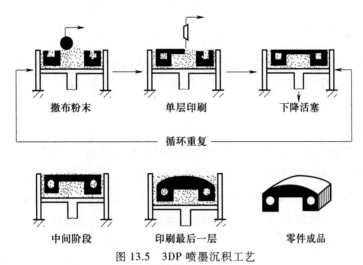

图 13.5　3DP 喷墨沉积工艺

3D 打印不同工艺的本质区别在于加工片层时对材料处理方式不同。3D 打印不同工艺各有优、缺点,在成形速度、加工精度、制造成本等方面也不一样,见表 13.1。

表 13.1　不同工艺对比

指标	FDM	SLA	SLS	3DP
成形速度	较慢	较快	较慢	快
精度	较低	高	较高	低
制造成本	设备与材料费用较低	设备与材料费用较高	设备费用较高,材料费用较低	设备与材料费用较低
复杂程度	中等	复杂	复杂	中等
代表公司	Stratasys 公司	3D Systems 公司	3D Systems 公司	Z-Corporation 公司

13.2.2　3D 打印的工艺过程

3D 打印的工艺过程分为五大步骤,前三步由计算机来完成,第四步由 3D 打印机完成,最后一步根据打印对象的要求使用相应的工具或设备对其进行处理,如图 13.6 所示。

图 13.6　3D 打印工艺过程

(1) 三维模型

三维模型的获得方法一般有两种:一种是用 CAD 软件直接建立模型,如 Creo、SolidWorks、NX 等;另一种是使用三维扫描仪对模型进行扫描、模型处理,获得所需模型。

(2) 模型转换

将第一步获取的模型转换成要求的格式,最常用的格式有 STL、OBJ 等。转换方法是通过建模软件的"另存为"命令,直接将模型文件保存为相应的格式。

(3) 切片分层

分层处理过程就是用一系列平行的平面沿零件的成形方向(一般为 Z 方向)来分切 STL 模型。每个平面与模型三角形面片相交,构成截面层轮廓,轮廓封闭区域由网格填充,轮廓和网格最后由软件处理转换成加工程序,如图 13.7 所示。等层厚分层是最常用的分层方法。分层厚度越小、层数越多,获得的截面信息就越多,精度也就越高。

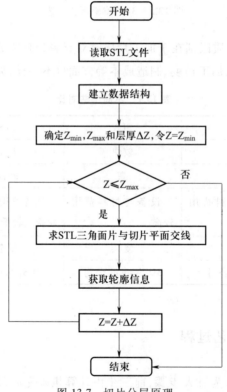

图 13.7 切片分层原理

(4) 堆积成形

3D 打印机接收切片分层转换的加工程序后,会进行自动加工。一般流程如下:

1) 检查工作台

检查工作台,确保工作台平整、无倾斜。若存在倾斜现象,将会影响产品的打印质量。

2)系统初始化

打印前,需完成打印机 X、Y、Z 轴的自动归零,初始化打印机。

3)打印设置——对高

完成打印机的对高操作。将喷头调至与工作台间距 0.25 mm 处,设置高度参数并完成保存。

4)开始打印

当打印设置完成后,单击打印按钮,开始打印。

5)取出模型

打印完成后,取出模型时需特别注意,既不能损坏模型,更不能在取模型的过程中损坏设备,影响设备的使用性能。

6)关闭并清理 3D 打印机

打印完成后,需待 3D 打印机彻底冷却后,方可关闭设备。随后对打印机及其附近环境进行清理,保持实训场地整洁。

（5）后处理

对打印好的模型进行辅助后处理,如去掉支撑、打磨、上色等。去掉支撑时,需要注意安全,避免因操作不当,造成模型的损坏或个人损伤。打磨时需采用合适的锉刀进行修整。对于表面精度要求较高的模型,可以采用砂纸进行精修。若模型在颜色等方面要求具有一定的美观度,可以对模型进行着色处理。

13.3 3D 打印设备

13.3.1 3D 打印机硬件

1. 3D 打印机分类

1）按照打印精度的不同,3D 打印机可分为桌面级 3D 打印机和工业级 3D 打印机。

2）按照功能的不同,3D 打印机可分为单色 3D 打印机、彩色 3D 打印机、多材料 3D 打印机、多喷头 3D 打印机等。

3）按照工艺的不同,3D 打印机可分为 FDM 工艺 3D 打印机、SLS 工艺 3D 打印机、SLA 工艺 3D 打印机等。

4）按照应用领域的不同,3D 打印机可分为食物 3D 打印机、建筑 3D 打印机、医学 3D 打印机等。

2. 3D 打印机结构

3D 打印机主要由控制系统、执行机构和辅助机构组成。以 FDM 工艺 3D 打印机为例，其基本组成包括打印工作台、丝材、喷头等，如图 13.8 所示。

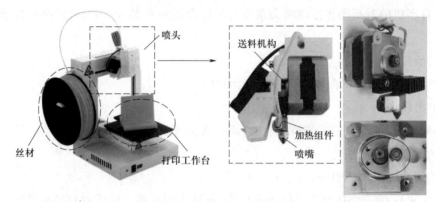

图 13.8　FDM 工艺 3D 打印机结构(不包含控制系统、三坐标执行机构)

(1) 控制系统

控制系统在获得切片分层软件传输过来的程序后，控制三坐标执行机构、喷头、温控系统等部件进行工作。控制系统是 3D 打印过程中的核心环节，其性能的优劣直接影响成形质量和打印速度。目前控制系统的形式主要有 PLC 的控制系统、MCU+硬件控制卡的控制系统以及多 MCU 控制系统。

(2) 打印工作台

打印工作台不仅仅是打印对象的载体，也会影响打印产品的精度。因此，对打印工作台有三点要求：① 方便取下打印实物。② 合适的温度，以防翘曲。③ 要经常调平。

(3) 喷头

喷头主要由送料机构、加热组件及喷嘴组成。送料机构主要由齿轮和轴承组成，齿轮的齿会压着丝材向下移动。加热组件由钢片和温控系统组成。加工时，钢片的温度会达到丝材的熔点。当丝材经过钢片熔融后，在送料机构的作用下，通过喷嘴挤出。常用的喷嘴口径有 0.2 mm、0.4 mm、0.6 mm 三种规格。0.2 mm 喷嘴适合打印复杂结构且细节较多的模型，但打印总耗时较长；0.4 mm 喷嘴适合所有模型打印；0.6 mm 喷嘴适合快速完成打印，但打印成品会缺少一些细节。

(4) 三坐标执行机构

三坐标执行机构主要是控制 X、Y、Z 方向运动，主要由电动机、传动部分、限位开关组成，其中传动部分主要有带传动、丝杠传动等类型。

3. 3D 打印调平

3D 打印调平就是调整打印工作台,以保证其与 Z 方向垂直,并且与喷头在 XOY 平面内运动轨迹平行。

3D 打印调平是为了保证第一层材料能很好地黏结在打印工作台上,避免喷头和打印工作台局部摩擦,损害喷头,同时避免模型变形,影响打印精度。常用的方法是"9"点调平法,具体步骤分为以下三步:

1)打开软件并初始化打印机,在左侧菜单栏上单击"自动平台校准",然后在自动平台校准窗口选择"手动校准",如图 13.9 所示。

2)单击"手动"按钮,将打印机的构建板抬高到默认高度的起始位置。高度值将出现在手动校准窗口,不同型号打印机的默认高度存在较大的差异。

3)将 A4 纸(或校准卡)放入喷嘴和构建板的左后角之间,开始测量九个点中的第一个点,如图 13.10 所示。使用向上箭头抬起构建板,来回移动纸张,直到感觉到阻力,且移动纸张不感觉很困难,此时的位置是该点的理想高度,如图 13.11 所示。单击右箭头,将打印机喷嘴移动到下一个点并使用相同的方法调整该点的高度,直到完成所有九个点的处理。

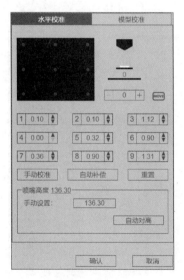

图 13.9 手动调平

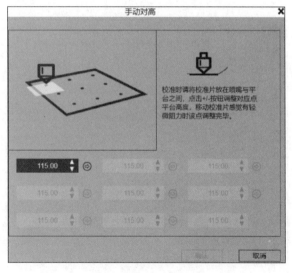

图 13.10 "9"点调平

打印工作台过高,喷嘴将校准卡钉到打印工作台上。略微降低打印工作台。

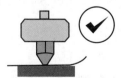

当移动校准卡时可以感受到一定阻力。打印工作台高度适中。

打印工作台过低,当移动校准卡时无阻力,略微升高打印工作台。

图 13.11 合适高度准则

4）单击如图 13.9 中的"确认"按钮，完成 3D 打印机的调平操作。

13.3.2　3D 打印机软件

切片软件的作用是通过切片和路径扫描将三维模型生成加工程序。切片分层就可以将 3D 模型信息转化为该模型的层片信息，常用的算法分为 CAD 模型的算法和 STL 模型的算法两类。路径扫描是对层片的截面信息中的数据轮廓信息进行路径规划。常用的切片软件有 Cura、MakerWat、slic3r 等。

作为 3D 打印软件之一的 UP Studio 能满足简单模型的分层需求，同时兼具模型打印功能。下面以 UP Studio 为例，简述其基本的功能。

（1）主界面

主界面主要由主菜单、状态信息栏、编辑工具栏、成形空间组成。主菜单包括添加模型、打印设置、初始化、校准、维护等。状态信息栏包括喷嘴温度、打印工作台温度、材料种类名称、打印机当前状态等。编辑工具栏包括移动、缩放、旋转、视图、切平面、镜像、自动摆放、模型修复、模型合并等。如图 13.12 所示。

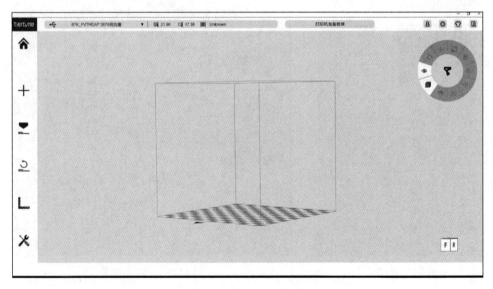

图 13.12　UP Studio 主界面

（2）模型编辑

模型编辑主要对模型的摆放位置、摆放方式等进行编辑，做好打印前的准备。模型编辑的优劣将会直接影响打印精度。

移动：将模型朝 X、Y、Z 三个方向移动，适合在同时打印多个模型时使用。

缩放：将模型按一定比例因子进行放大或缩小，调整模型的打印尺寸。

旋转:通过旋转命令,将模型绕 X 轴、Y 轴、Z 轴旋转一定的角度,编辑模型的摆放方式。模型摆放方式不同,切片分层的截面轮廓则不同,进而影响模型的打印精度。

自动摆放:自动将所有模型按一定间距摆放到正中心底部位置。

模型修复:三维模型在转换成 STL 等格式的文件时,模型结构可能会出现异常。此功能可以自动检测出模型中的异常结构,进行自动修复,也能在发现问题后返回三维建模软件中进行修改。

模型合并:当导入多个模型时,可以选择性打印某个模型,也可以通过合并的方式,同时打印多个模型。

切平面:沿着 Z 轴将模型切开,查看模型内部状态。

(3) 加工层与打印参数设置

如图 13.13 所示,加工层包括填充物、支撑、底座、支撑层、密闭层等。参数设置会决定模型的打印精度和效率。打印参数设置界面如图 13.14 所示。

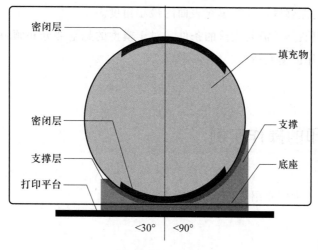

图 13.13 加工层

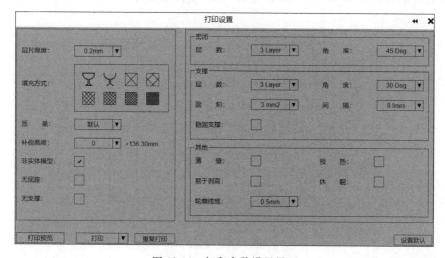

图 13.14 打印参数设置界面

层片厚度:层厚越小,层数越多,模型表面精度越高,打印时间越长。反之,模型精度较差,打印时间较短。

填充方式:不同密度的填充方式,会影响模型的打印强度和效率。填充率越高,填充越密实,模型的强度会越高,但打印效率会明显降低。

补偿高度:在设定打印工作台高度的基础上,上下微调打印工作台。正值表示打印工作台上升,负值表示打印工作台下降。打印前,应根据打印机的实际情况调整补偿高度。一般情况下,补偿高度会在设备安装调试时完成设置,后期使用时无需设置。

非实体模型:当模型内部有破损或者模型面片重合时会自动修复,确保模型结构封闭、完整,便于后期的分层、打印处理。

无底座:打印模型时不会打印模型底面支撑,直接在打印工作台上打印模型。

无支撑:打印模型时不会产生支撑材料,节省时间和材料,但是容易造成模型坍塌。

密封层数:设定水平表面的填充厚度,一般为 2~4 层。若该值为 3,则厚度为 3 层厚,即该面片的上面三层都没进行标准填充。

密封角度:设定能够进行孔隙填充表面的最小角度。

支撑角度和面积:是否需要支撑的条件。对于模型的悬空部分和倾斜角度过小部分,一般需要支撑材料来保证模型精度。

13.4 3D 打印的操作实例

以下以齿轮加工为例介绍 3D 打印的操作。

(1) 齿轮参数

齿轮为标准直齿轮,齿数为 31、模数为 1.5 mm、变位系数为 0.25、齿厚为 9 mm,如图 13.15 所示。

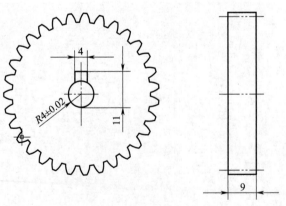

图 13.15 齿轮

（2）**建立三维模型**

使用 Creo 软件建立齿轮三维模型，如图 13.16 所示。

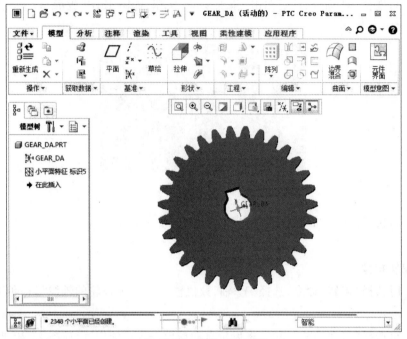

图 13.16　齿轮三维模型

（3）**将齿轮模型转换成 STL 文件**

在"文件"菜单中选择"另存为"菜单项。在"类型"中选择".STL"格式，选择"自定义"导出。如图 13.17 所示，在弹出的"导出 STL"对话框中选择"二进制"单选项，"弦高"取 0.2，"角度控制"取 0.5，其他参数默认，单击"应用"按钮，模型转换完成。STL 格式的齿轮模型如图 13.18 所示，被划分成 2 348 个三角形面片。

图 13.17　STL 参数设置

图 13.18　齿轮 STL 模型

（4）**导入齿轮 STL 文件**

【步骤 1】打开 UP Studio 软件。

【步骤 2】选择"+"命令，然后单击"添加模型"按钮，如图 13.19 所示。

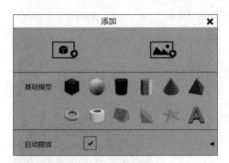

图 13.19　导入模型

【步骤 3】选择齿轮 STL 模型，单击"打开"按钮，完成模型导入。

（5）**编辑模型**

【步骤 1】选择"旋转"命令，选择"Y"轴，数值输入 90°，使齿轮的轴线与打印工作台底面垂直。

【步骤 2】选择"自动摆放"命令，将齿轮自动摆放在合适的位置，如图 13.20 所示。

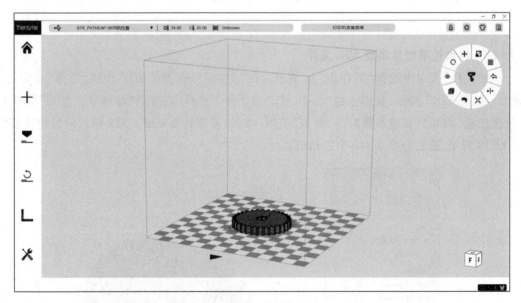

图 13.20　编辑模型

（6）**初始化 3D 打印机**

选择"初始化打印机"命令，初始化 3D 打印机。待 3D 打印机自动初始化完成后，进行下一步操作。

（7）参数设置

【步骤 1】单击"打印"按钮，弹出"打印设置"对话框，如图 13.21 所示。"层片厚度"取 0.2 mm，"填充方式"选择 15%，其他参数默认。

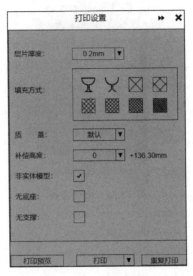

图 13.21 参数设置

【步骤 2】单击"打印预览"按钮，如图 13.22 所示，界面下方显示打印时间为 38.5 min，耗材使用 8.0 g。

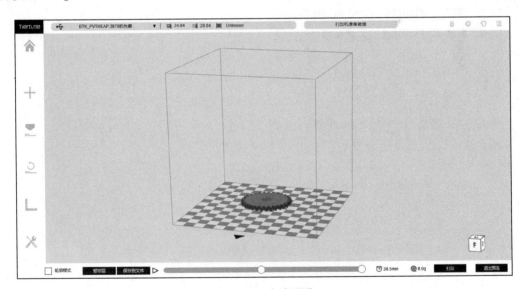

图 13.22 打印预览

【步骤 3】单击"打印"按钮。

【步骤 4】等待喷头的温度达到 270 ℃ 左右的时候，打印机会自动开始加工。

（8）后处理

待齿轮打印完成后，从工作台上取下齿轮。去掉支撑后的实物如图 13.23 所示。

图 13.23　齿轮实物

思考与练习题

13-1　试分析 3D 打印技术与传统制造技术的区别。

13-2　简述 3D 打印的原理、特点及应用。

13-3　影响 3D 打印精度的因素有哪些？

第十四章
激光加工

实训要求	实训目标
预习	激光特性和形成原理
了解	激光加工基本理论、工艺方法、种类及特点,设备的组成
掌握	激光加工工艺设计(难点),激光加工设备操作应用(重点)
拓展	现代加工技术,培养工程意识、创新能力
任务	独立完成手摇四杆机中齿轮零件的加工

14.1 激光加工技术及设备

　　激光技术与原子能、半导体及计算机技术,是 20 世纪最负盛名的四项重大发明。激光作为 20 世纪发明的新光源,具有方向性好、亮度高、单色性好、能量密度高等特点,激光由于其优良的光束特性,自诞生以来,就在工业加工领域起着非常重要的作用,并且不断地深入到工业生产的各个领域,现已广泛应用于工业生产、通信、信息处理、医疗卫生、军事、文化教育以及科研等方面。激光以其独特的优越性,成为制造业的重要加工手段。

　　激光加工技术(laser processing technology,LPT)是利用光的能量经过透镜聚焦后,在焦点上达到很高的能量密度,用以加工工件。与传统加工技术相比,激光加工技术具有材料浪费少,在规模化生产中成本效应明显,对加工对象具有很强的适应性等优势。

　　激光加工技术主要包括激光焊接、激光切割、表面改性、激光打标、激光打孔、微加工及光化学沉积、立体光刻、激光刻蚀等。激光加工属于无接触加工,不需要模具,并且激光束的能量及其移动速度均可调节,因此可以实现对各种材料加工的目的,具有加工速度快、表面变形小、材料适应性好等优点。它可以对多种金属、非金属进行加工,特别是可以加工高硬度、高脆性及高熔点的材料。

激光加工设备是在传统制造机床基础上利用激光技术加工零件的设备,包括激光打标机、激光焊接机、激光切割机、激光雕刻机、激光热处理机、激光三维成形机以及激光毛化机等。这些激光加工设备已经广泛应用在各类工业领域中。

14.1.1　激光产生的原理及特性

1. 激光产生的原理

激光的产生与光源内部的原子运动状态有关。激光是通过入射光子影响处于亚稳态的高能级原子,原子中的电子吸收能量后从低能级跃迁到高能级,再从高能级回落到低能级的时候,所释放的能量以光子的形式放出,光子光学特性高度一致。总之,激光是受激辐射得到的加强光。

2. 激光的特性

普通光源发光以自发辐射为主,是无序、相互独立的,发出的光波方向、相位及其偏振方向都不相同。不同于普通光,激光光源发光以受激辐射为主,且同各发光中心所发射出的光波具有相同的频率、偏振方向和严格的相位关系。因此,激光除了具有反射、折射、衍射和干涉等一般光的共性外,还具有亮度高、单色性好、方向性强和相干性好等优点。

14.1.2　激光加工的原理及特点

1. 激光加工的原理

激光加工是一种高能量加工方法,利用激光亮度高、单色性好、方向性强和相干性好的特性,通过一系列的光学系统聚焦成平行度很高的微细光束(几十微米至几微米),获得极高的能量密度照射到材料上,使材料在极短的时间内(千分之几秒)急剧熔化甚至汽化,并产生强烈的冲击波,使被熔化的物质爆炸式地喷溅来实现去除材料的目的,激光加工原理如图 14.1 所示。

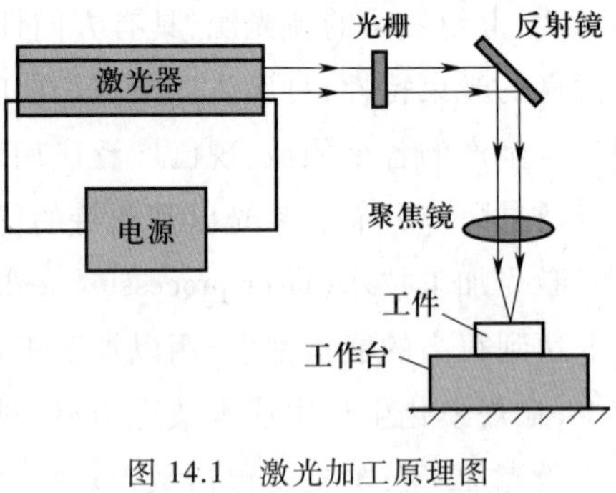

激光具有四个极为重要的特性,经聚焦后光斑的直径仅为几微米,能量密度高达 $10^7 \sim 10^{11}$ W/cm^2,能产生 10^4 ℃ 以上的高温,能在千分之几秒甚至更短的时间内熔化、汽化任何材料。

激光加工的物理过程大致可分为光能的吸收

图 14.1　激光加工原理图

和能量的转化,材料的无损加热,材料熔化、汽化及溅出,作用终止及加工区冷凝等几个连续阶段。

2. 激光加工特点

激光加工具有以下特点：

1）适应性强。可以对多种金属、非金属加工，特别适合加工高硬度、高脆性、高熔点的材料。

2）加工精度高、质量好。由于激光束的能量密度高，加工速度快，对非激光照射部位没有热影响或热影响极小。因此，工件的热变形小。

3）加工速度快、效率高。激光切割钢件的工效可提高 8～20 倍。例如，美国通用电气公司加工航空发动机上的异形槽，采用板条激光器加工能在 4 h 内高质量完成，而电火花加工需要 9 h 以上，每台发动机的造价可节省 5 万美元。

4）容易实现自动化加工。由于激光加工属于无接触加工，激光束的能量高及其移动速度高且可以调节，因此很容易实现自动化加工。

5）通用性强。激光加工中无需刀具，因此无切削力作用于工件，适合于任何结构形状零件加工。

6）节能节材。激光加工可节省材料 15%～30%，大幅度降低生产成本。

7）可通过光学透明介质。特别适合透过玻璃、空气、惰性气体和某些液体等透明工作介质对工件进行加工。

14.1.3　激光加工技术应用

激光加工技术主要应用在切割、雕刻、打标、打孔、焊接、表面处理和改性等几个方面。激光技术的加工原理基本相同，都是利用激光产生的瞬时高温进行加工，只是加工条件不同，所要求的加工温度和延续时间有所差异。

1. 激光切割

激光切割是基于聚焦后的激光具有极高的能量密度（最高达 $10^5 \sim 10^6 \ \mathrm{W/cm^2}$），使被照射的材料迅速熔化、汽化、烧蚀或达到燃点，同时借助与光束同轴的高速气流吹除熔融物质，从而将工件割开。激光切割属于热切割方法。工件与激光束要有相对移动，一般是工件移动。

激光切割是按照图文外轮廓线移动激光光束，在木材等材料上穿透切割，形成工件，进行组装后形成立体实物，如图 14.2 所示。激光切割分为激光熔化切割、激光火焰切割、激光汽化切割等形式。

与传统板材切割加工方法相比，激光切割具有以下特点：

图 14.2　激光切割风车

(1) 切割质量好

由于激光光斑小、能量密度高、切割速度快,因此激光切割能够获得较好的切割质量。

1) 激光切割切口细窄(一般为 0.1~0.2 mm),切缝两边平行并且与表面垂直,加工精度(可达 0.02 mm)和重复精度高,一致性好。

2) 切割表面光洁美观,表面粗糙度 Ra 值只有几十微米,甚至激光切割可以作为最后一道工序,无须进行机械加工,零部件可直接使用。

3) 材料经过激光切割后,热影响区宽度很小,切缝附近材料的性能几乎不受影响,并且工件变形小,切割精度高,切缝的几何形状好,切缝横截面形状呈现较为规则的长方形。

(2) 切割效率高

由于激光的传输特性,激光切割机上一般配有多台数控工作台,整个切割过程可以全部实现数控自动化加工,方便快捷。加工柔性大,可随意切割任意形状。操作时,只需改变数控程序,就可适用不同形状零件的切割。

(3) 切割速度快

切割速度快(达 2~4 m/min),材料在激光切割时不需要装夹固定,既可节省工装夹具,又节省了上、下料的辅助时间。新产品试制时,具有数量少、结构不确定、随时会改动的特点,利用激光切割可大大缩短新产品制造周期。

(4) 非接触式切割

激光切割时与工件无接触,安全可靠,且不存在工具的磨损。被切割工件不受机械力作用、变形小,适于切割玻璃、陶瓷和半导体等硬脆材料,以及蜂窝和薄板等刚性差、难装夹的零件。加工不同形状的零件,不需要更换"刀具",只需改变激光器的输出参数。

(5) 加工范围广

激光切割材料的种类很多,包括金属、非金属、金属基和非金属基复合材料、木材及纤维等,还能切割难以加工的高熔点、耐高温材料和硬脆材料。但是对于不同的材料,由于自身的热物理性能及对激光的吸收率不同,表现出不同的激光切割适应性。激光切割的深宽比高,对于金属可达 30,对于非金属可达 100 以上。

(6) 光束和光斑直径小,节能环保

激光光斑直径一般小于 0.5 mm,切割加工节省材料,安全卫生。可以把不同形状的产品进行套裁,最大限度地提高材料的利用率,大大降低材料成本。在新产品试制时,能够减少模具投入。切割过程噪声低,振动小,无污染。

但是,激光切割也有一定的缺点。由于受激光器功率和设备体积的限制,激光切割只能切割中、小厚度的板材和管材,而且随着工件厚度的增加,切割速度明显下降。而且,激光切

割设备费用高,一次性投资大。

2. 激光雕刻

激光雕刻是以数控技术为基础,激光为加工媒介,加工材料在激光照射下发生瞬间的熔化和汽化的物理变性,从而达到雕刻加工的目的。

激光雕刻过程非常简单,如同使用计算机和打印机在纸张上打印。可以在计算机中利用多种图形处理软件,如 Corel DRAW 等进行设计,只需按设计图稿输入数据就可进行自动雕刻。扫描的图形、矢量化的图文及多种 CAD 文件都可轻松地"打印"到雕刻机中。与打印机不同的是,打印是将墨粉涂到纸张上,而激光雕刻是将激光照射到各种材料之上。

激光雕刻酷似高清晰度的点阵打印,激光头左、右摆动,每次可雕刻出一条由一系列点组成的一条线,同时激光头上下移动雕刻出多条线,最后构成整版的矢量化图像或文字,如图 14.3 所示。扫描的图形、文字及矢量化图文都可使用点阵雕刻。

(a) 人物图像   (b) 动物和文字图像

图 14.3 激光雕刻实例

激光雕刻能雕刻任何复杂的图形,还可以进行射穿的镂空雕刻和表面雕刻,从而雕刻出深浅不一、质感不同、具有层次感和颜色过渡效果的各种图案。

激光雕刻的优点如下:

1)加工范围广泛。二氧化碳激光雕刻机可雕刻多种非金属材料,能自动跳号、防伪功能强,且图文精美,线条精细、耐清洗、耐磨损。不受材料的弹性、柔韧性影响,方便对软质材料进行加工。

2)安全可靠。采用非接触式加工,不会对材料产生机械挤压或机械应力,不会使材料变形,没有"刀痕",不伤害加工件的表面,表面不会变形,一般无需固定,节能环保,无污染。

3)加工精度高,雕刻精细。材料表面最细激光雕刻线宽可达 0.015 mm,而激光切割的切口宽度为 0.1~0.5 mm,热影响区域小。

4)激光光束移动速度快、能量集中。激光雕刻时传到被加工材料上的热量小,引起材料变形非常小。

5）加工表面质量高。激光雕刻表面无毛刺、光洁度好，能大幅缩短新产品的研发周期。

6）环保节能，无污染。不含任何毒害物质，可通过 RoHS 标准检测。

7）高速快捷，加工一致性好。雕刻设备的自动化程度高，容易实现标准化、数字化、网络化生产，可保证同一批次的加工效果完全一致。

8）成本低。不受加工数量和尺寸限制，无需其他辅助装置，对小批量产品加工更便宜、更快捷。

14.1.4 激光加工设备

激光加工设备包括激光器、电源、光学系统和机械系统四大部分。

（1）激光器

激光器是激光加工的核心部件，将电能转化成光能，获得方向好、能量密度高、稳定的激光束。

按加工材料的不同，激光器分为固体激光器、气体激光器、液体激光器、半导体激光器及自由电子激光器。

按工作方式的不同，激光器分为连续激光器和脉冲激光器。

（2）激光电源

激光电源根据加工工艺要求为激光器提供所需的能量。激光器的工作特点不同，对电源的要求也不同。如固体激光器要求有连续电源和脉冲电源两种形式，而气体激光器的电源有直流、射频、微波、电容器放电等形式。故激光电源的种类繁多。

（3）光学系统

光学系统包括聚焦系统和观察瞄准系统。聚焦系统的功能是把激光引向聚焦物镜，并聚焦在加工工件上，而观察瞄准系统的功能是将激光束准确地聚焦在加工位置，并调节激光焦点的位置。

（4）机械系统

激光设备的机械系统主要包括床身、工作台、进给系统和机电控制系统。实训中使用的激光设备为非金属激光切割机，外观如图 14.4 所示。

自 20 世纪 90 年代末以来，中国激光加工设备的工艺技术和制造水平有了重大突破，关键光

图 14.4　非金属激光切割机

学器件实现国产化,数控技术也有了大幅提高,加上通过引进吸收海外先进技术,中国制造的尖端激光加工设备在质量、功能、稳定性等方面与国际知名品牌的差距正在逐渐缩小。

调查统计结果显示,中国已有 200 余家激光相关企业,主要分布在湖北、北京、江苏、上海和广东等经济发达省市,这些地区的年销售额约占全国激光产品市场总额的 90%。已基本形成以上述省市为主体的华中地区、环渤海、长江三角洲、珠江三角洲等四大激光产业群。随着激光加工设备行业竞争的不断加剧,大型企业间的并购整合与资本动作日趋频繁,国内优秀的激光加工设备企业越来越重视对行业市场的研究。

近十年来,随着工业激光应用市场在不断扩大,激光加工领域也在不断开拓,由传统的钟表、电池、衣扣等轻工业向机械制造业、汽车制造业、航空、动力和能源以及医学和牙科仪器设备制造业等应用领域拓展,将有效拉动激光加工设备的需求。

据统计,从高端的光纤到常见的条形码扫描仪,与激光相关产品和服务的市场价值高达上万亿美元。中国激光产品主要应用于工业加工,占据了 40% 以上的市场空间。在智能手机、平板电脑、3D 电视、触摸屏、LED 及 TFT-LCD 等产品的带动下,娱乐及显示市场已成为激光应用行业新的增长点。激光加工设备市场呈现稳定、高速增长的态势。激光加工设备行业的发展对促进科学技术的发展和进步、推动对传统工业改造升级和加速国防技术的现代化发挥了积极的作用。

14.2 激光加工实例

14.2.1 激光切割实例

以手摇四杆机中齿轮零件为例,激光切割的主要操作过程为打开计算机、启动设备、设计绘图、编制工艺、下载加工。

(1) 打开计算机、启动设备

打开计算机主机和显示器,旋转激光雕刻切割设备上的红色"急停"按钮,转动钥匙,按下开机键,听到设备发出蜂鸣声,即表示激光切割机已经正常启动。开机后,激光头复位到初始位置,将厚度为 2 mm 或 3 mm 的椴木板放置到工作台上,用调焦块调整激光器的焦距。当选用材料的厚度或工作台高度发生变化时,需要重新调整焦距。

(2) 设计绘图

采用基本绘图命令(如直线、圆弧、样条等)绘制将要切割的图形图案,并通过常用的编辑命令(如裁剪、旋转、镜像、阵列、比例缩放等)对曲线进行编辑。

设计绘图可以利用激光切割机自带的绘图软件 RDWorksV8 完成。由于 RDWorksV8 软件在处理复杂图形方面具有一定的局限性,初学者可以在其他通用绘图软件中完成设计绘图,如 CAXA、AutoCAD 软件等,再导入 RDWorksV8 软件中编制激光加工工艺。设计绘图的简略过程如下:

1)AutoCAD 图像前期轮廓设计

对于简单图形,直接采用基本绘图命令完成即可。而对于较为复杂的不规则图形,可以提前准备好要求格式的绘图素材,借助图像参照,通过描图的方式来实现则较为方便。

① 导入图像

打开 AutoCAD 软件,在"插入"菜单栏中单击"光栅图像参照(I)"按钮,选择要参照的图片并打开,在弹出对话框中单击"确定"按钮,根据状态栏的提示,在绘图区依次单击"指定插入点"按钮、"指定缩放比例因子或单位(U)"按钮,最后单击鼠标确认,即可导入参照的图像,如图 14.5 所示。

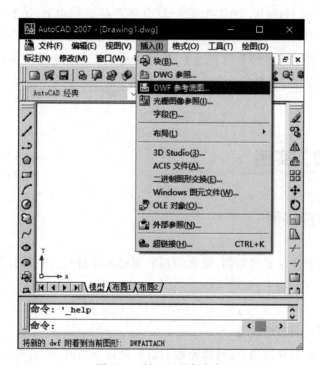

图 14.5 插入工具条命令

② 绘图过程

AutoCAD 软件中常用的"绘图"命令包括直线、射线、构造线、多段线、矩形、螺旋线、圆环、样条曲线和块等,根据实际绘图需要可选用对应命令,如图 14.6 所示。

在绘图过程中,通过"修改"菜单栏对图像进行移动、删除、复制和打断等编辑操作,如图 14.7 所示。

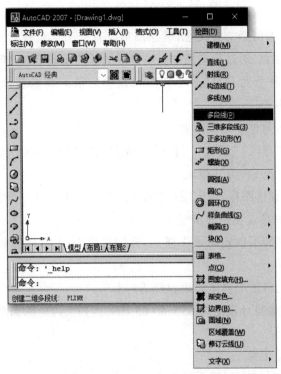

图 14.6 "绘图"菜单命令

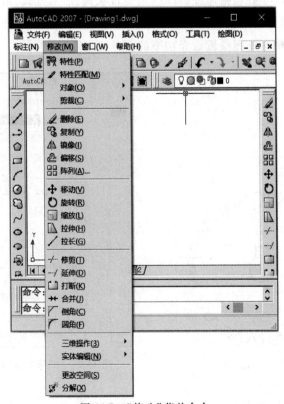

图 14.7 "修改"菜单命令

③ 保存

图形绘完之后,检查图形的封闭性,确保图形没有交叉点或者断开处。选中图形,上面显示出多个绿色的控制点,通过拉动控制点可以对图形曲线调节,使线条更加光滑流畅。另外,也可以通过编辑命令对曲线进行编辑和调整。最后将检查无误后的图像另存为"AutoCAD 2007.dxf"格式。

2) 在 RDWorksV8 软件中编辑图像

依次打开"文件""导入""预览""打开"等操作,在 RDWorksV8 软件中导入".dxf"格式文件,然后可以通过以下三种方式编辑图形。

① 单击工具栏的锁形图标,锁定图形纵横比,设定 X、Y 中某一个方向的尺寸值,则另一个方向的尺寸值会按照设定比例同步变化。

② 保持开锁状态,即不锁定图形纵横比,分别设定 X、Y 方向的数值,得到符合要求的图形。

③ 给定缩放比例,将图形整体缩放到合适的大小。

采用方式②,将图像尺寸设定为 65 mm×65 mm,得到大齿轮图如图 14.8 所示。

(3) 编制激光加工工艺

打开"图层参数"对话框,如图 14.9 所示。在图层选择栏中,选中需要编辑的图层,并开始设定图层参数。图层参数包括速度(mm/s)、是否吹气、加工方式、最小功率、最大功率、扫描间隔等;然后选择激光打穿模式,设定打穿功率。加工方式的选项包括激光扫描、激光切割、激光打孔等,打穿功率按照整机激光功率的百分比设定。

图 14.8 大齿轮图   图 14.9 "图层参数"对话框

如果加工图像中包含多个对象时,首先对图像进行分解,并建立多个图层;然后将不同对象调换至不同的图层;再根据加工顺序编排图层顺序,最后设定每个图层的参数。

在激光加工中,加工方式与参数之间的规律为"激光切割"模式下,速度慢,功率大;"激光扫描"模式下,速度快,功率小。在实际激光加工中,可对材料进行试切,通过对比实际加工效果,调整对应的参数,直至得到最佳的参数组合。

(4)下载加工程序

在绘图区框选待加工的图像,在数据加工区单击"下载"按钮,将激光切割文件下载至存储设备中。下载时软件默认的文档名为"DEFAULT",用户可以采用默认文档名或者对文档重新命名,最后单击"确定"按钮,系统显示"下载文件成功"对话框,表明文件已经按照用户指定的名称下载到指定位置,如图 14.10 所示。

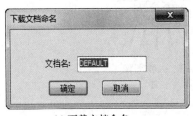

| (a)下载文档命名 | (b)下载文件成功提示框 |

图 14.10　下载程序

在激光切割机的操作面板单击"文件"按钮,在右侧的预览窗口中查看已经下载的文档。在预览窗口再次查看文档,核对无误后单击"确定"按钮,则可打开数据加工对话框,如图 14.11 所示。

文件在左侧窗口最大化显示,选取加工区域,设置加工初始位置,出现数据加工控制对话框,最后单击"开始"按钮,即可自动加工。

加工完成后,激光头回到初始位置,并发出蜂鸣声表示结束。打开机器盖板,将激光头手动移开,将加工好的大齿轮取出,如图 14.12 所示。

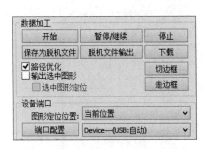

图 14.11　"数据加工"对话框　　　　图 14.12　加工好的大齿轮

14.2.2 激光雕刻实例

通过激光可以在材料表面雕刻图案或文字,使其内容更加丰富和美观,本节以图 14.13 所示的人物图像为例,介绍激光雕刻的操作方法和操作步骤。

图 14.13 人物图像

1. 绘图设计

在 AutoCAD 或者 CAXA 软件中绘制好图像,然后利用 RDWorksV8 对图像进行编辑。为了表达人物图像的寓意,可在人物图像左侧增添文字内容。

(1) 添加文字

执行"文字"命令,在空白处单击鼠标左键,弹出"文字"对话框如图 14.14 所示,输入"节日快乐"内容。文字默认为横向排列,若需纵向排列,可通过 Enter 键换行来实现,还可设置字体、字宽、字间距和行间距等效果。

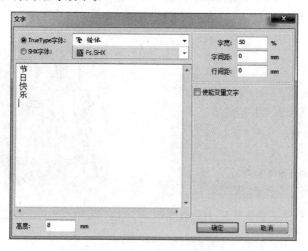

图 14.14 "文字"对话框

选中文字,单击左下方的红色色块,新建一个文字图层,如图 14.15 所示。此时,整个人物图像包含了三个图层,分别是图片层、轮廓层和文字层,如图 14.16 所示。

图 14.15　新建文字图层

| 加工 | 输出 | 文档 | 用户 | 调试 | 变换 |

图层	模式	速度	功率	输出
图片层	激光扫描	100.0	20.0	Yes
轮廓层	激光切割	10.0	70.0	Yes
文字层	激光扫描	100.0	30.0	Yes

上移　　下移

图 14.16　图像图层信息

（2）图层设置

图层排列的顺序代表了其加工的先后次序。三个图层的加工顺序一般设定为图片层、文字层、轮廓层。因此需要将文字层上移一层。用鼠标点选文字层,单击"上移"按钮,则轮廓层自动下移到文字层后,如图 14.17 所示。

轮廓层为"激光切割"模式,文字层和图片层为"激光扫描"模式,因此需要单独设置各个图层的参数。

双击"激光扫描"图层,弹出"图层参数"对话框,按照图 14.18 设置相关参数。同理,进行文字层的参数设置,最终完成后的人物图案的编辑调整效果如图 14.19 所示。

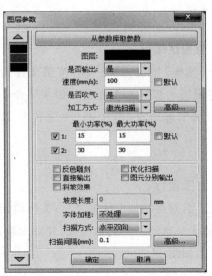

| 加工 | 输出 | 文档 | 用户 | 调试 | 变换 |

图层	模式	速度	功率	输出
图片层	激光扫描	100.0	20.0	Yes
文字层	激光扫描	100.0	30.0	Yes
轮廓层	激光切割	10.0	70.0	Yes

图 14.17　图层顺序调整后　　　　图 14.18　"图层参数"对话框

图 14.19 人物图案的最终效果

2. 加工过程

激光雕刻设备的操作流程如下：

（1）选取加工起始点

打开激光雕刻机，通过四个方向键移动激光头的位置，手动移动工作台上的椴木板，将激光头调整到椴木板合适的相对位置，单击"定位"按钮，此时激光头所在的位置就是加工的起始点位。

（2）空载试运行

单击"选框"按钮，激光头会按照文件轮廓的尺寸走出一个边框，可据此判断激光头加工轨迹周边的板料是否充足。如果某个方向或者位置的材料不足，则需要换个位置，重新选择加工起始点，再次进行"定位""选框"操作，直至在椴木板上找到合适的加工位置。

（3）加工运行

确定了起始点和加工区域之后，关闭激光雕刻机的盖板，按"启动"按钮开始加工。加工完成后，激光头自动回到初始位置，并发出响声。此时，打开设备盖板，手动移开激光头，加工完成效果如图 14.20 所示。

图 14.20 加工完成效果

（4）**清理设备**

加工结束后,要用刷子清洁工作台面,并拉出设备下方的抽屉,把切割产生的木屑、残渣清理掉,将使用完的板材废料放到指定区域。

（5）**关机**

最后,转动钥匙,按下开关按钮,关闭激光设备,并切断电源。

3. 注意事项

实际操作中要严格遵守激光加工安全操作规程。

（1）**加工前的准备**

1）操作前必须了解激光加工设备的工作原理及加工范围,熟悉相应设备的操作面板和常用功能。

2）加工开始前,检查水箱水位,确认正常后,方可正常使用。

3）未经指导老师许可,擅自操作或违章操作,造成事故者,按相关规定处分并赔偿相应损失。

4）加工零件前,设备必须进行复位。

（2）**加工过程中的安全注意事项**

1）加工零件时,必须关上防护门,禁止打开机盖,严禁身体任何部位探入防护门内。

2）加工过程中,操作者应注意观察设备的运行状况,不得离开。若发生异常现象立即终止设备运行,并及时报告指导老师,不得擅自进行其他操作。

3）设备应置于平坦地面上，避免倾斜，放置应平稳，勿使设备受到强烈振动；移动时，要避免碰撞。

4）激光加工设备属于精密设备，请勿擅自打开机器后盖或改动机内结构。

5）操作者使用设备过程中，不得私自随意更改设备内部参数。

6）禁止加工过程中打开防护门接触工件及激光头，以防受伤。

7）加工木材等易燃材料，必须注意调整加工速度，以免起火。

（3）加工完成后的注意事项

1）清除加工废料，擦拭设备，保持清洁。

2）检查冷却水的状态，及时添加或更换。

3）关掉设备操作面板上的电源和总电源。

4）打扫现场环境卫生，填写设备使用记录。

思考与练习题

14-1 激光切割和激光雕刻的区别是什么？

14-2 结合实训内容，总结激光切割的操作过程。

14-3 激光雕刻时，需要注意哪些事项？

参 考 文 献

[1] 王世刚.工程训练与创新实践[M].2 版.北京:机械工业出版社,2017.

[2] 王志海,舒敬萍,马晋.机械制造工程实训及创新教育教程[M].北京:清华大学出版社,2018.

[3] 高樨,胡晓珍,赵陆民.工程实训教程[M].成都:电子科技大学出版社,2015.

[4] 夏重.机械制造工程实训[M].北京:机械工业出版社,2021.

[5] 张玉华,杨树财.工程训练实用教程[M].北京:机械工业出版社,2018.

[6] 潘江如,王玉勤,张林捷.工程训练基础实习教程[M].成都:电子科技大学出版社,2016.

[7] 郗安民.金工实习[M].北京:清华大学出版社,2009.

[8] 姚斌,曾景华,张金辉,等.机械工程实践与训练[M].北京:清华大学出版社,2012.

[9] 胡大超,张学高.机械制造工程实训[M].上海:上海科学技术出版社,2004.

[10] 刘志东.特种加工[M].2 版.北京:北京大学出版社,2017.

[11] 曹凤国.激光加工[M].北京:化学工业出版社,2015.

[12] 金禧德.金工实习[M].4 版.北京:高等教育出版社,2014.

[13] 左敦稳,黎向锋.现代加工技术[M].3 版.北京:北京航空航天大学出版社,2013.

[14] 张学政,李家枢.金属工艺学实习教材[M].4 版.北京:高等教育出版社,2011.

[15] 傅水根,李双寿.机械制造实习[M].北京:清华大学出版社,2009.

[16] 张立红,尹显明.工程训练教程(机械类及近机械类)[M].北京:科学出版社,2017.

[17] 李明辉.数控电火花线切割加工工艺及应用[M].北京:国防工业出版社,2010.

[18] 朱建军.制造技术基础实习教程[M].北京:机械工业出版社,2013.

[19] 司乃钧,许小村.机械制造技术基础[M].北京:高等教育出版社,2009.

[20] 朱世范.机械工程训练[M].哈尔滨:哈尔滨工程大学出版社,2003.

[21] 孙以安,鞠鲁粤.金工实习[M].2 版.上海:上海交通大学出版社,2005.

[22] 胡庆夕,张海光,徐新诚.机械制造实践教程[M].北京:科学出版社,2017.

[23] 周继烈,姚建华.工程训练实训教程[M].北京:科学出版社,2012.

[24] 董霖.数控技术基础实训指导[M].成都:西南交通大学出版社,2012.

[25] 严绍华.金属工艺学实习(非机类)[M].3 版.北京:清华大学出版社,2017.

[26] 梁延德.工程训练教程机械大类实训分册[M].大连:大连理工大学出版社,2012.

[27] 林柏年.特种铸造[M].2 版.杭州:浙江大学出版社,2004.